実験医学 増刊 Vol.34-No.5 2016

ビッグデータ
変革する生命科学・医療

編集＝永井良三,
宮野　悟,
大江和彦

激増するオミクスデータ・医療データと
どう向き合い、どう活用すべきか？

羊土社

【注意事項】本書の情報について

　本書に記載されている内容は，発行時点における最新の情報に基づき，正確を期するよう，執筆者，監修・編者ならびに出版社はそれぞれ最善の努力を払っております．しかし科学・医学・医療の進歩により，定義や概念，技術の操作方法や診療の方針が変更となり，本書をご使用になる時点においては記載された内容が正確かつ完全ではなくなる場合がございます．また，本書に記載されている企業名や商品名，URL等の情報が予告なく変更される場合もございますのでご了承ください．

序
〜ビッグデータと「システム医学」〜

　生命はネットワークである．全体は部分に，部分は全体に依存する．生体を構成する要素は液性因子や自律神経系で結ばれ，複雑なフィードバック機構が存在する．しかし近年，各要素の動態を解析することにより，相互に影響を与えるネットワーク構造のモデル化が可能となった．こうしたシステム生物学は，すでに周期的な遺伝子発現や状態遷移に関する研究を大きく進歩させた．

　コンピューターの発達や次世代シークエンサーをはじめとする測定機器の進歩はめざましい．これらの生み出すデータの量は膨大であり，ゲノム科学や脳科学ではインフラの整備とインフォマティシャン育成の必要性が強く叫ばれている．しかしながら分子や細胞レベルの情報は，生理学データや臨床データと統合しなければ，臨床的な意味はわからない．

　臨床医学や医療も社会システムの一部であり，多くの要因に影響される．これは生命体と同じである．特に高齢者に多い生活習慣病は多因子性疾患であり，臨床経過は山渓を旅するが如しである．こうした疾患に対する治療は確定的ではなく確率的である．そこで疫学研究に基づくEvidence Based Medicine（EBM）の重要性が1990年代から強調されるようになった．しかし疫学研究により集団に関する知見は得られても，目前の患者に対する効果まではわからない．さらに低い確率で生ずる重大な事象を予防しようとすると，1人が恩恵を受けるためには数百人を治療しなければならない．この場合，副作用や医療費が問題となる．こうした医療の有効性や意義を明らかにするには，臨床疫学や医療経済のデータが必要である．

　現在の不確実な医学に対して，2015年2月に米国のオバマ大統領がPrecision Medicine Initiativeを発動した．これは，ゲノム，バイオマーカー，病歴，生理検査，日常活動などを統合して，個別化もしくはサブグループ化した医療の実現をめざすもので，240億円の研究費を充てるという．すでにイギリスは2012年からゲノム10万人計画をはじめ，Precision Medicineに乗り出そうとしている．

　Precision Medicineにおける個々の課題はとりわけ目新しいものではない．しかし医療・医学の多様なデータの統合に向けて国をあげて取り組む決意を表明した点で，国際的に大きなインパクトを与えている．わが国も医療と医学を推進しようとすれば，データ統合を進めなければならない．「システム医学」や「超スマートヘルスケア」などのビジョンのもとに，各研究者が独自の世界で努力することが重要である．ビジョンのないままに突き進むと，研究の成果を統合できずに終わることが多い．これは日本の科学や医学の歴史において，何度もくり返されてきた．

　情報社会の到来により，研究者にはビッグデータや数理科学を踏まえた研究が必須となった．社会との連携や共創も注目されている．しかしビッグデータには多くの落とし穴があり，注意してデータを扱う必要がある．本特集はこうした時代の変化を現時点で俯瞰するために企画された．情報爆発時代の生命科学と医学・医療研究のためのプラットフォームとなれば幸いである．

　終わりにご多忙のなか，ご執筆いただいた先生方に心より感謝申し上げます．

2016年2月

永井良三，宮野　悟，大江和彦

実験医学 増刊 Vol.34-No.5 2016

ビッグデータ
変革する生命科学・医療

激増するオミクスデータ・医療データと
どう向き合い、どう活用すべきか？

序 .... 永井良三，宮野 悟，大江和彦

Overview 統計思想の歴史 .... 永井良三　12（656）

第1章　ビッグデータと生命科学

概論 ビッグデータ駆動型のサイエンスのインパクト .... 宮野 悟　32（676）

1. 人体内の微生物ビッグデータ .... 服部正平　38（682）

2. がんゲノム解析とビッグデータ .... 小川誠司　45（689）

3. 国際がんゲノムコンソーシアム（ICGC）におけるビッグデータ
　　—PanCancer解析 .... 中川英刀，三吉直紀，大井一浩，宮野 悟　52（696）

4. エピゲノムのビッグデータ解析 .... 荒木啓充，伊藤隆司　58（702）

5. 網羅的分子情報のビッグデータと医学・創薬へのインパクト
　　.. 田中 博　65（709）

6. ビッグデータと生体力学シミュレーション .... 高木 周　73（717）

7. 研究リソースとしてのバイオデータとその活用 .... 高木利久　79（723）

8. 複雑生命系とビッグデータ解析 .... 合原一幸，平田祥人，奥 牧人　84（728）

CONTENTS

9. 「京」を使った大規模データ解析によるがんのシステム異常の網羅的解析 ………宮野 悟，伊東 聰，Heewon Park，白石友一，島村徹平，玉田嘉紀，井元清哉 89 (733)

10. 心臓シミュレータとビッグデータの融合による新しい医療 ………杉浦清了，久田俊明 95 (739)

11. ビッグデータ時代の統計解析技術 ………北川源四郎 100 (744)

12. コグニティブ・コンピューティングと医療の世界
    —IBMワトソンを支える機械学習と自然言語処理 ………溝上敏文 105 (749)

13. ビッグデータのライフサイエンスにおける活用 ………田中 讓 111 (755)

14. ビッグデータ ………喜連川 優 117 (761)

15. ビッグデータとライフサイエンス
    —行政の視点から ………舘澤博子 120 (764)

16. 仮想空間と実証フィールドのキャッチボールによる課題解決は可能か？
    —代謝システム生物学を例として ………末松 誠 126 (770)

第2章 ビッグデータと医療

概論 医療医学研究におけるビッグデータの現状と課題 ………大江和彦 136 (780)

1. ゲノムコホートとビッグデータ
   —東北メディカル・メガバンク計画 ………安田 純，山本雅之 142 (786)

2. 電子カルテからの医療ビッグデータベース構築 ………大江和彦 148 (792)

3. レセプトビッグデータ解析の現状と将来 ………満武巨裕 155 (799)

4. DPCデータを用いた臨床研究とヘルスサービスリサーチ ………康永秀生 161 (805)

5. 地域医療情報を集約した次世代型地域医療データバンクの構築とビッグデータの活用 ………藍原雅一，梶井英治 166 (810)

実験医学 増刊

6. 臨床疫学へのインパクト ……………………………………………………… 興梠貴英　173 (817)

7. クライオ電子顕微鏡法のもたらしたIT創薬革命 ……………………… 児玉龍彦　177 (821)

8. ゲノミックプライバシー ……………………………………………………… 佐久間 淳　181 (825)

9. 医療政策決定へのビッグデータ活用の可能性 ……………………………… 松田晋哉　186 (830)

第3章　ビッグデータへのリテラシー向上，解析のための知識とスキル，産業

1. ビッグデータことはじめ
   ―ビッグデータ解析に必要な基礎スキル ………………………………… 荒牧英治　194 (838)

2. 医療情報としてのパーソナルゲノムデータ処理と課題 ……………… 宮本　青　198 (842)

3. パーソナルゲノムサービスGenequestから見る
   生命科学のビッグデータ時代 ……………………………………………… 高橋祥子　205 (849)

4. ヘルスケア分野におけるDeNAの取り組みについて
   ―遺伝子検査サービス「MYCODE」を中心に …………………………… 大井　潤　211 (855)

索　引 …………………………………………………………………………………………… 218 (862)

略語一覧

ACGT : Advancing Clinico-Genomic Trials on Cancer

ACMG : American College of Medical Genetics and Genomics（米国臨床遺伝学会）

ALD : aldolase

2,3-BPG : 2,3-bisphosphoglyceric acid

CAP : College of American Pathologists（米国病理学会）

CE-MS : capillary electrophoresis mass spectrometry

CNV : copy number variation（コピー数多型）

COG : Clusters of Orthologous Groups

CPS : cyber-physical systems

DBCLS : Database Center for Life Science（ライフサイエンス統合データベースセンター）

dbGaP : database of Genotypes and Phenotypes

DDBJ : DNA Databank of Japan

DMP : Data Management Plan（データ管理計画）

DNB : dynamical network biomarker（動的ネットワークバイオマーカー）

DPC : Diagnosis Procedure Combination

DRA : DDBJ Sequence Read Archive

DTC : direct-to-consumer（一般消費者に直接提供されるサービス）

EBM : evidence-based medicine

EGA : European Genome-Phenome Archive

ESAC : European Surveillance of Antimicrobial Consumption Network

EU FPnプログラム : 欧州共同体第n期フレイムワーク・プログラム

EWAS : epigenome wide association study

FAOSTAT : Food and Agriculture Organization Corporate Statistical Database

FDTD : Finite Difference Time Domain

GA4GH : Global Alliance for Genomics and Health

GFK : Genomon-fusion for K computer

GPIbα : glycoprotein Ibα

GPS : global positioning system

GWAS : genome-wide association study（ゲノムワイド相関解析／ゲノムワイド関連解析）

HCUP : Healthcare Cost and Utilization Project

HGVS : Human Genome Variation Society

HIFU療法 : High Intensity Focused Ultrasound therapy（強力集束超音波療法）

HK : hexokinase

HMGJ : Human MetaGenome Consortium Japan

HMO : health maintenance organization

略語一覧

HMP	:	Human Microbiome Project
ICGC	:	International Cancer Genome Consortium（国際がんゲノムコンソーシアム）
ICT	:	information and communication technology
ID	:	identification
IFs	:	incidental findings（偶発的所見）
IHMC	:	International Human Microbiome Consortium
IMES	:	indoor messaging system
IPTW	:	inverse probability of treatment weighting
J-ADNI	:	Japanese Alzheimer's Disease Neuroimaging Initiative
JGA	:	Japananes Genotype-phenotype Archive
KEGG	:	Kyoto Encyclopedia of Genes and Genomes
LHS	:	learning health system
MCDRS	:	Multi-purpose Clinical Data Repository System（多目的臨床データ登録システム）
MCMC法	:	Markov chain Monte Carlo methods（マルコフ連鎖モンテカルロ法）
MetaHIT	:	Metagenomics of the Human Intestinal Tract
NBDC	:	National Bioscience Database Center（バイオサイエンスデータベースセンター）
NCBI	:	National Center for Biotechnology Information
NDB	:	National [Claims] Database
NFC	:	near field communication
NHA	:	NBDC Human Data Archive
NLM	:	National Library of Medicine
OReFiL	:	Online Resource Finder for Lifesciences
OTU	:	Operational Taxonomic Unit
PCAWG	:	PanCancer Analysis of Whole Genomes
PDB	:	Protein Data Bank
PFK	:	phosphofructokinase
PGS	:	personal genome service（パーソナルゲノムサービス）
PHI	:	protected health information（保護対象保健情報）
PK	:	pyruvate kinase
p-medicine	:	personalized medicine（個人化医療）
PMI	:	Precision Medicine Initiative
PML	:	perfectly matched layer
PPI	:	protein to protein interaction
RCT	:	randomized controlled trial（ランダム化比較試験）
RDF	:	Resource Description Framework

SNP	: single nucleotide polymorphism （一塩基多型）		**VCF**	: variant call format
SNS	: social networking site		**VUS**	: variants of uncertain significance または variants of unknown significance （臨床意義不明の変異）
SRA	: Sequence Read Archive		**VWF**	: von Willebrand Factor
TOB	: Trial Outline Builder		**WDA**	: Watson Discovery Advisor
UIMA	: Unstructured Information Management Architecture		**WGBS**	: whole-genome bisulfite sequencing
UMLS	: Unified Medical Language System			

―― 表紙イメージ解説 ――

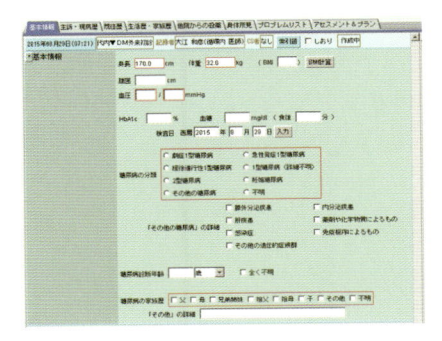

● 電子カルテでのテンプレート入力の例
第2章-2参照．

執筆者一覧

● 編　集

永井良三	自治医科大学
宮野　悟	東京大学医科学研究所ヒトゲノム解析センター／東京大学医科学研究所ヘルスインテリジェンスセンター
大江和彦	東京大学大学院医学系研究科

● 執　筆（五十音順）

合原一幸	東京大学生産技術研究所
藍原雅一	自治医科大学地域医療学センター
荒木啓充	九州大学大学院医学研究院医化学分野
荒牧英治	奈良先端科学技術大学院大学情報科学研究科
伊東　聰	東京大学医科学研究所ヒトゲノム解析センター
伊藤隆司	九州大学大学院医学研究院医化学分野
井元清哉	東京大学医科学研究所ヘルスインテリジェンスセンター
大井一浩	株式会社日立製作所
大井　潤	株式会社DeNAライフサイエンス
大江和彦	東京大学大学院医学系研究科
小川誠司	京都大学大学院医学研究科腫瘍生物学講座
奥　牧人	東京大学生産技術研究所
梶井英治	自治医科大学地域医療学センター
北川源四郎	情報・システム研究機構
喜連川 優	国立情報学研究所／東京大学生産技術研究所
興梠貴英	自治医科大学企画経営部医療情報部
児玉龍彦	東京大学先端科学技術研究センターシステム生物医学
佐久間淳	筑波大学大学院システム情報工学研究科
島村徹平	名古屋大学大学院医学研究科システム生物学分野
白石友一	東京大学医科学研究所ヒトゲノム解析センター
末松　誠	慶應義塾大学医学部医化学教室
杉浦清了	東京大学大学院新領域創成科学研究科／株式会社UT-Heart研究所
高木　周	東京大学大学院工学系研究科機械工学専攻
高木利久	東京大学大学院理学系研究科生物科学専攻
高橋祥子	株式会社ジーンクエスト
舘澤博子	科学技術振興機構バイオサイエンスデータベースセンター
田中　博	東北大学東北メディカル・メガバンク機構／東京医科歯科大学難治疾患研究所
田中　讓	北海道大学大学院情報科学研究科
玉田嘉紀	東京大学大学院情報理工学系研究科コンピュータ科学専攻
永井良三	自治医科大学
中川英刀	理化学研究所統合生命医科学研究センター
Heewon Park	山口大学国際総合科学部
服部正平	早稲田大学理工学術院
久田俊明	株式会社UT-Heart研究所
平田祥人	東京大学生産技術研究所
松田晋哉	産業医科大学医学部公衆衛生学
溝上敏文	日本IBM株式会社ワトソン事業部ヘルスケア事業開発部
満武巨裕	一般財団法人医療経済研究・社会保険福祉協会医療経済研究機構
宮野　悟	東京大学医科学研究所ヒトゲノム解析センター／東京大学医科学研究所ヘルスインテリジェンスセンター
宮本　青	富士通株式会社ヘルスケアシステム事業本部
三吉直紀	株式会社日立公共システム
安田　純	東北大学東北メディカル・メガバンク機構ゲノム解析部門
康永秀生	東京大学大学院医学系研究科公共健康医学専攻臨床疫学・経済学
山本雅之	東北大学東北メディカル・メガバンク機構ゲノム解析部門

実験医学 増刊 Vol.34-No.5 2016

ビッグデータ
変革する生命科学・医療

激増するオミクスデータ・医療データと
どう向き合い、どう活用すべきか？

Overview

統計思想の歴史

永井良三

> ビッグデータの重要性が叫ばれ，統計学が改めて注目されている．情報化とネットワークの発達により，データ収集が容易になり，計算方法と計算速度が飛躍的に向上したためである．しかし統計数学は理想的な条件を設定して構築されているため，統計解析を実際の問題に応用するときには注意が必要である．また統計解析による判断は，可能性の1つであることも忘れてはならない．
>
> 確率・統計論をめぐって，これまでに多くの論争が行われてきた．しかしながら論争の経緯や論点は，歴史に埋もれていることが多い．多くの科学的あるいは社会的問題がビッグデータをもとに解析されている今日，その有用性と限界についてこれから多くの議論が交わされると考えられる．データを適切に利用するためにも，確率・統計の考え方と論争の歴史を学んでおくことが重要である．

はじめに

あらゆる科学が統計学に依存する時代である．コンピューターの発達はこの傾向に拍車をかけている．解析方法も大きく進歩した．しかしながら統計学の背景にある考え方と論争の歴史は，必ずしも研究者や臨床医の間で知られていない．

統計学の発達は「偶然の思想」と密接な関係がある．「偶然」は稀有な事象や意外な遭遇などの予測困難な現象である．すなわち人間にとって「他の可能性のあり得る状態」，「ひとつの可能性にある状態」，あるいは「ランダムな状態」と考えることができる．しかし一見ランダムに見える現象も，観察数を増やすと法則性が現れる．統計学は，「偶然」の中に法則性を見出すことをめざしてきた．

[キーワード]
偶然，フォルトゥナ，記述統計学，推測統計学，ベイズ統計学，主観確率，ビッグデータ

「偶然」は人間の理性的判断を超える状態であるため，歴史的に「無知の世界の事象」とされてきた．しかし「偶然」は不運だけでなく創造的な面がある．思いがけない遭遇や不運から幸運が生まれることがある．確率論や統計学は，「偶然」をいかに受け止めて判断するかという人間的な側面から応用の範囲を拡大してきた．

統計学の成立過程では激しい論争が行われた．また，統計思想には宗教観や社会思想も反映されている．論争の対立点や歴史的背景，さらに演じられた人間模様を知ることは，確率と統計の理解だけでなく，研究のあり方を考えるうえでも重要である．本稿では「偶然」のとらえ方を中心に，確率・統計思想の歴史を概説する．

❶ 神話における「偶然」

古代社会では，「必然」や「偶然」は神の為せる業だった．地球上の多くの地域で，「必然」は知の神が担うのに対し，「偶然」は「神や悪魔の化身とされ，呪文や儀式に使われてきた」[1]．

History of statistical thought
Ryozo Nagai：Jichi Medical University（自治医科大学）

図1 1530年頃に描かれた豊饒の角をもつフォルトゥナ
男性はフォルトゥナを見つめて富くじを器に入れようとしている.フォルトゥナは球に座り,靴は片足,掛布は風に煽られている.幸運は逃げやすいことを表している.ドッソ・ドッシ画.文献60より引用.

図2 ギリシャの幸運の神カイロス
前髪しかなく,手に斧をもって一瞬の好機をとらえようとしている.カイロスの背と靴には羽が生えている.文献2より引用.

ギリシャ神話の「気まぐれな幸運の女神」はテュケーである.テュケーはローマの女神フォルトゥナに対応する.フォルトゥナはLady luck, Dame fortuneなどの呼び方もあり,英語のfortuneの語源である.テュケーやフォルトゥナの表徴は,幸運の逃げやすさを示す底の抜けた壺,変転を表す移動のための球,人間の運命を翻弄する「運命の輪」などである.彼女らは「運命の輪」を順方向にも逆方向にも回すことができる.しかし彼女らによって人間は無力さを自覚し,傲慢さを抑制してきたということもできる.

運命は気まぐれだが,幸運をもたらすこともある.このため古代のアンティオキアやアレキサンドリアではテュケーを都市の女神として崇めた[2].またテュケーやフォルトゥナはコルヌー・コピアイ（Cornu Copiae；豊饒の角）とともに描かれてきた（図1）.

運命が幸運をもたらすといっても好機は利那である.これを象徴するのがギリシャ神話の運命の神カイロスである（図2）.カイロスには前髪しかなく,後頭部は禿頭のため,準備した心がないと機会を逸する.表徴として斧をもち,天秤が平衡に達する一瞬を捉えようとしている.これらの神々はいまも箴言,詩,小説に登場し,「運命の輪」は教会の窓,ルーレット,操舵輪のデザイン,タロットカードの寓話などに使われている（図3）.

図3 タロットカードに描かれたフォルトゥナ（1630年）
図に示されたラテン語は,左から右回りに*regnabo*, *regno*, *regnavi*.それぞれ「支配する」の未来,現在,過去形.下の*sum sine regno*は「支配する王国はない」.文献61より引用.

❷ 中世哲学における「偶然」と「人間の自由」

古代ギリシャ・ローマ時代の運命の神々は,しだいに絶対的存在である全知全能の神により置き換えられていった.全能の神による世界は決定論的であり,キリスト教正統派では何事も「偶然」から生まれないとされた.人々に降りかかる不運は,不信心に対する懲罰だった.一方,人間の意思や理性に基づいて自由な

発想をする思想家は異端とされた．

　古代ギリシャには2つの思想の流れがあった．現象や事物はイデアの写像であり，イデアを想起することにより知識を得るとするプラトンと，実在するのは個物であり，知識は経験からの抽出とするアリストテレスの思想である．この議論は中世に到ると，人間の理性が意思を動かすと考える主知主義と，意思や経験を重視する主意主義の間の論争となる．

　プラトンのイデア思想は正統キリスト教にとり入れられた．一方，アリストテレス思想の影響を受けた宗派は異端とされ，ローマ帝国の滅亡後に東方へ逃れた．しかしアリストテレスの著書はイスラム世界で継承され，イスラム哲学に影響を与えた．その後，12世紀末にアリストテレスの思想と著書は，十字軍遠征やイベリア半島の国土回復運動（レコンキスタ）により西欧に紹介された．著書にはアラビアの学者による注釈もつけられていた[3]．これにより，「アリストテレスが論じた自然世界と，信者の心のうちに根づいていたキリスト教信仰の双方を批判的に吟味して，明白なことばで総合的に説明する『神学』が生み出された」[3]．パリ大学やオックスフォード大学もこの時期に設立された．この時代は「12世紀ルネサンス」と呼ばれる[4]．

　世界のあらゆる事象が全能の神により必然的に決定されるならば，人間の邪悪な考えや罪までもが神の責任に帰せられる．これは教会にとって不都合なため，中世のヨーロッパでは新たなキリスト教のあり方が模索された．こうした変化を促したのが，イスラム世界から伝えられたアリストテレス思想であり，「12世紀ルネサンス」だった[3]．

　13世紀以後の中世哲学の論点の1つが，神の絶対性との関連において「偶然」をいかに理解するかであった．神学者トマス・アクィナスは，「第2のあるいはそれ以上の原因が同時に起きると，意図されることのない結果が同時的な生起からセットされることになるので，何か偶然的なことが生じる」とし，「偶然」を肯定的に捉えた[3]．スコットランドの神学者でフランシスコ会の修道士だったヨハネス・ドゥウンス・スコトゥス（1265頃-1308）は，「自然の中の原因がもつ必然性は，その直接の結果を必然的に生じるが，その必然性を自由に創った神から見れば，その結果は神のなした自由な結果，つまり偶然的結果である」と，「偶然」を受容した．また，「人間の自由」については「神の似姿である人間も人間的自然の制限はあるにしても，自然の必然を自由に利用する力を自由意思として神からもらっている」と述べた[3]．変革はユダヤ教も同様だった．ラビで神学者だったスペインのマイモニデス（1135-1204）は，アリストテレス思想をユダヤ教にいち早く導入した．

　こうした変化は，神の自由意思を認識する思想としての自然研究を促し，さらに，発見した自然の法則性に基づいて自然を改造するという科学技術の考え方を推進した．また，人間は神の提示する結果を選択する自由も，選択しない自由もあると考えられるようになり，地上の「偶然」に対して人間が立ち向かう，近代的ともいえる生き方の端緒となった[5]．

❸ ルネサンス思想にみるフォルトゥナ

　15世紀のイタリア・ルネサンスは，人間中心の生き方を重視するヘレニズム文化の再興である．運命を司るフォルトゥナをはじめ，さまざまな神々が復活した．フィレンツェの行政官で思想家のニッコロ・マキアヴェッリ（1469-1527）の「君主論」には次の一節がある．

　「この世の事柄は運命と神によって支配されているので，人間が自分たちの思慮によって治められようはずもなく，……むしろ成行きに任せておいたほうが判断としては良いという意見を多くの人びとが抱いてきた．……だがしかし，私たちの自由意志が消滅してしまわないように，私たちの諸行為の半ばまでを運命の女神が勝手に支配しているのは真実だとしても，残る半ばの支配は，……彼女が私たちに任せているのも真実である，と私は判断しておく」[6]．

　シェークスピア悲劇にもフォルトゥナが登場する．ハムレットの一節，"To be, or not to be: that is the question"の次の文は，"Whether 'tis nobler in the mind to suffer the slings and arrows of outrageous fortune, Or to take arms against a sea of troubles, And by opposing end them?"である．"To be, or not to be"は「生か死か」と訳されるが，小田島雄志は，暴虐なフォルトゥナに対して優柔不断なハムレットの胸中を忖度し，「このままでいいのか，いけないのか」と訳している[7]．

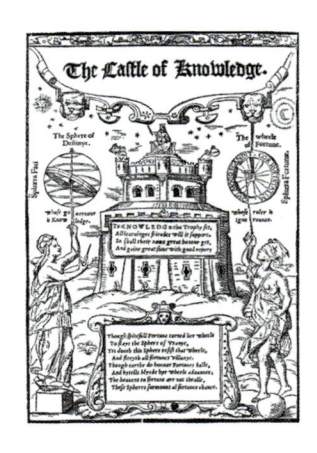

図4 「The Castle of Knowledge」の扉絵
左で天球を回すのは天文の女神ウラニア,右で「運命（偶然）の輪」を回すのはフォルトゥナ.文献8より引用.

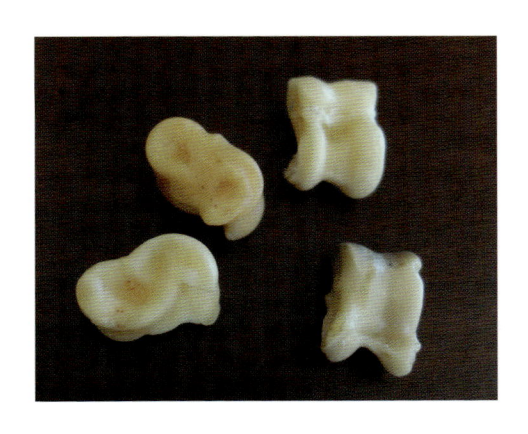

図5 距骨のサイコロ
古代からさまざまな動物の距骨が使われてきた.写真は今もモンゴルで運勢占いやすごろくに使われるシャガイ（羊の距骨）.左上から右まわりに,馬,山羊,羊,ラクダの目.筆者撮影.

　学術に関しては,ルネサンス期においても「偶然」は無知であり,必然の知識は天文学だった.**図4**は16世紀に書かれたイギリス・ルネサンス時代の天文学書「The Castle of Knowledge」の扉絵である[8].絵の左に,安定した台に乗り,コンパスを手にして天球を回すウラニア（天文の女神）が描かれている.「統治者は知識」である.右側には目隠しをして球に乗り,片足に靴を履いたフォルトゥナが「偶然（運命）の輪」を回している.「支配者は無知」である.絵の中央には,「正しい知識には栄誉をささげる.……フォルトゥナがどれだけ『偶然の輪』The Wheel of Fortuneを回しても,『運命の球（天球）』The Sphere of Destinyは動かない.天球は『偶然の輪』に抵抗し,フォルトゥナのいたずらを避ける.……確かに地球はフォルトゥナの球に敬意をもっている.地球は盲目の女神に輪が進んでいることを伝える」と記されている.これは天球が必然の世界であるのに対し,地上は偶然,すなわち無知の世界であることを示している.

❹ 確率論の成立

　確率に対する人間の関心は,古くから行われてきた賭博に見ることができる.古代インドの「マハーバーラタ ナラ王物語」にはサイコロ賭博で失敗した王子の話がある[9].またインドの商人は確率にもとづいて取引を行っていたという[10].

　英語の偶然（chance）はサイコロの転がりかたを示すフランス語のchéanceである.これはサイコロを意味するアラビア語のhazardに由来する.いまも遊牧民の間では遊びや賭博に動物の距骨が使用される（**図5**）.賭博は「偶然」に依存するため,「必然」を旨とする教会からは冒瀆行為とされた.

　最初の確率論は,イタリアの内科医で数学者だったジェロラモ・カルダーノ（1501-1576）により著された.カルダーノは賭博師でもあり自伝「我が人生の書」のなかでサイコロ遊びの確率を論じた.ガリレイ（1564-1642）も3つのサイコロを投げたときの「目」の頻度について論じた.古典確率論の数学的研究は,1654年,パスカル（1623-1662）とフェルマー（1607-1665）の往復書簡にはじまる.

　確率概念の誕生は時代の変化にもよる.17世紀のヨーロッパにはデカルトとニュートンの世界観が広がっていた.世界は時計仕掛けのように構成され,決定されている道を順番に歩むという決定論的宇宙観が広まった.しかし決定論が強固になれば,人々は偶然に対して関心をもち,法則を探そうとする.社会は変化し,「自然界の物理法則を理解しようとすることが冒瀆と見なされなくなると,偶然による物事を詳しく調べて起こりそうな結果を予測することも,結果は神意の現れとされていながら冒瀆ではなくなった」[11].

　確率には2つの顔がある.1つは,主観から独立し

図6 ピエール・シモン・ラプラス（1749-1827）
文献47より引用．

図7 26歳のカール・フリードリヒ・ガウス（1777-1855）
文献16より引用．

て現われる頻度を表現する客観確率（頻度確率，統計的確率）である．サイコロを何回も投げるとき，「1の目がでる確率」とは，多数回の試行によって1の目の「頻度」が全体の6分の1に近づくことを意味する．他方は，「合理的な信念の度合い」を評価する主観確率である．投げられたサイコロがカップで隠され観察者には見えないとき，「1の目である確率が6分の1」とは，1の目がでたと判断するその確からしさ，すなわち「判断の信頼性の尺度」を意味する[12]．

決定論的宇宙観をもっていたピエール・シモン・ラプラス（1749-1827）は，「確率の哲学的試論」（1814）において「数学的確率」を定義した．ラプラスの確率は，「すべての可能な場合に対する好都合な場合の数の比」である[13]（**図6**）．ラプラスは「原因」の確率とされる「ベイズの定理」も体系化し，「判断できないときの等確率」を発展させた．これにより今日のベイズ統計の基盤が作られた．ラプラスの「数学的確率」は順列・組合せの考えが適用できる事象に用いられるが，標本空間において，根元事象（それ以上分けられない事象）がすべて同等に起こるとするのは「仮定」であると批判された[14]．このため「頻度確率論」がしだいに優勢となり，「数学的確率」は「古典的確率」とされた．

❺ 誤差論の成立

誤差に関する研究は天文学が先行した．誤差には，一定の方法で測定すれば同じ傾向を示す系統誤差と，測定ごとにばらつく偶然誤差とがある．偶然誤差は，観測を繰り返せば除くことができる．多数の測定値に注目し，平均値から偶然誤差を除こうとしたのは天文学者ティコ・ブラーエ（1546-1601）にはじまる[15]．

最小二乗法は誤差の平方和を最小にする方法として考案された．1805年にアドリアン・マリー・ルジャンドル（1752-1833）は，ある量xに対する観測値$a_1, a_2, \cdots a_n$に対して，偶然誤差の平方和$\Sigma_1^n (a_i - x)^2$を最小にする条件から，$x = \Sigma_1^n a_i / n$であることを示した[15]．

ゲッチンゲン大学の初代天文台長だったカール・フリードリヒ・ガウス（1777-1855）は，偶然誤差が$\frac{h}{\sqrt{\pi}} e^{-h^2 \Delta^2}$（$\Delta$は誤差，$h$は任意の正の定数）を確率密度関数とする分布に従うことを見出した[14) 16)]（**図7，図8**）．しかしこの分布を表す曲線はド・モアブル（1667-1754），ダニエル・ベルヌイ（1700-1782），ラプラスによっても導かれていた．後年，この曲線の優先権争いを恐れたカール・ピアソン（1857-1936）は，これを正規（normal）曲線と名づけた．

偶然とされても，単位時間に一定の割合で発生する稀な現象の回数は，ポワソン分布に従う．ポワソン（1781-1840）はラプラスの弟子である．その有名な応用例が，1875年から1894年の20年間にドイツ軍の14の部隊における馬に蹴られて死亡した騎兵の数（等級別）と部隊数（延べ数）の関係である[1]．労働災害も似た現象である．わが国でも戦時中，若月俊一（1910-2006）が4,160名の労働者を調査した．その結

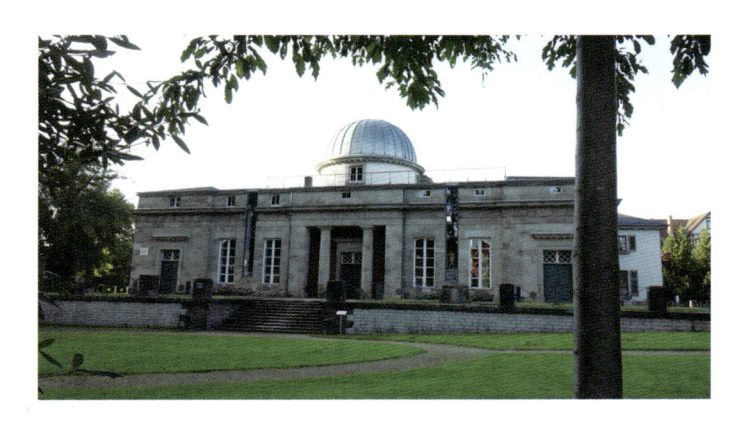

図8 ガウスが台長を務めた
ゲッチンゲン大学の天文台
筆者撮影.

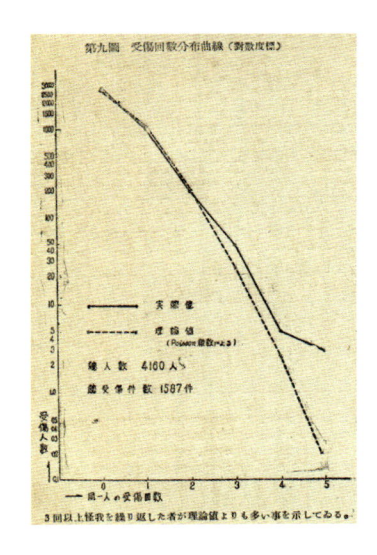

図9 労働災害の頻度（ポワソン分布）
若月俊一の調査．文献17より引用．

果，1,587件の受傷事故が発生し，同一人の受傷回数がポワソン分布に従うこと，また理論値を超える「災害頻発者」が存在することを指摘した[17]（**図9**）．しかし若月はこの書で共産主義を扇動したとされ，治安維持法違反の嫌疑で逮捕された．

現実社会では，不確定でも判断し意思を決定しなければならない状況が存在する．こうした状況で最初に確率を活用したのが数学者ブレーズ・パスカル（1623-1662）である．キリスト教思想家でもあったパスカルは「パンセ」のなかで，「理性は何も決定できない」としつつも，「神はある」に賭ける方がより大きな至福が得られると述べた[18]．これは意思決定理論の最初の応用例とされ，プラグマティズムに通ずる考え方だった．

❻ 社会統計学の成立

平均余命表や海上保険は，ローマ時代にすでに存在していたが[19]，社会統計学として展開したのは17世紀である．大陸合理主義のもとで発展したのが「数学的確率論」あるいは「先験的確率論」だった．一方，イギリスでは経験主義に基づき，頻度主義としての「経験的（統計的）確率論」が誕生した．イギリスの政治算術派は，これを国家や社会を生命体のように分析するための統計手法として用いた．数学的確率論と経験的確率論は互いに影響を及ぼしながら確率論を形成していった．

大陸の数学的確率論とイギリスの経験的確率論は，1660～'70年代に先進商業国のオランダで交叉し，期待値の概念，平均余命，終身年金の現在価額の計算などが考案された[20]．ロンドンの毛織商で民兵隊大尉だったジョン・グラント（1620-1674）は，年ごとの死因別死亡率や出生児性比を示し，生存表を作成した．

キリスト教界にも統計から神学を見直す動きがあった．ドイツの神学者で統計家ズュースミルヒ（1707-1767）は，各地の男児と女児の出生比率が1.05であることを見出し，「人間の偶然的な諸変動のうちに存在する多様な秩序を通して，吾々はこの御摂理をはっきりと確信させられる」，「神の摂理が人間の死亡と同じく，その出生をも支配し，且つそれらを特定の意図にしたがって整備し給ふ」[21]と記した．

革命後のフランスは「数字の洪水」だった[22]．そのなかで「数学的確率論」を人間や社会の現象に広く応

図10　アドルフ・ケトレー（1796-1874）
文献47より引用．

図11　フランシス・ゴールトン（1822-1911）
文献47より引用．

用したのが，ベルギーの天文学者アドルフ・ケトレー（1796-1874）である（**図10**）．ケトレーは，「大量現象として考察された人類に関する事柄は，物理的事実と同じ分類に入る」と考えた[23]．ケトレーは天文学の測定誤差だけでなく，犯罪や出生，死亡，さらに兵士の胸囲なども大数の法則や正規分布に従うことを示し，統計学に新たな展開をもたらした．ケトレーを魅了したのは，「表面的にコントロールできない社会現象を，科学的な秩序に従わせることができるという点」であり[24]，人間の営みのなかに法則性を見出すための「社会物理学」を提唱した．しかしこれは「神の秩序」を数学的に説明しようとする神学者の反発を招き，「人間の自由意思」を否定すると批判された．これに関してケトレーは，「平均人＝正常人＝理想の人物像という基準」のもとに，「啓蒙が進むにつれ，平均からの隔たりは徐々に減少してゆくだろう」，「個人の意思と統計的規則性とは予定調和の関係にある」と論じた[23]．ケトレーは後の社会学に大きな影響を与え，「近代統計学の父」と呼ばれる．しかし保守的な科学者や「神の秩序」を数学的に説明しようとする神学者からの反発を招き，「人間の自由意思を否定する」，「神の世界を単なる機械とし，宿命論をもたらす」，「汎神論を導き，真の信仰を破壊する」などと批判された[24]．

ケトレーは身体統計にも関心をもっていた．今日，肥満度の基準に用いられるbody mass index（BMI）は彼の考案による．ケトレーを信奉したのがフローレンス・ナイチンゲール（1820-1910）である．彼女はさまざまな統計表を駆使し，クリミア戦争（1853-1856）の際，兵舎病院の衛生を改善した．

フランスの社会学者エミール・デュルケム（1858-1917）は，「（ケトレーが）社会に固有の傾向や法則性を，平均人という仮構された個人へと再び収斂させてしまうこと」を批判し，新しい社会学を構築した．デュルケムは社会が個人に作用する力の存在を想定し，大量観察により社会事象の統計的規則性を明らかにすることをめざした[23]．

❼ 生物統計学と遺伝学・優生学

統計学を人類遺伝学に応用したのは，「進化論」のチャールズ・ダーウィン（1809-1882）の従兄にあたるフランシス・ゴールトン（1822-1911）である（**図11**）．ゴールトンは平均への回帰や相関の概念などを提唱した．また統計データから，人間の精神的・身体的形質や道徳が遺伝により規定されると考えた．さらに「生物の遺伝構造を改良することで人類の進歩を促そうとする科学的社会改良運動」として優生学を定義し，これを推進した[25]．

ダーウィンの「進化論」を統計学により証明しようとしたのが，動物学者のウォルター・ウェルドン（1860-1906）と数学者のカール・ピアソンである（**図12**）．当時，遺伝因子の実態は不明だったために，ダーウィンは進化を「軽微で連続的な遺伝変異」と考えた．ピアソンらもダーウィン説であり，1892年以降，大標本による生物測定学を創始した．彼らは「バイオメト

図12　カール・ピアソン（1857-1936）
文献47より引用．

図13　23歳頃のロナルド・フィッシャー（1890-1962）
文献62より引用．

リカ」を発刊し，唯一の近代統計理論の組織として活動した．一方，遺伝学者ウィリアム・ベートソン（1861-1926）は収集した広範な資料をもとに，進化を「大規模な不連続変異」と考え，ピアソンらと対立した．しかし，1900年，長く埋もれていたメンデル神父（1822-1884）の遺伝学説が再発見され，ベートソンにより紹介された．さらに1902年にメンデルの遺伝因子は染色体に存在することが報告されると，生物学の専門分野としての生物測定学は衰退し優生学と連携するようになった．なお，メンデルのデータが不自然なほど理論に合致していることは，ロナルド・フィッシャー（1890-1962）により χ^2 検定で示された[26]．

1911年，ゴールトンの遺産によりロンドン大学に優生学講座が誕生し，ピアソンが初代教授に就任した．優生学との結びつきはピアソンだけでなく，フィッシャーも同様だった（図13）．ピアソンはマルクス主義者でもあった．これはダーウィンの進化論の影響による．

メンデル学派と生物統計学派の対立は激しかった．ベートソンは，「進化に意味のあるのは各個体の量的な差異ではなく，型の変異である」，「生物測定学の強盗どもが，未分析のデータに相関表を押しつけてみても，訓練された人々の共通した判断という篩を通りぬけることはできない」と批判した[25]．ある会合でピアソンが「メンデル派の理論説明にふさわしい形態のあることを示そうという何の試みも奴等はやっていないと告発，休戦を提案」したが，「ベートソンは演壇に立ち，

『バイオメトリカ』の一包みを示して，こんなものは今に反故にしかならないだろうといって，聴衆の前で机の上に叩きつけた」[25]．

一方，フィッシャーはメンデルの研究を発展させ，1916年に「ピアソンの公式がベイトソンの微細的な不連続変化から導出されることを示した」[25)27]．ピアソンは「これは明白なこと」として論文を採択しなかった[27]．しかしピアソンはフィッシャーの才能を認めており，1919年にゴールトン優生学研究所の主任統計学者のポストを提案した．ただし「ピアソンの承認した内容のみを教え，公表するという条件付の採用通知だった」[25]．フィッシャーは辞退し，ロザムステッド農事試験場に研究員として就職した．フィッシャーはここで実験計画法を開発するなど多くの業績をあげたが，ピアソンから疎まれていることを意識していた．フィッシャーは以後，ピアソンの研究業績の問題点を次々と指摘し，両者の関係は悪化していった[25]．

ピアソンは，ヒストグラム，標準偏差，回帰係数などの多くの統計的概念や用語を導入した．また，人間の観察する現象はさまざまの数学的モデル，すなわち確率分布関数で記述されると考えていた．ピアソンの統計学は19世紀に発達した決定論的科学とは異なる科学だった．

❽ 記述統計学から推測統計学へ

19世紀までの統計学は，大量のデータを散布図や度数分布などで記述する統計学である．「データを生み出

した確率的なメカニズムについては，議論の対象とはならない．……データが母集団そのものであると想定される以上，その標本にもとづく母集団の要約や記述に不確実性が伴うはずがない」ためだった[28]．ピアソンは記述統計学の代表とされるが，ピアソンのχ^2適合度検定（1900年）は単なる記述ではなく，推測統計学に踏み込んでいるとされる．しかしχ^2適合度検定は，今日のように「仮説の真偽を主張するため」ではなく，「経験分布と理論分布とが整合することを想定した上で，これらの間の乖離が偶然誤差によるものといえるほど小さいことを確認することにあった」[28]．

実験科学者にとっての関心事は，小標本から母集団の統計値をいかに推測するかである．そこには多くの偶然性が伴うために新しい統計学が必要だった．この分野の嚆矢は，ダブリンのギネスビール社の技師ウィリアム・ゴセット（1876-1937）（ペンネームはステューデント）である．ゴセットは1907年，「平均値の誤差の確率分布」を「バイオメトリカ」に発表した．「ゴセットは標本平均と母平均との差を標本標準偏差で割った統計量をzと定義したうえで，このz統計量の分布曲線およびその確率積分表を導出した」[28]．

ゴセットはピアソンの指導を仰いだが，フィッシャーとも交流していた．1912年にフィッシャーはz分布に関心をもち，ゴセットに手紙を送っている．その後，フィッシャーは自由度の概念を導入した．これにより，$t=z\sqrt{n-1}$とzからtに変換したt分布が用いられるようになった．

フィッシャーの独創性は，無限仮説母集団を想定し，標本と母集団を明確に区別したことである．さらに自由度，分散，帰無仮説の検定など，現在も推測統計学で用いられる概念を確立した．また，肥料や殺虫剤処理の効果を調べるために，ランダム化や乱塊法などの実験計画法を開発した．

ゴセットは小標本分布のz分布を導いたが，「統計的検定を有意差査定の方法として洗練させるところまでには至らなかった」[28]．一方，フィッシャーは，検証のために帰無仮説を導入した．これは「もしその仮説が真ならば起こり得ないようなことが起きたら，その仮説は放棄すべきである」という「反証主義」の応用である．フィッシャーはこれを，「もしその仮説が真ならば非常に低い確率でしか起きないようなことが起きたら，その仮説は放棄すべきである」と修飾し[26]，仮説（帰無仮説）を放棄する基準としてp値を設定した．

p値は帰無仮説が正しいと仮定したときに，観察されたデータ以上に甚だしい状況が母集団で起こる確率であり，帰無仮説は棄却されたときにはじめて後述のような意味をもつ．$p<0.05$という結果であれば，稀な現象が起きたと考え帰無仮説を棄却する．例えば，二群の平均の差を検定する場合，「群間の平均に差がない」を帰無仮説とする．有意差が示されたときは仮説を棄却して，「群間の平均に差がないとはいえない」と結論する．しかし「平均に差がある」と断定しているわけではない．一方，$p>0.05$の場合は「仮説を棄却できない」状態にあり，「何もいえない」と判断する．「平均に差がない」と積極的に肯定しているわけではない．

統計解析でしばしば用いられるオッズ比は，フィッシャーの指導教官だった天文学者F. J. M. ストラットン（1881-1960）が1910年に導入した．当時，正規分布に基づいて，真の平均μに対する観測値の確率誤差は$\mu \pm 0.67\sigma/\sqrt{n}$と定義されていた．観測値の50％はこの範囲に含まれる．ストラットンは，2つの平均値の差が確率誤差の何倍にあたるかを計算し，その状態が偶然に生じたと判断する方に賭けたときに，賭けはどの程度の勝ち目（odds）に相当するかを示した．oddsが大きい場合は，「有意な差（significant differences）は正規分布に従う変動によるものではなく，処理の違いに起因する差である」などと結論した[28]．

ピアソンとフィッシャーはいずれも攻撃的な性格であり，統計論をめぐり激しい議論を執拗に繰り返した．大規模標本の統計学を大成したピアソンと少数標本の統計学を確立したフィッシャーの間では，視点が異なっていた．論点の1つが母分散を推測するための標本分散の計算である．ピアソンは，母分散の推定には，$\sum_1^n$（観測値$_i$ー標本平均値）^{2}を標本数nで除した標本分散を用いたが，フィッシャーはこれを$n-1$で除した不偏分散を用いるべきと主張した．これは普遍性をもつという意味ではフィッシャーが正しく，数学的に証明される．

さらにピアソンが r×c の分割表に対してχ^2検定を適用する際の自由度をrcとしたのに対し，フィッシャーは1922年，王立統計協会雑誌に報告した論文「分割表からのχ^2の解釈」において，自由度を$(r-1)(c-1)$

+1 とすべきとした[25]〔註：正しくは (*r*–*1*) (*c*–*1*)〕．論文を読んだピアソンは激怒し，「私を批判する人でも，無鉄砲に因習にさからうドンキホーテと彼を比較したからといって，非難する人はいないと思う．奴は自滅するか，それとも確率誤差の全理論を消滅させるか，どちらかでなければならぬ」と述べ，さらに王立統計協会についても批判した[25]．狼狽した王立統計協会は，フィッシャーの反論「観測結果と仮説の間の一致の統計的検定」の掲載を拒否し，フィッシャーは協会を退会した．

フィッシャーは晩年，ピアソンについて，「彼は世紀の初めから変っていない．もしも他の人の自由な意見の表明に腹を立てる雅量のなさが，耄碌の兆候だとしたら，そのことは彼の若い頃から進行していたのである」と記した[25]．

❾ フィッシャーとネイマンの論争

1933年，ピアソンの引退後，ロンドン大学は講座を二分割し，優生学教授にフィッシャーが就任した．もう一方の応用統計学科は，ピアソンの息子で上級講師のエゴン・ピアソン（1895-1980）が担当し，ポーランドからイェジ・ネイマン（1894-1981）を助手として迎えた[25]（図14）．やがてフィッシャーはピアソン・ネイマンの教室と対立するようになった．

ネイマンとピアソンの統計的仮説検定理論はフィッシャーとは異なっていた．有意水準や帰無仮説の明示化に加えて，標本の大きさや有意水準の事前決定，対立仮説の設定，検出力と第Ⅱ種の過誤の概念などを新たに導入した．「フィッシャーの有意差検定においては‥‥帰無仮説と標本値との乖離の度合」の評価を重視したのに対し，ネイマン・ピアソン理論は，「仮説の選択を誤る確率を一定の大きさに抑えながら，標本特性値が検定仮説の理論分布と対立仮説の理論分布とのどちらにより適合するかを行動の規則にしたがって判定」した[28]．ネイマン・ピアソン理論は工業製品の品質管理に適しており，抜取り検査に応用された．これはエドワーズ・デミング（1900-1993）により，戦後の日本で推進された[27]．

フィッシャーとネイマンの間には，確率の考え方にも相違があった．95％の信頼区間についていえば，フィッシャーの「この特定の区間が真の値を含む確率

図14　イェジ・ネイマン（1894-1981）
文献26より引用．

が95％とのべることは全く合理的である（推測確率）」に対し，ネイマンは「標本から同じ方式で区間を構成することを繰返し行ったときにその区間が真の値を含む場合が全体の95％になることを意味するにすぎない．95％という数字は確率を表さないから信頼係数とよぶ」とした．すなわちフィッシャーにとって確率は，「相対頻度に基礎を置いた命題の信頼性の尺度」であるが，ネイマンには「頻度」だった[12]．フィッシャーの推測確率はネイマンだけでなく，後にベイズ主義者からも，「ベイズの卵を割らずにベイズのオムレツを作る大胆な試み」と批判された[29]．

対立を深めても，標本抽出により仮説母集団を追求する点では，両者はいずれも頻度主義の記述統計学であり，ベイズ確率やベイズ統計の「主観的確率」に激しく反発した．「ベイズへの憎しみという一点で結ばれた2つの頻度主義陣営」がベイズ統計に対して「二方面からの攻撃」を行うことになった．フィッシャーはベイズ確率について，"the theory of inverse probability is founded upon an error, and must be wholly rejected" と記した[30]．のちに「数理統計学の指導者たちが思慮分別のある対話を行わなかったために，ベイズの法則の展開は何十年も遅れることになった」と指摘されている[29]．

❿ フィッシャー・ネイマンの統計学とベイズ統計

フィッシャー・ネイマンの統計学は，プラトンのイデアのように，母集団を実在と考える．母集団のパラ

メータ（平均や分散などの母数）は固定値であり，確率分布は頻度を反映する．この母集団から抽出されたのがデータである．フィッシャーは実際のデータが最も出現しやすい変数を母集団のパラメータとした（最尤推定）．これに対し，ベイズ統計における実体はデータであり，母集団のパラメータは固定値ではなく確率分布である．

ベイズ統計は条件付き確率から生まれた．事象A，事象Bの起こる確率をそれぞれ$P(A)$と$P(B)$，事象Aのもとで事象Bの起こる確率，事象Bのもとで事象Aの起こる確率を$P(B|A)$と$P(A|B)$とすると，$P(A|B) = \dfrac{P(B|A)\ P(A)}{P(B)}$である（ベイズの定理）．ベイズの定理は一定の条件（事象B）のもとで事象Aが生ずる確率を示すため，「時間的に逆行する条件付き確率（逆確率）」と呼ばれる．この定理は，事象Bの経験によって事象Aの確率（確信の度合いという意味）が変化することを示しており，経験を経て観察者の「確信の度合い」を修正する方法として用いることができる（ベイズ更新）．

ベイズの定理に含まれるAを「確率分布のパラメータ」，Bを「得られたデータ」と考えると，ベイズ統計として発展させることができる．また，事前の確率分布である$P(A)$は主観的であっても許容される．ベイズの定理により過去と現在が結びつき，原因を推測することができる．これは現在と未来の関係に置き換えることもできる．

ベイズ統計の事前確率は新たな経験後に更新され「事後確率」となる．情報のないときの事前確率は一様とする．ベイズ統計では仮説の検定は行わず，事後確率の大きさにより判断する．フィッシャーとネイマンがベイズ主義を批判したのは，母数が決定的ではないことと，確率に主観が加わるためだった．

フィッシャーらの統計学については，正規分布や線形性などの仮定をとり入れているという批判がある[31]．コルモゴロフ－スミルノフ検定により分布の正規性を検定するときの帰無仮説は，「データセットは正規分布」である．すなわち有意差が認められない場合は何もいえず，正規性を積極的に肯定することはできない．また，標本の抽出を何度も繰り返すと平均が正規分布に近づくという中心極限定理についても，現実にどのくらいの回数を繰り返せば正規分布としてよいのか明らかでなく，そもそも標本が同一の母集団から抽出されていなければ，単純に中心極限定理を適用できない．新たな経験が加わったときの分布モデルの変更も，従来の統計学の範囲外である．さらに明日の天気予報のような単発的な事象については対応できない[29]．このため統計を現実問題に応用する立場から，主観確率を認めるベイズ統計が注目されるようになった．

⓫ ベイズ統計の再評価

「ベイズの定理」は18世紀のイギリスの牧師トーマス・ベイズ（1702-1761）によって見出され，ラプラスが確率論に応用した．ラプラスは，「$w_1, \cdots, w_n$があらかじめ事前に有している原因の予想を表す確率分布—いわゆる「事前分布」—であるとすれば，原因jの確率は$w_j p_j / \Sigma_1^n w_i p_i$で表される」と述べている（註：当該事象に$n$個の原因があるとき，$p_i$は原因$i$からの起こり方とする）[31]．

ベイズ統計には，ラプラスの確率論と同様に，「判断できないときの等確率」が含まれる．この「仮定」は客観的統計学をめざすフィッシャーやネイマンから厳しく批判された．フィッシャーは晩年「『自分が知らないと考えることと，すべての可能性の確率が同じだと考えることとは同じではない』と切って捨てた」という[29]．今日，「判断できないときの等確率（無差別の原理）」は，$\Sigma_1^n p_i = 1$のもとで確率エントロピー$H = \Sigma_1^n - p_i \log_2 p_i$を最大にする条件として数学的に示すことができる．また事後確率は，「少しでも関連情報がある場合はエントロピー最大原理による」とされている[32]．

批判の多い「主観確率」ではあるが，これを認める立場からは，「ベイズ主義が扱うのはわれわれと独立に起きている世界の中の出来事ではなく，それについてのわれわれの認識である，という意味での『主観的』確率なのである．そうした確率のわりあては，科学的方法論が客観的でありうるかぎりにおいては十分客観的でありうる」と説明されている[26]．

伝統的統計学者の批判にもかかわらず，ベイズ統計は軍や保険会社に利用され，第二次大戦中にはアラン・チューリング（1912-1954）らがドイツ軍の暗号エニグマの解読に成功した．しかしチューリングの業

績は軍事機密とされ長く秘匿された．これはベイズ統計学の普及を妨げる原因となったといわれる[29]．

大戦後にベイズ統計の重要性を認識したのは，アメリカの損害保険会社と軍だった．その後1950年代には，ジミー・サヴェッジ（1917-1971）らによりシカゴ大学を中心とする学術界でも復権した．サヴェッジは主観確率の意義を問われると，「データが乏しい間は，科学者たちは合意に至らずに主観主義者であり続けるが，山のようなデータが集まれば，意見は一致して客観主義者になる」と答えたという[29]．

ベイズ統計への逆風は日本でも同様だった．1960年代に邦訳されたフィッシャーの著書の訳者解説には，「今日のベイジアンは十分な根拠なしに，恣意的に，数学的扱いの容易な事前分布をもちこむきらいがある．またその先験分布をいわゆる決定者の主観に求めようとする立場も，オペレーションズ・リサーチの発達とともに有力になっているが，しかし科学的研究における知識情報の整理を，このような形で解決することは許されないだろう」という一節がある[12]．

ベイズ統計の応用を阻んだのは，フィッシャーやネイマンによる批判だけではなかった．現実のモデルが複雑になると，尤度と事後確率の多重積分計算の負荷がきわめて大きく，実用化は難しかった．この課題は，コンピューターの発達とマルコフ連鎖モンテカルロ法などによって解決された．

⑫ 医学と統計学

医療に偶然はつきものである．多くの治療法は確率的なため，有効性を評価するには患者を群分けしてランダム化比較介入試験を行う．患者を複数の群に分け，治療法を比較したのは壊血病の研究にはじまる[33]．ビタミンCの不足による壊血病は，かつて船乗りに多発する致死的疾患だった．1753年，イギリス海軍のジェームズ・リンド（1716-1794）は，12名の患者を6群に分けて治療実験を行った．その結果，オレンジ2個とレモン1個を毎日与えられた2人が著明に改善した．この発見はイギリス海軍の発展につながり，イギリスは7つの海を支配することができた．

ピエール=シャルル・ルイ（1787-1872）による瀉血療法の評価もよく知られている．19世紀はじめのフランスでは瀉血療法が流行し，風邪や体調不良でも行われていた．瀉血はランセットによる放血だけでなく，ヒルによる吸血療法も一般的だった．フランスが1833年に輸入したヒルの数は4,150万匹に達した[34]．統計表により瀉血療法に疑問を発したのがルイだった．これを契機に統計医学が発展した．

統計を最初に疫学に活用したのが，ロンドンの医師ジョン・スノウである[35]．スノウは，市内で流行していたコレラによる死者の分布図を描き，患者の発生が特定の水道配給業者と関連することを見出した．ある水道会社を使用している地域（人口26万人余り）では4,093人以上がコレラで死亡したのに対し，別の会社の地域（人口17万人余り）の死亡者は461人だった．当時，コレラは空気伝染と考えられていたが，スノウにより飲料水による伝染と考えられた．まだ細菌の発見されていない時代だったが，市当局は水道を閉鎖し流行を止めた．

ランダム化と盲検試験は，アメリカの哲学者チャールズ・パース（1839-1914）の実験が最初とされる．パースは重さの違いを識別する知覚試験を行う際に，「人工的な無作為抽出randomizerの操作を用いて試行の選択とデータ分析」を行った[22]．パースはプラグマティズムの創始者で，従来の「帰納法」と「演繹法」以外に，説明的仮説を設定する「仮説的帰納法（アブダクション）」の重要性を唱えたことでも知られる[36]．

大規模な症例対照研究は第二次大戦後に盛んとなった．喫煙と肺がんの関係は，1950年代にベイズ推定を用いた遡及研究と前向き症例対照研究により確認された．これに強く反発したのが，ヘビースモーカーのフィッシャーとネイマンだった．フィッシャーは統計から因果を論ずることを批判し，喫煙と肺がんの関係があるからといって原因とは限らないと唱えた．フィッシャーはさらに，「科学の名を借りた詐欺」，「肺がんのせいで喫煙するという仮説」，「遺伝的に喫煙しやすくなると同時に肺がんになりやすい傾向をもつ人々がいるという仮説．どちらにしても，喫煙が原因で肺がんになるわけではない」と主張した[28]．

前向き疫学研究の代表はアメリカのフラミンガム研究である．第二次大戦後，住民の3分の2にあたる約5,000人をランダムに抽出し，長年にわたり前向きの疫学調査を行ったもので，ロジスティック回帰分析によって虚血性心疾患（心筋梗塞や狭心症）における多

重リスク因子を明らかにした．

1980年以降，臨床試験は数千人を対象とする大規模な無作為介入試験が進んだ．検査所見の改善ではなく，死亡，脳卒中，心筋梗塞の発症などのハード・エンドポイントを重視することになったためである．特に1990年に発表されたCAST研究は大きな衝撃をもたらした．心筋梗塞後の患者では不整脈が増加するが，強力な抗不整脈薬を投与するとかえって生存率が低下することを示した[37]．その後，強心薬により慢性心不全の死亡率が悪化したPROMISE研究など，理論上は効果が期待されても予想に反する結果となった治療研究が相次いで報告された[38]．このため1990年代には介入試験によって治療法の検証が広く行われ，evidence based medicine（EBM）が強調されるようになった．しかし，大規模臨床試験の問題点も指摘されるようになった．大規模臨床試験は，対象患者以外の患者に対する妥当性が保証されていない．また生存率や心血管イベントをエンドポイントとすると対象患者数が膨大となり，莫大なコストと長い年月を要する．さらに統計的有意差が過剰に重視される風潮を生んだ．この点についてデミングは早くから，「有意差を発見することは何の意味もない．重要なのは，差異の程度を見出すことである」，「その差異がどんなにわずかであっても……実験をかなりの数くり返せば有意となる」，「ある実験状況で見つかる差異の程度は，別の実験状況では異なっているかもしれない」と指摘している[27]．

⓭ 日本の統計論争

日本で最初の統計書の刊行は，福澤諭吉（1835-1901）校閲の「万国政表」（1860）である．「統計」という訳語は，明治7（1874）年，法学者の箕作麟祥（1846-1897）が，モロー・ド・ジョンネ（1778-1870）の書 "Elements de Statistique" を「統計学 国勢略論」と題して刊行したことにはじまる[39]．医学統計の紹介は，東京大学の医学生だった呉秀三（1865-1932）（後に精神医学者）の訳書「医学統計論 総論」（スイスのエステルレン著）が最初である〔明治22（1889）年〕[40)41]．呉秀三の兄は，日本の国勢調査生みの親である呉文聰（1851-1918）であり，従兄弟が箕作麟祥だった．また，森林太郎（鷗外）（1862-1922）の弟篤次郎の同級生だったことから，林太郎の知遇を得ていた．苦学生の秀三は学生時代から医学書の出版を手がけ，ドイツで衛生学を学んでいた林太郎に統計書の購入を依頼した．

「医学統計論」の巻頭で，秀三は「一二の病院の実効を以て薬石療法等の効不を論ぜんとするは細管窺天の類なり．是れ統計を知らざるに生ずるのみ．……医人たるもの亦其法を知らざるべからず」と記した[41]．林太郎（鷗外）は「医学統計論」の題言を執筆し，自身の統計観と医学研究に対する考えを明らかにした（図15）．すなわち「夫れ宇宙間の森羅万象，何物か因果なからん．……世俗或は曰く是れ偶然のみ偶然なるものは因なく又た果なきの謂なり．……計数的溯源法（註：帰納法）は実験的溯源法に依て知るべき因果の未だ明ならざるが為めに権に之を設けて学者の考案を扶掖するものなり．知識の未だ到らざる処を補綴するものなり」，「其（ヴィルヒョウ，コッホの）門人弟子中には，或は顕微鏡と析微刀（ミクロトーム）との力に頼り一挙にして万有を収攬せんと欲するものあらん．或は幾片の統計表にて百事を網羅したりと想ふものあらん．是輩は偏翼の鳥のみ隻輪の車のみ」，「今日の医学世界に於いては一辺に実験的医学研究を置き一辺に計数的医学研究を置かざるを得ず．……想ふに確実（エキサクト）と曰ひ万有と曰ふ実験に外ならず，統計（スタチスチク）と曰ひ推数（プロバビリテート）と曰ふ均（ひとし）く是れ計数なり」と述べた[41]．林太郎（鷗外）は統計の重要性を認識していたものの，「厳密な科学」は実験科学であり，統計は実験科学によるメカニズム解明が進んでいない部分を補足し，学者の考えを助けるものと位置づけている．この視点は，クロード・ベルナール（1813-1878）の「科学法則は確実なものの上に，また絶対的なデテルミニスムの上にのみ基礎づけられるのであって，確率によって基礎づけられることは出来ない」に重なる[42]．

日本の統計論争では鷗外のかかわった「統計訳字論争」と「脚気論争」が広く知られている．「統計訳字論争」は明治19（1886）年，スタチスチク社（現在の日本統計協会）の杉亨二（1828-1917）や今井武夫が，「スタチスチク」を「統計」と訳すことに異議を唱えたことに端を発する．今井は「此学問の目的は総量検討の方法により，社会の現象を研究し原因結果の関係を証明し天法を知るにありと言へる」と論じ，「スタチスチク」は訳語をあてずにそのまま用いるよう主張した．

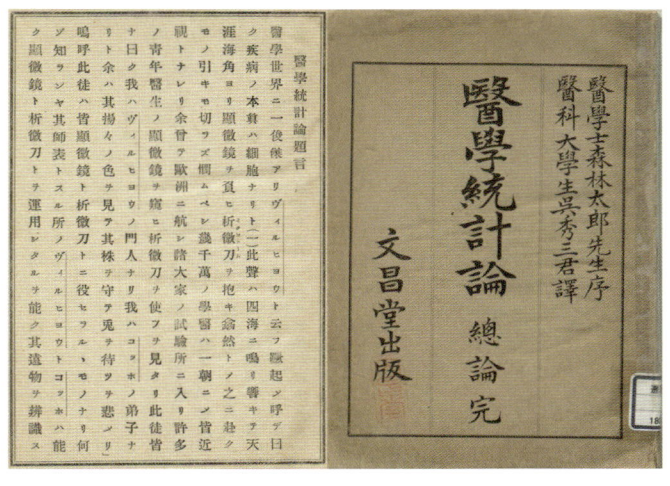

図15　呉秀三訳「医学統計論」と森林太郎（鷗外）の題言（1889）（次ページへ続く）
　林太郎（鷗外）の題言には，統計観と医学研究論が示されている．執筆時，林太郎（鷗外）は26歳だった．文中のコトはコト，メはシテ，トモはドモ．東京大学医学図書館蔵．文献41より引用．

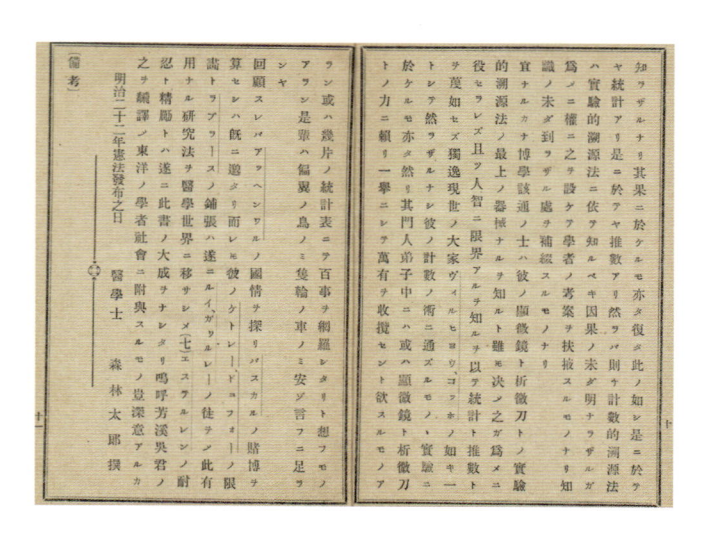

余等ノ所謂溯源理法ナルモノハ彼ノアリストテレスノ為ニ拘束セラレ進歩ニ設ケラレシ鐵扉ノ關門ニ非ズ余等ノ人人ハ横目立行ナルニ非ラズ為ニ五大部洲ノ兆民ノ人々ヲ一々ニ検査セントスルニ非ラズ結核病者ノ或ハ組織中ニ結核桿菌存スルヲ聞ニ於テ結核病者ノ或ハ組織中ニ結核桿菌存スルヲ末ダ之ヲ世界ニ有ユル動物ノ結核ニ羅レルモノニ就テ之ヲ確認スル能ハズ然ルニ彼ノ御雛トハ由是観之實驗的ノ溯源法ニテ確定スルモノナリ

復タ疑フベカラズ萬事實ヤ或ハ一物ノ必有ノ性ナリ人ヲ拘束シカ如レ或ハ一物ノ必遇ノ機ナリ人ヲ必ズ死ニ至ラシメル如シ特性特機即是ナリ凡ソ早敷ノ特性ヲ應用スル之ヲ經驗ト謂フ而特性特機ヲ應用スル之ヲ經驗ト謂フ而特性特機ヲ應用スル之ヲ經驗ト謂フ而人ハ横目立行ナリ酒ハ其生所ヨリ見ル或ハ一類ナス女ヲ結婚ナ或ハ否ナリ或ハ一類ナリ之ヲ各テ凡ソ結核桿菌ヲ包藏セル雨ニ或ハ之ヲ各ナルニハ略ツ早數ノ各ヲ總數ノ存在スル之ヲ各特性ニ所ノ凡ソ類ニ通ル存在スル之ヲ各特性ニ常ニ變ナリ特ルモノハ我其然ル所以ヲ知ル

若シ結核病者ニ否ズトナセバ余等ハ特性ヲ得ルコトヲ得ズトセバ余等ハ研究スルニ何ノ方法ヲ得ズトセバ余等ハ研究スルニ何ノ方法ヲ得ベキカ日々統計ハ一々特性アリ門故ニ結核病者ニ結核ニ依テ略血門ニ入リテ略血門又ハ咯血門ニ今略血門ニ入リテ略血門

今或ハ醫家ノ或ル年間ニ取リタル統計上ニ咯血門中一定ノ比例數ハ結核ナリトセンニ此一定ノ比例數ハ過去現在未來ニ通ノ吾人ハ結核病者ヲ定ムル之ヲ此ニ推測スル之ヲ謂フ可能ノ唯々推測スルニ得可シ推測ノ謂フ可能案ニ高低程度アリ撥合ノ或ハ醫家ノ或ル年間ニ取リ統計ノ唯々推測ノ其敷愈々大ナレバ此推測ノ結果ノ程度愈々高カルベシ算ノ統計ノ暗血病者ノ敷ヲ大ナレバ此一定ノ比例ノ夫レ宇宙間ニ森羅萬象何物ニ因果アカラシ其起其伏其生其滅或必器モノ面ニ世俗或ニ偶ノ然ノモノハ偶然ノ甚ダ又因ヤ果ナキモノナシ
ソ其レ思ハ偶然ナル甚ダ其以ヲ

[備考]

明治二十二年憲法發布之日

醫學士 森林太郎撰

これに鷗外が反応し,「統計にて現象の原因を捜らんとするは猶,木に縁って,魚を求むるがごとし」,「統計其物は決して原因を探索すること能はざるなり」と応酬した[43].両者は誌上で何度も激しい議論を重ねた.鷗外は統計学が「因果を論ずる厳密な科学」ではないことに固執していた.この頑な姿勢がのちの脚気論争に大きな影響を及ぼした.

明治の中期,脚気は伝染病と考えられていた.しかし海軍医務局長だった高木兼寛(1849-1920)は水兵食を脚気の原因として疑った.きっかけは明治16(1883)年,海軍練習艦「龍驤」(乗員376名)の南米周航だった.この航海で169名の脚気患者が発症,死亡者は25名に及んだ.高木は翌年の練習艦「筑波」(乗員333名)で同じ航路をたどった.このとき,米食をパン食に変えたところ,患者の発生はわずかだった(発症16名,死亡0).脚気にはパン食だけでなく麦食も有効だった.しかし高木はタンパク不足説だったために多くの反論にあった.また日露戦争中に,陸軍第二軍で麦食に変更したことがあったが[44],兵士の運動量が水兵よりも多いためか,脚気は減少しなかった.しかし海軍では効果を上げ,日露戦争における海軍の脚気患者は数十名程度だったのに対し,陸軍では患者数が21万名,死亡者が2万7千名を超えた[45].

陸軍の兵食担当だった鷗外は高木の説に対し,「その説理りあるに似たれど『防脚気』の成績は『給麦』と同時に起りたること明かなるのみにて,これより直ちに『クム,ホック,エルゴー,プロプテル,ホック』(註:それ故に)とは謂ふべからず.若し夫れこれを実験に徴し,即ち一大兵団を中分して一半には麦を給し一半には米を給し両者をして同一の地に住ましめ,爾他の生活の状態を斉一にして食米者は脚気に罹り食麦者は罹らざるときは,方にわずかにその原因を説くべきのみ‥‥」と主張し米食原因説に反対した[46].

鷗外の主張は正鵠を得ている.しかし統計は,「厳密な科学」でないとしても,不確実な事象の背景にある法則性や因果を推測する根拠となる.鷗外は,統計の限界に厳密なあまり,統計に基づく仮説的推論(アブダクション)まで否定したことが悲劇を生んだ.

わが国の統計書としては,小倉金之助(1885-1962)の統計数学書「統計的研究法」(1925)[47]が啓発的な役割を果たした.また「統計数理研究所」が1944年

図16 増山元三郎による「少数例の纏め方と実験計画の立て方」
初版は1943年.文献49より引用.

に創設されるなど,戦時中に数理統計学が本格的に導入された.品質管理と資料抽出については,北川敏男(1909-1993)らによるE.S.ピアソンの訳書「大量生産管理と統計的方法」[48],小標本統計学は増山元三郎(1912-2005)の「少数例の纏め方と実験計画の立て方」(1943)[49]が刊行された(図16).増山の書は戦中から戦後にかけて医学者に大きな影響を与えた.戦時中,高橋晄正(1918-2004)は,東大病院物理療法内科の抄読会で増山の話を聞き,「推計学」という新しい学問を知った.高橋は増山から贈られた「少数例の纏め方」を持参して出征し,マーシャル群島のヤルート島で何十回も読んで時間を費やしたという[50].

戦後,アメリカから推測統計学の知識が大量に流入した.このため推測統計学に対し社会統計学者から厳しい批判が浴びせられた.「独占資本の要求に応じて育成させられた推測統計学」,「好戦的数理統計家は戦争の提出する応用数学的問題に得々と取り組んだ」,「実践を通して理論の正しさ,方法の有効さがはじめて確かめられるということは,これが自然科学的方法の定石的な行き方だとか,せめては推測統計学の販売元アメリカのプラグマチズム風の効果本位の行き方だとでも説明してくれた方が分りがよいであろう」[51],さらに「推計派の主張の背後には社会を支配する法則は確率論によってのみ把握されうるし,そうしなければならないという確率論的世界観がある.また社会を偶然性のみが支配する混沌たる非合理の世界と見なしている」,「社会は合法則的に発展するのであって,‥‥非

決定論的なストカスチックな実体ではない」[52]などである．これらの論争は，歴史の必然性や社会改革理論としてのマルクス主義をめぐる対立による．しかし「数理的操作・手続の適用限界の軽視ないし無視の傾向は……批判されても批判されてもドブのボーフラのようにつぎからつぎへとわいてくる」という記述はいささか感情的であるが，推測統計学の限界に対する指摘として読むことができる[53]．

おわりに

確率と統計には，過去と未来をみるローマのヤヌス神のように2つの顔がある．このため統計論争では，過去のデータから法則性を明らかにする立場と，不確実な状況で統計や確率を利用する立場の間で，多くの人間的な争いが繰り返された．加えて，誤解を招く統計解析は絶えることはない．人間は統計学によってフォルトゥナを手なずけようとしてきたが，彼女の気まぐれはいまだに治まっていない．

統計解析は可能性の提示であり，決定論的な判断を下す手法ではない．数学的には，統計学の大数の法則や最尤原理には循環論法による限界があるといわれる．例えば大数の法則は，過去のデータをもとに次の標本の確率を推測する．これは「時間順序の独立性」を前提として成立する．しかし「時間順序の独立性」は，「独立反復試行の積法則」という統計学上の「定義」により規定され，演繹的に導かれる法則ではない．統計学に対する厳しい意見のなかには，「独立反復試行の積法則」と「時間順序の独立性」は，大数の法則を導くための「手品のタネ」であり，「予定調和的な仕込み」とする批判がある[54]．「観測された現象を起こす確率が大きい原因のほうを想定」する最尤原理や，「観測された現象を起こすような確率がきわめて小さい仮説は棄却」する仮説検定においても，「大きい確率」や「小さい確率」の基準が時間順序に依存する場合には判断が難しい．これらの判断には，「ある種の恣意性が働いており，安易に受け入れるのは危険ということになろう」と指摘されている[54]．

この課題はビッグデータであっても同様である．さらにベイズ統計の事後確率は，事前確率によって大きく変動するため，「結果が恣意的になりそうなときには，ベイズの定理による分析を控えるべき」とされる[55]．

個々のデータについても確度の保証がなく不確実性が大きい．このためビッグデータ時代には有用な情報だけでなく，不確実な情報も大量に発信される．誤った情報がネットを通じて拡散すると反論は容易でない．これが政治的ロマン主義に利用されれば，情報社会の「夢」は「悪夢」に転ずる．研究者はビッグデータや統計の限界を踏まえて，適切な利用法を学ぶとともに，検証のためのデータベースを整備しておく必要がある．

日本はデータベースの構築や情報科学において，欧米に遅れをとった．しかし日本人が不確実性に対応する術に疎かったわけではない．1730年代の大坂堂島では，米価格の変動に伴うリスクを避けるため，世界に先駆けて米の先物取引が行われていた．むしろ近代の受容に至った歴史的経緯の影響が大きいと考えられる．

日本の近代化を担ったのは武士層である．彼らは単なる集団家族主義ではなく，「一個人としての技芸と武勇と的確な判断」や「個体的戦闘者としての意地」を重んじた[56]．武士の精神文化は，日本の近代化と科学技術の発展を牽引した．その一方，異質な人々との協働や，複雑な現実問題を解決するための学術には適さない面があった．

日本の文化の根底には無常観がある．無常は「偶然」により生ずる．日本人はその原因や機序を追及するよりも，無常を「あはれ」ととらえ，これと折り合う生き方を選んできた[57]．しかし不確実な時代を生きるには，運命の女神の機嫌に配慮しつつ，彼女が判断を留保している部分は，情報をもとに自ら判断しなければならない．

ビッグデータは，客観的世界観から主観的世界観への転換を促す．個人の自由度は拡大するが，社会との調和も求められる[58]．仏教の教義に「偶然」はなく，あらゆる事象に「縁起」とよばれる因果が存在する．しかし縁起は「縁って起こること」ではなく，「相依相関関係」と解釈される[59]．個人も社会もネットワークで結ばれ相互に依存する関係にある．この視点はビッグデータ時代の研究のあり方だけでなく，個人と社会の関係を考えるうえでも重要である．

薩摩順吉先生（東京大学名誉教授，武蔵野大学教授）および林利治先生（大阪府立大学准教授）のご高閲に感謝申し上げます．

文献

1) 『確率の科学史―「パスカルの賭け」から気象予報まで』（マイケル・カプラン，エレン・カプラン／著，対馬 妙／訳），朝日新聞社，2007
2) 『複雑系から創造的偶然へ―カイロスの科学哲学史』（クラウス・マインツァ／著，有賀裕二／訳），共立出版，2011
3) 『神を哲学した中世―ヨーロッパ精神の源流』（八木雄二／著），新潮社，2012
4) 『十二世紀ルネサンス』（伊東俊太郎／著），講談社，2006
5) 『中世哲学への招待―「ヨーロッパ的思考」のはじまりを知るために』（八木雄二／著），平凡社，2000
6) 『君主論』（ニッコロ・マキアヴェッリ／著，河島英昭／訳），岩波文庫，1998
7) 『ハムレット』（ウィリアム・シェークスピア／著，小田島雄志／訳），白水社，1983
8) 『The Castle of Knowledge』（Robert Recorde），London，1556 https://math.dartmouth.edu/~matc/Readers/renaissance.astro/3.1.Castle.html
9) 『マハーバーラタ ナラ王物語―ダマヤンティー姫の数奇な生涯』（鎧 淳／訳），岩波書店，1989
10) 『確率の出現』（イアン・ハッキング／著，広田すみれ・森元良太／訳），慶應義塾大学出版会，2013
11) 『「偶然」の統計学』（デイヴィッド・ハンド／著，松井信彦／訳），早川書房，2015
12) 渋谷政昭・竹内 啓：訳者解説．『統計的方法と科学的推論』（フィッシャー／著，渋谷政昭・竹内 啓／訳），岩波書店，1962
13) 『確率の哲学的試論』（ラプラス／著，内井惣七／訳），岩波書店，1997
14) 『確率・統計』（理工系の数学入門コース 7）（薩摩順吉／著），岩波書店，1989
15) 『最小二乗法の歴史』（安藤洋美／著），現代数学社，1995
16) 『誤差論』（カール・ガウス／著，飛田武幸・石川耕春／訳），紀伊國屋書店，1981
17) 『作業災害と救急処置』（若月俊一／著），東洋書館，1943
18) 『パンセ』（パスカル／著，前田陽一・由木 康／訳），中央公論新社，1973
19) 『確率論の黎明』（安藤洋美／著），現代数学社，2007
20) 『統計と統計理論の社会的形成』（長屋政勝・金子治平・上藤一郎／編著），北海道大学出版会，1999
21) 『神の秩序』（ズースミルヒ／著，高野岩三郎・森戸辰男／訳），第一出版，1949
22) 『偶然を飼いならす』（イアン・ハッキング／著，石原英樹・重田園江／訳），木鐸社，1999
23) 『フーコーの穴―統計学と統治の現在』（重田園江／著），木鐸社，2003
24) 『統計学と社会認識―統計思想の発展 1820-1900年』（セオドア・ポーター／著，長屋政勝ほか／訳），梓出版社，1995
25) 『統計学けんか物語―カール・ピアソン一代記』（安藤洋美／著），海鳴社，1989
26) 『疑似科学と科学の哲学』（伊勢田哲治／著），名古屋大学出版会，2003
27) 『統計学を拓いた異才たち―経験則から科学へ進展した一世紀』（デイヴィッド・サルツブルグ／著，竹内惠行・熊谷悦生／訳），日本経済新聞社，2006
28) 『R.A.フィッシャーの統計理論―推測統計学の形成とその社会的背景』（芝村 良／著），九州大学出版会，2004
29) 『異端の統計学 ベイズ』（シャロン・バーチュ・マグレイン／著，冨永 星／訳），草思社，2013
30) 『Statistical methods for research workers, 5th edition』(R. A. Fisher), Oliver and Boyd, 1934
31) 松原 望：ベイジアンの源流―トーマス・ベイズをめぐって．オペレーションズ・リサーチ，28：432-438，1983
32) 原 宣一：E.T.ジェインズの「確率理論：科学の論理」の紹介（6） http://www7b.biglobe.ne.jp/~pasadena/blog3probability/pdf/jaynes6.pdf
33) 『The history of scurvy and vitamin C』(Kenneth J Carpenter), Cambridge University Press, 1986
34) 『世界医療史―魔法医学から科学的医学へ』（アッカークネヒト／著，井上清恒・田中満智子／訳），内田老鶴圃，1983
35) 『医学探偵ジョン・スノウ―コレラとブロード・ストリートの井戸の謎』（サンドラ・ヘンペル／著，杉森裕樹・大神英一・山口勝正／訳），日本評論社，2009
36) 『アブダクション―仮説と発見の論理』（米盛裕二／著），勁草書房，2007
37) Echt DS, et al：N Engl J Med, 324：781-788, 1991
38) Packer M, et al：N Engl J Med, 325：1468-1475, 1991
39) 『統計学 国勢略論』（モロー・ド・ジョンネ／著，箕作麟祥／訳），文部省，1874
40) 島村史郎：有名人と統計．統計，56：33-45，2005
41) 『医学統計論』（エルステレン／著，呉 秀三／訳），文昌堂，1889
42) 『実験医学序説』（クロード・ベルナール／著，三浦岱栄／訳），岩波書店，1965
43) 福井幸男：森鷗外・統計訳字論争・疫学統計．商学論究，42：31-51，1994
44) 『鷗外と脚気―曾祖父の足あとを訪ねて』（森 千里／著），NTT出版，2013
45) 『鷗外最大の悲劇』（坂内 正／著），新潮社，2001
46) 『知の統計学2―ケインズからナイチンゲール，森 鷗外まで』（福井幸男／著），共立出版，1997
47) 『統計的研究法―社会，経済，人口，生物，医学，心理，教育其他ノ統計的事実ニ立脚セル統計法ノ概念ト初等数学』（小倉金之助／著），積善館，1925
48) 『大量生産管理と統計的方法』（E.S.ピアーソン／著，石田保士・北川敏男／訳），河出書房，1942
49) 『少数例の纏め方と実験計画の立て方―特に臨床医学に携わる人達の為に』（増山元三郎／著），河出書房，1943
50) 『新しい医学への道』（高橋晄正／著），紀伊國屋書店，1994
51) 『現代統計思想論』（大橋隆憲／著），有斐閣，1961
52) 木村和範：推計学批判．『社会科学としての統計学―日本における成果と展望』（経済統計研究会／編），産業統計研究社，1976
53) 『日本の統計学』（大橋隆憲／著），法律文化社，1984
54) 小島寛之：統計学・確率論の有効性とその限界．現代思想，42：98-109，2014
55) 『基礎からのベイズ統計学』（豊田秀樹／編著），朝倉書店，2015
56) 『近代・組織・資本主義―日本と西欧における近代の地平』

57) 『偶然とは何か—その積極的意味』（佐藤俊樹／著），ミネルヴァ書房，1993
58) 『「偶然」から読み解く日本文化—日本の論理・西洋の論理』（野内良三／著），大修館書店，2010
59) 西垣 通，ドミニク・チェン：情報は人を自由にするか．現代思想，42：38-58，2014
60) 『龍樹』（中村 元／著），講談社，2002
61) 『Handbook of the collections, 7th edition』(J. Paul Getty Museum)，2007
62) 『Fortuna's Wheel: The Mysteries of Medieval Tarot』(Nigel Jackson)，Renaissance Astrology, 2006
63) 『多変量解析の歴史』（安藤洋美／著），現代数学社，1997

＜著者プロフィール＞
永井良三：1974年東京大学医学部卒．'83～'87年バーモント大学生理学教室，'93年東京大学第三内科助教授，'95年群馬大学第二内科教授，'99年東京大学循環器内科教授，2012年自治医科大学学長，'13年CREST（生体恒常性）研究総括，'14年科学技術振興機構研究開発戦略センター上級フェロー．平滑筋ミオシンアイソフォームの研究から胎児型平滑筋ミオシンの転写因子KLF5を同定．現在，KLF5の心血管病態とがんにおける意義，KLF5阻害薬の開発，医療情報データベースなどの研究を進める．

第1章
ビッグデータと生命科学

第1章 ビッグデータと生命科学

概論

ビッグデータ駆動型のサイエンスのインパクト

宮野　悟

> ライフサイエンスが経験したことのない次元で大量のバイオメディカル・ビッグデータが出はじめており，人智を超えた領域にビッグデータ解析は突入しようとしている．それに対応した省電力化したスーパーコンピューターや情報技術が必要となっている．

1. ライフサイエンスが経験したことのない量のデータが出はじめた

　米国Broad Instituteでは，2014年の1年間で300 PBというサイズのデータを出している．2013年が1 PB以下なので，1年で2桁の増加になっている．主にゲノムシークエンス関連のデータである．このデータ量は，グーグルクラウドが700 PB，マイクロソフトクラウドが110 PBであることと比較してみると，その大きさに驚く．しかも1研究所が出したデータである．また，データベースPubMedには2,400万件を超える論文のアブストラクトが登録されており，もとの論文のほとんどは電子的にアクセス可能となっている．がんおよびゲノム関連の論文は約6分の1を占めている．がんだけでも，2014年だけで20万報を超えている．印刷して積み重ねると，富士山の高さ約4 kmを超える．また論文には間違ったことが書かれている場合があることは周知の事実でもある．論文数は指数関数的に増えており，2050年には大気圏外（高度100 km）に達する高さになると推定される．このように，膨大な量の電子化知識の氾濫のなかにわれわれはいる．

　全ゲノムシークエンスのインパクトは大きい[1]．第1章でも2つテーマがとり上げられている．今までは，費用の関係で，エキソンという全ゲノムの1.5％内外しか調べていなかった．われわれは「井の中の蛙」だったといってもよい事実が発見されている．がん組織の全ゲノムシークエンスをすれば，数百万カ所の変異候補が見えてくることは普通である．そのため，400報ぐらいの最新の論文を読んでも解釈はほとんどできないというのが現実であろう．さらに全ゲノムシークエンスによって，エキソン以外の複雑な異常が，遺伝子の機能に決定的な変更を加

[キーワード]
スーパーコンピューター，「京」コンピューター，ゲノムデータ，オミクスデータ，省電力化

Impacts of big data driven science
Satoru Miyano：The Institute of Medical Science, The University of Tokyo（東京大学医科学研究所）

えてしまうこともわかってきた．ゲノムの70％がRNAに転写されているが，タンパク質をコードしていない「ノンコーディングRNA」の未踏の地が出現した．これは生命システムの決定的要素と認識されつつある．しかも，普通のスーパーコンピューターでは解析不能な課題も見えてきた．エピゲノムデータも今後膨大になると推定される．

　がんについて，シークエンス解析が急速に進んだこの5年間に，同種類のがん検体だけでなく，1人の患者さんの同じがん組織内においても想像を超えたがんの多様性が見出され，がんのシステム異常の複雑さの本態がしだいにわかってきた．十数年にわたって再生不良性貧血のクローン進化を世界ではじめてとらえた研究[2]では，寛解後の多様なクローン進化を経て，骨髄異形成症候群に至る様子が明らかにされた．脳腫瘍の進化を解析した研究[3]では，がんの進化はそれぞれの場所で暴れまくっていることがわかる．このように想像を超えた生体空間時間的多様性が見えてきており，バイオメディカル・ビッグデータの誕生とともに，これまでの「美しいがん生物学」が終焉を迎えるのではないかとも思える．こうしたがんに関する研究はますます膨大化し，ビッグデータを噴出させると考えている．また，以前は数万円の費用が必要であったSNPアレイも米国では50ドル程度になっており，いわゆる医療ではない「遺伝子検査サービス」では，すでに何十万人というヒトのゲノムの情報が蓄積されている．さらに，米国では"precision medicine" initiativeとして「100万人ゲノムプロジェクト」が開始される[4]．

　また，メタゲノム解析も世界中で誰もが実施するようになり，海洋メタゲノムや土壌メタゲノム，さらにはコホート研究と連動した糞便による腸内細菌などのメタゲノムデータも今後膨大な量になるであろう．

　こうしたデータの解析結果の解釈・理解は人智を超えた領域に入ろうとしている．機械学習やシミュレーションなどの技術を用いた方法論が必要となることは必然である．

2. ビッグデータを駆動するスーパーコンピューター

　2009～2014年に東京大学医科学研究所ヒトゲノム解析センターに導入されたスーパーコンピューターShirokane1（2009年導入）とShirokane2（2012年導入）は，ピーク性能で225 TFLOPSのPCクラスター，高速ディスクアレイストレージとして3 PBのLustre File System，通常のハードディスクであるニアラインディスクが約1.6 PB，インターコネクトとしてInfiniBandから構成されていた．導入当初は，1 PBのLustre File Systemであったが，このストレージを使い切れるかと多少心配であった．しかし，2010年ごろより，次世代シークエンサーデータや大規模な遺伝子発現データが急速な勢いで増大し，線形回帰をすると2014年を待たずにストレージがいっぱいになり破綻することが予測された（図1）．その間，後に「京」と名付けられた「次世代スーパーコンピューター」の事業仕分けが2009年にあったが，多くの方に支えられて復活できた．しかし，「京」はもともと大規模データ解析にはあまり向いていない設計となっており，2011年6月に「世界1位」となった時点では，「京」にはまともなストレージシステムはなかった．米国等の先進国がバイオメディカル・ビッグデータに対応できるように計算リソースを整備し，人材養成プログラムのファンディングをはじめたというニュースを読みながら，日本の状況との乖離を強く感じていた．

　ヒトゲノム解析センターのユーザの利用状況を見てみると，他の情報基盤センター等の利用のしかたと大きな違いがある（図2）．メタデータアクセス発生頻度が非常に多いという特徴がある．また，コンピューターに不慣れなユーザが多く，運用サービスとして，ライセンス制度

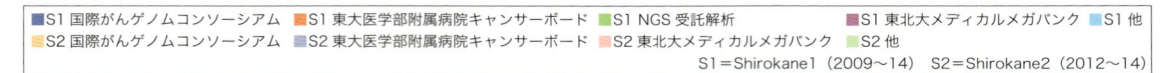

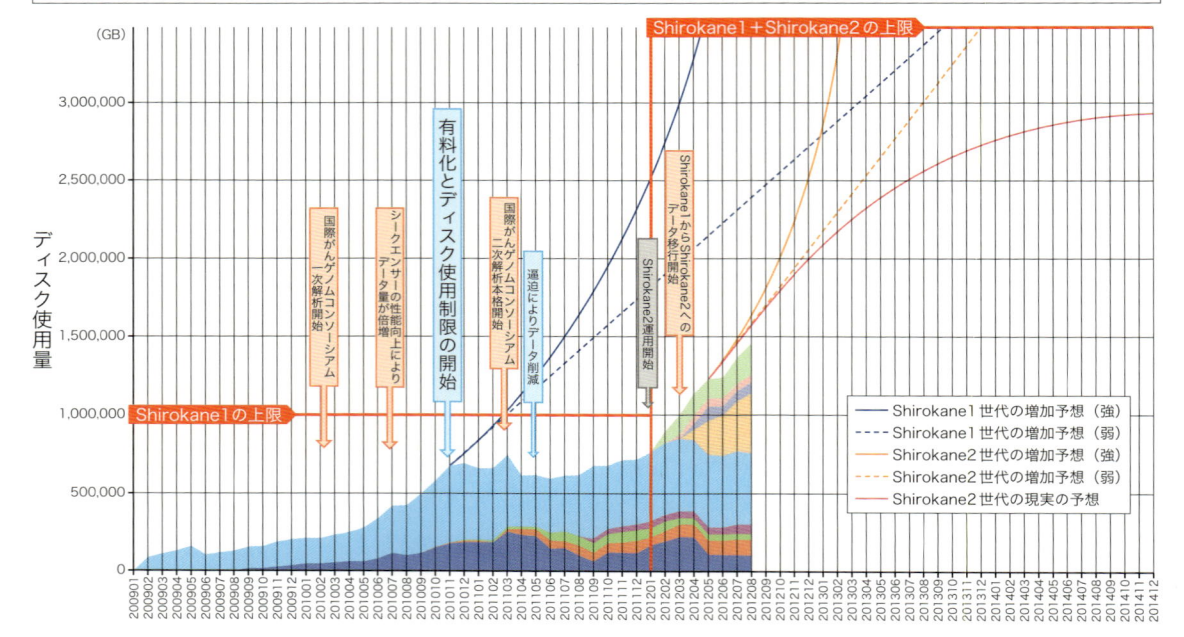

図1 シークエンサーデータによるストレージ量の増加

Shirokane1運用中の主なイベントと，データ量の変化，またShirokane2運用開始後のデータ量の推移予測を示している．ほぼ，直線状にデータが増えており，Shirokane1以上に運用面の工夫が必須の状況にあったため，使用していないデータを低速ディスクに退避させてストレージの枯渇を逃れた．したがって，2012年以降は滑らかに3,000,000 GB（3 PB）に収束していった．

の導入や負荷状況の可視化や，丁寧な指導で対応した．また，ジョブの数（400万ジョブ/月），ジョブの入出力ファイルの数（1ジョブセットで数万ファイルが作成・参照される）が多いことが特徴である．

運用のなかで日々ストレージの枯渇におびえながら，ストレージ追加に使える経費もわずかなため，低速ディスクを導入し，データの避難場所をつくった．また，ユーザの方々にはデータの整理をお願いするなどして対応せざるを得なかった．大学の経費削減がボディーブローのように効き，Shirokane3以降では，スーパーコンピューター予算を3割カットしなければならない状況に追い込まれていた．電力使用量も制限があり，限られた想定予算と電力上限の制約のもとで，このShirokane3の仕様の作製を行わねばならなかったが，なんとか2015年のShirokane3（図3）の稼働にこぎつけた．2015年6月のスーパーコンピューターTOP500では193位に残った．Shirokane3は，ストレージ容量と省電力性を重くした設計でありながらShirokane2の立ち上げ時のTOP500ランクと同程度になることができた．これは，国内のライフサイエンス専用のスーパーコンピューターとして最高位で，世界でも上位にランキングされている．2009年6月のShirokane1はTOP500で69位，ライフサイエンスに特化したスーパーコンピューターとしては世界2位であった．Shirokane3は4年間の使用期間を想定しており，電力消費を抑え

東大医科研ヒトゲノム解析センター (225 TFLOPS)	58,582,518 ジョブ (2013 年総数)
東大情報基盤センター (>1 PFLOPS)	685,879 ジョブ (2013 年総数)
Texas Advanced Computing Center, University of Texas (500 TFLOPS)	550,000 ジョブ (2012 年総数)

2桁の違い

図2 3つのスーパーコンピューターセンターのジョブ数
ゲノム，RNAシークエンス，エピゲノムなどのオミクスデータ解析には，メモリを多く積み，高速ディスクアレイからなるストレージが不可欠である．ファイルの生成・アクセスが多く，小さな大量のジョブ処理に対応することが必須である．東大情報基盤センターやTexas Advanced Computing Centerなどはほぼ同じ利用形態と推察される．

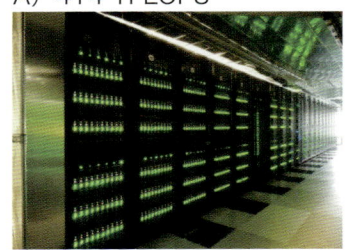

A) 414 TFLOPS　　B) 12 PB 高速ディスクアレイ　　C) 100 PB アーカイブ

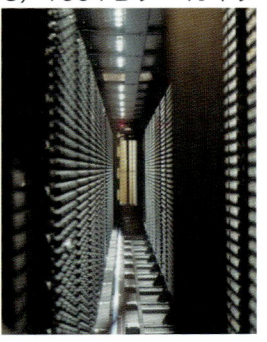

図3 東大医科研ヒトゲノム解析センターShirokane3
東大ヒトゲノム解析センターでは，2015年4月から新スーパーコンピューターShirokane3が稼働した．10年後にはパソコンやクラウドで誰もがこの規模のものを使えるようになっている．A) Shirokane3を，主力の計算機「計算ノードThin」側から見たもの．計算ノードThinの理論演算性能は414 TFLOPS. http://www.hgc.jp/~ayumu/705/P4207532.jpg より引用．B) Shirokane3を，「共有ディスク」側から見たもの．すべての計算ノードから同時に高速にアクセスできるディスクが12 PBある．http://www.hgc.jp/~ayumu/705/P4207534.jpg より引用．C) Shirokane3のアーカイブディスク．高速なディスクと大容量のテープを組み合わせた構成で100 PBの容量がある．http://www.hgc.jp/~ayumu/705/P4207538.jpg より引用．

るためのさまざまな工夫がなされている．その1つに，Shirokane3の主要な冷却機器は，間接外気冷却を行うMunters社のOasisを使っている．Oasisは屋外にあり，これに室内で温まった空気を送り込む．Oasis内部には，ポリマー製のパイプ状の熱交換器がある．これに散布される水の気化熱がパイプ内を通過する空気を冷却するしくみになっており，冷やされた空気が室内に戻される．Oasisは補器として強制冷却を行うコンプレッサーを備えているが，想定した東京の気象環境下ではこれを使用することはほぼないことを見込んでいる．年間を通じて空気を循環させるファンのみによる冷却が行える．PUE値は1.06と試算している．

「京」コンピューターが一般利用になり，HPCI戦略分野プログラムの分野1「予測する生命科学・医療および創薬基盤」では，心臓シミュレータに象徴されるような「京」を活用した世界最大規模の計算や階層を統合した生体の大規模シミュレーションが実施された．筆者は分野1の課題「大規模生命データ解析」において大規模な遺伝子ネットワーク解析や全ゲノムシー

クエンス解析を行ってきた．これまでのShirokane1＆2程度のスパコンでのデータ解析での経験からすると，「京」はI/Oの弱さはあるが，その計算パワーは圧倒的で，その恩恵を受けた者は，「Shirokaneは遅すぎて‥‥」とこぼしている．しかし，現在進行しているがんに関する大規模データ解析を見ると，「京」コンピューターはこれまで想像することすらなかった異次元の発想へとがん研究を導いている．

3．省電力化スーパーコンピューターとビッグデータ解析

　東日本大震災の直後に関東では計画停電が行われた．当時，次世代シークエンサーは2週間ほどの連続運転が必要なため，ゲノム解析をしている研究者には絶望感が走った．また，いくつかのスーパーコンピューターも停止した．医療機関には自家発電の設備があり，それで切り抜けていた．当たり前であるが，生命科学も医療も電気に大きく依存していることをひしひしと感じた．米国の電気料金は大体10円/kWhで推移している．一方，日本では電力会社や契約に依存するが米国に比べて約3倍程度である．「京」コンピューターの運用（冷却を含む）には莫大な経費がかかっている．世界で競争するなか，素晴らしいと称賛される科学の成果の裏には電気代というあまり注目されない高いハードルが日本にはある．Shirokane3の設計で最も苦労したところはいかに電気代（冷却も含む）を抑えるかであった．

　2020年ころにはヒトゲノムのシークエンスのコストは1万円以下で，1時間になるだろう．この低価格・高速化傾向はさらに進むと予想され，データ解析（スーパーコンピューター）のコストが，がんの個別化・予防医療のコストの隘路となる．例えば，1日600万円の光熱費を必要とするスーパーコンピューターを仮定すると，100人検体/日のパフォーマンスでデータ解析を達成できれば，1人のデータ解析に約6万円だが，1,000人検体/日だと約6,000円となり，多くの人が，がんのゲノム情報に基づいた個別化・予防医療を享受できる範囲になる．これを省電力化していない安いだけのコンピューターで解析することは，電力の非効率的利用になり，データ解析のコストは大きい．省電力化と大規模ストレージを備えた集中型スーパーコンピューターを実現しなければ，がんゲノム研究の世界的成果を日本国民は享受できないかもしれない．がんの予防と医療は省電力大規模ストレージスーパーコンピューターが支える時代が到来するともいえる．ビッグデータ解析には，エネルギーの問題が連動していることを実感する．

文献

1）Kataoka K, et al：Nat Genet, 47：1304-1315, 2015
2）Yoshizato T, et al：N Engl J Med, 373：35-47, 2015
3）Suzuki H, et al：Nat Genet, 47：458-468, 2015
4）https://www.whitehouse.gov/blog/2015/01/30/precision-medicine-initiative-data-driven-treatments-unique-your-own-body

＜著者プロフィール＞
宮野　悟：東京大学医科学研究所ヒトゲノム解析センター教授．1977年九州大学理学部数学科卒．理学博士．九州大学理学部教授を経て'96年より現職．2014年センター長．スーパーコンピューターを駆使したがんのシステム異常の解析，個別化ゲノム医療を推進．「京」コンピューターを駆使して大規模生命データ解析を実施．日本バイオインフォマティクス学会会長などを歴任．国際計算生物学会（ISCB）より'13年ISCB Fellowの称号が授与される．

世界基準です
Bi.File

これからのサンプル管理は、

1本のチューブに付加されている2Dと1Dバーコードをスキャナーで読み取り、大量の情報をPC管理。ラック内アドレスNo.を読み取り素早く目的のサンプルチューブを取り出だすことが可能。

http://www.labstuff.jp

FCR&Bio　エフ・シー・アール・アンド バイオ株式会社

本　社　〒658-0032
神戸市東灘区向洋町中6丁目9番地 8N-07
TEL 078-821-1100(代表)　FAX 078-821-1102
E-mail : info@labstuff.jp

第1章　ビッグデータと生命科学

1. 人体内の微生物ビッグデータ

服部正平

> 今日の次世代シークエンス技術の進歩により，人体に生息する常在菌マイクロバイオームの全貌が明らかになりつつある．それとともに収集されるゲノム・遺伝子情報はビッグデータとして蓄積され，ヒト遺伝子をはるかに凌駕する1,000万以上の遺伝子をコードすることがわかってきた．加えて，その生理作用は未消化食事成分の代謝のみならず，ヒト細胞・遺伝子の制御にも働く等，きわめて多様性に富む．本稿では，ヒトマイクロバイオームから収集される大量の配列データとそれに影響する食事や抗生物質等の生活習慣データの重要性を解説する．

はじめに

人体の腸，口腔，皮膚等には"常在菌"と称される一群の微生物が生息している．これら常在微生物（主に真正細菌）は，人体の各部位において独特の細菌集団（常在菌叢）を形成している．中でも最も複雑と考えられている大腸に生息する腸内細菌叢は約1,000種の細菌種から構成され，未消化食事成分の代謝，宿主の上皮細胞の増殖・分化や免疫系の成熟化，感染病原菌への防御等，古くから宿主ヒトの健康と病気に関係することが知られている．このような腸内細菌叢の研究は，1960年代での個々の細菌の分離培養にはじまり，1980年代にはすべての細菌が有する16SリボソームRNA遺伝子（16S）を指標とした培養を介さない分子生物学的手法による菌種解析（微生物生態学）へと推移した．これにより，さまざまな構成菌種の存在が明らかになったが，一方で，それらの機能（遺伝子）情報の収集は依然困難となっていた．しかし，2006年

[キーワード&略語]
マイクロバイオーム，メタゲノム，常在菌，微生物

COG：Clusters of Orthologous Groups
ESAC：European Surveillance of Antimicrobial Consumption Network
FAOSTAT：Food and Agriculture Organization Corporate Statistical Database
HMGJ：Human MetaGenome Consortium Japan
HMP：Human Microbiome Project
IHMC：International Human Microbiome Consortium
KEGG：Kyoto Encyclopedia of Genes and Genomes
MetaHIT：Metagenomics of the Human Intestinal Tract
NCBI：The National Center for Biotechnology Information
OTU：Operational Taxonomic Unit
PMI：Precision Medicine Initiative

Microbial big data inside the human body
Masahira Hattori：Graduate School of Advanced Science and Engineering, Waseda University（早稲田大学理工学術院）

表 主なヒト腸内細菌叢メタゲノム解析の国際動向

発表年	シークエンサー	研究内容	発表国	被験者数	疾患	文献
2006	サンガー法	アメリカ人の腸内細菌叢のメタゲノム解析	米国	2		1
2007	サンガー法	日本人の腸内細菌叢のメタゲノム解析	日本	13		2
2009	454	アメリカ人（親子と双子）の腸内細菌叢のメタゲノム解析	米国	18	肥満	12
2010	Illumina	デンマーク・スペイン人の腸内細菌叢のメタゲノム解析	デンマーク・スペイン・中国	124	IBD（スペイン）	4
2012	Illumina	中国人のメタゲノム解析	中国	345	2型糖尿病	13
2012	Illumina	アメリカ人の全身常在菌叢のメタゲノム解析	米国	139		5
2013	SOLiD	ロシア人の腸内細菌叢のメタゲノム解析	ロシア	96		14
2013	Illumina	スウェーデン人の腸内細菌叢のメタゲノム解析	スウェーデン	145	2型糖尿病	15
2014	Illumina	フランス・ドイツ人の腸内細菌叢のメタゲノム解析	フランス・ドイツ	194	大腸がん	16
2014	Illumina	中国人の腸内細菌叢のメタゲノム解析	中国	237	肝硬変	17
2015	Illumina	オーストリア人の腸内細菌叢のメタゲノム解析	オーストリア	156	大腸がん	18
2015	Illumina	スウェーデン人（母親・乳児）の腸内細菌叢のメタゲノム解析	スウェーデン	200		19
2015	Illumina	中国人の腸内・口腔細菌叢のメタゲノム解析	中国	212	関節リウマチ	20
服部ラボ（未発表）	454, Illumina, Ion PGM	日本人の腸内細菌叢のメタゲノム解析	日本	106		

と2007年に腸内細菌叢の総体ゲノム（マイクロバイオーム）からショットガンシークエンスにより遺伝子情報を網羅的に収集するメタゲノム技術が開発された[1)2)]．さらに，2008年以降には次世代シークエンス技術（NGS）を用いたメタゲノム技術による膨大量の遺伝子・ゲノム情報の収集が可能となった．また，2008年にはヒト常在菌叢を対象としたHMP（米国）と腸内細菌叢に特化した欧州連合のMetaHITプロジェクト（http://www.metahit.eu）の大型プロジェクトが始動した．加えて，2005年にヒト腸内細菌叢のメタゲノム研究をめざした日本のコンソーシアムHMGJが設立され，次いで，日欧米中などの研究者からなる国際コンソーシアムIHMCが2008年に立ち上がった[3)]．そして今日に至るまで，大量のメタゲノムデータが世界的かつ急速に蓄積されるようになった（**表**）．これらの研究から，マイクロバイオーム全体構造の俯瞰や，肥満や炎症性疾患，がん，自閉症等のさまざまな疾患における腸内マイクロバイオームの変容，さらには，便微生物移植による難治疾患の劇的な寛解や免疫細胞の分化を誘導する細菌種やその産物の同定等，従来の想像をはるかに超えてマイクロバイオームがヒトのさまざまな生理状態に密接に関係することが明らかとなってきた[4)〜9)]．本稿では，ヒトマイクロバイオーム研究から生じる細菌のビッグデータおよび関連する種々のデータベースについて解説する．

1 ヒトマイクロバイオーム研究の概略

今日のマイクロバイオーム研究には，健常者と疾患患者あるいはさまざまな年齢層から16Sやメタゲノム配列データを大量に収集し，それら配列データの情報・統計解析による細菌叢の全体構造や機能特性の解明，あるいは健常者−疾患患者間の比較解析による疾患細菌叢の特徴等の解明を行うデータ駆動型（疫学的手法）研究（**表**）と，特定の細菌種あるいは細菌叢の生理機能（細菌−宿主間の相互作用機構）を実験的に解明するターゲット型機能研究の大きく2つの戦略がある（**図1**）．後者は，対象とする細菌・細菌叢を無菌マウスに

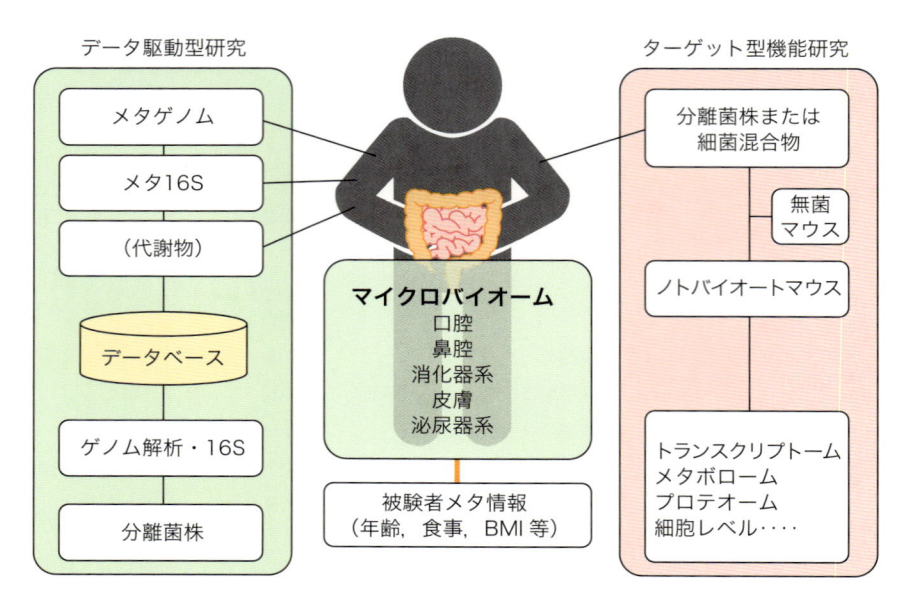

図1 ヒトマイクロバイオーム研究の概要

定着させ（このように作製されたマウスをノトバイオートマウスという），細菌あるいは宿主の遺伝子や代謝物，細胞レベルでの解析を行うことで，細菌と宿主間の相互作用機構およびそれにかかわる諸因子を解明する．

2 NGSを用いた腸内マイクロバイオーム解析

NGSを用いたデータ駆動型研究の概略を図2に示す．この研究戦略では，①16Sデータによる菌種解析，②メタゲノムデータによる遺伝子および菌種解析，③分離培養された細菌株の個別ゲノム解析とリファレンスゲノムデータベースの構築の3つが柱となっている．以下，個別に解説する．

1) 16S rRNA遺伝子データ

16S解析は，16S遺伝子の可変領域を菌種間で保存されている配列をもつ共通PCRプライマーで一括増幅し，その16Sアンプリコンの配列データをNGSで取得する．可変領域はV1＋V2（約400 bp）やV4（約150 bp）等，いくつかの異なった領域が用いられている．筆者らはV1＋V2領域を解析しており，得られる16S配列データは以下に示す菌種の特定や菌種組成の解析等に用いる．例えば，OTU解析（16S配列の類似度クラスタリング）により16Sリードを閾値96％の類似度でグループ化し（種レベル），生じるOTU数からの菌種数の算出，既知16Sデータベースへの相同性検索による各OTUの菌種帰属，各OTUを構成する16Sリード数からの菌種組成比解析，16Sデータから作成した細菌叢ごとの系統樹間の類似性をUniFrac-距離や主座標（PCoA）分析により定量的に評価する[10]．16Sシークエンスでは，異なったバーコード配列をもつPCRプライマーを用いて各サンプルから16Sアンプリコンを得る．これにより，1回のシークエンサーの稼働で多種類のサンプルの16Sデータを同時に収集でき（〜100サンプル/稼働；サンプル数はシークエンサーの配列生産量に依存する），サンプルあたり十分量の配列データ（〜数万データ）を取得できる．すなわち，細菌叢あたり数千〜数万リードの16S遺伝子の部分データが日々生産されている．

16S解析での問題点は，解析する可変領域が異なった場合，それから得られる結果間にどの程度のバラツキ（相関性）があるのか，また，どちらがどれほど正確に実際の細菌叢構造を反映しているのかがはっきりしないことである．筆者らは，同一サンプルからの16Sデータ（V1＋V2）とメタゲノムデータ（後述）から

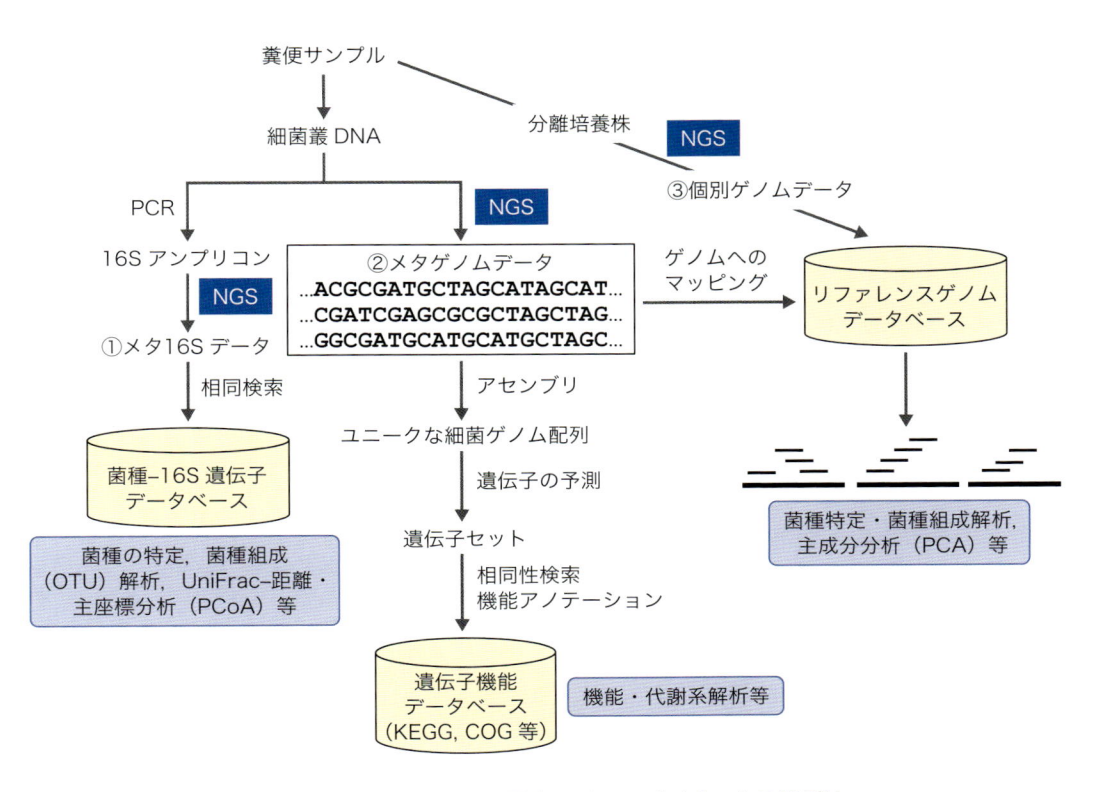

図2　NGSを用いたヒト腸内マイクロバイオームの解析法

得られた菌種組成の相関性を調べたところ，両者の間には高い相関（0.93）があることがわかり（筆者ら，未発表），少なくともV1＋V2配列から得られた菌種組成の定量性の高さが示された．もう1つの問題点は，公的に使用できる16Sデータベース（DB）中の低品質データの存在である．筆者らはRDPと口腔細菌のCOREからの16S配列およびNCBIのゲノムDBから抽出した16S配列をマージして（合計で221,537データ），図3に示した工程で高品質な全長16S DBを構築した[11]．これら配列すべては分離培養された菌株から得られた全長16S配列である．この工程によって，1,400 bp以下の全長をもたないデータ（58,823），真核生物由来の配列（487），あいまいな塩基（N）を4以上もつデータ（7,377）が除かれた．次いで，残ったデータ（154,850）を99.8％配列類似度でクラスタリングを行い，同一あるいはほぼ同一配列をもつ87,558のクラスター（＝非重複配列）を得た．このDBを用いることで，低精度配列に起因する菌種特定のあいまいさや16S配列と一致しない菌種名による菌種特定の間違い等が著しく軽減された．例えば，*Roseburia* sp.1120，*Lactobacillus rogosae*という名前で登録されていた細菌の16S配列は，他の*Roseburia*属や*Lactobacillus*属の細菌の16S配列とは80〜90％前後の類似度しかなく，全く別の属の菌種であることが判明した[11]．

2）メタゲノムデータ

メタゲノム解析は，マイクロバイオームをNGSにより直接シークエンスして大量のゲノム配列を取得する．次いで，そこにコードされる遺伝子をインフォマティクスにより解析する．同定された遺伝子はCOGやKEGGなどの機能既知遺伝子のデータベースに類似度（BLAST）検索することで，各遺伝子の機能や代謝経路などの情報を収集し，細菌叢全体の機能特性を解明する．今日，NGSを用いた大規模なメタゲノム解析が世界的に進んでいるが（表），個々のプロジェクトにおける被験者数は〜300名程度である．そして，個人あたり数ギガベース（Gb）のメタゲノム配列が取得されている．これらデータからはプロジェクトあたり300〜

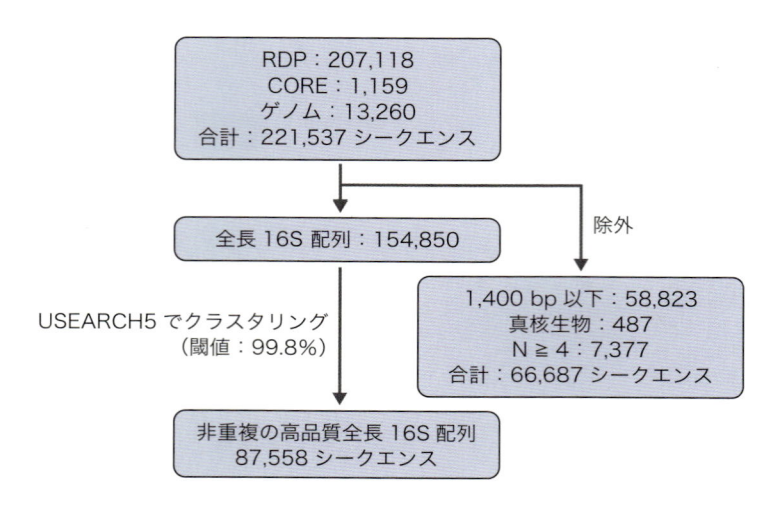

```
           ┌─────────────────────────┐
           │  RDP : 207,118          │
           │  CORE : 1,159           │
           │  ゲノム : 13,260         │
           │  合計 : 221,537 シークエンス │
           └─────────────────────────┘
                    │              除外
                    ▼              ▼
        ┌──────────────────┐   ┌──────────────────────┐
        │ 全長 16S 配列:154,850│   │ 1,400 bp 以下:58,823 │
        └──────────────────┘   │ 真核生物:487          │
                    │          │ N≧4:7,377            │
   USEARCH5 でクラスタリング      │ 合計:66,687 シークエンス│
      （閾値:99.8％）            └──────────────────────┘
                    ▼
        ┌──────────────────┐
        │ 非重複の高品質全長 16S 配列│
        │   87,558 シークエンス   │
        └──────────────────┘
```

図3 全長16S rRNA遺伝子データベースの高品質化

600万のユニーク遺伝子（互いに95％以下の塩基配列の類似度をもつ遺伝子を定義）が検出され，複数のプロジェクトを合わせたときの遺伝子数は1,000万近くになる[21]．筆者らも100名以上の日本人から得た約350Gbのメタゲノムデータに約500万のユニーク遺伝子を検出しており，これら遺伝子とHMP，スウェーデン，MetaHITからの遺伝子を統合すると1,000万を超える（**図4**，筆者ら，未発表）．これらの間で共通する（閾値95％配列類似度）遺伝子数は全遺伝子のわずか5～6％であり，また，日本人に特有の遺伝子は全遺伝子の約半分となった．ヒト腸内細菌叢がヒト遺伝子に比べて桁外れに多様化した遺伝子＝機能を有しているかが推察される．

3）微生物リファレンスゲノム

マイクロバイオーム研究では，ヒト由来の分離株の個別ゲノム解析も進めている．これまでに，7,000株以上が分離培養され，それらのゲノム配列がリファレンスゲノムとしてNCBIや米国HMP（http://www.hmpdacc.org/）から入手可能である．これらのデータは個々の細菌の詳細な解析のみならず，一つひとつのメタゲノムリードをリファレンスゲノムにマッピング（95％以上の配列類似度，90％以上のカバー率）することで，菌種帰属と菌種組成の解析にもきわめて有効である．メタゲノム解析が開始された頃ではリファレンスゲノムの不足から全リードのわずか20％程度しかマップされなかったが，今日では全リードの〜80％が

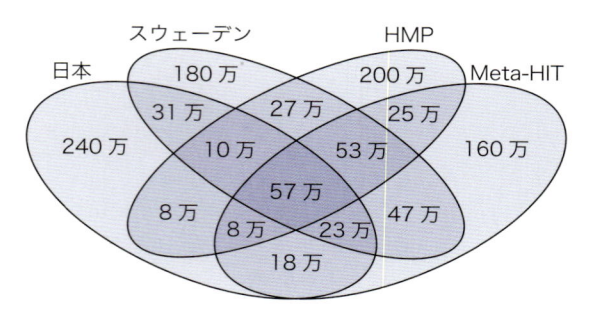

図4 日本，スウェーデン，HMP，Meta-HITの遺伝子セットの比較

マップされる（すなわち，それ以外のマップされないリードが由来する菌種は不明）．メタゲノム解析にはPCR工程がないため16S解析よりも定量性が高く，メタゲノムのマッピングによる菌種帰属と菌種組成の解析はいずれ国際標準になると予想される．現在もマッピング率を上げるためのヒト常在菌の分離培養と分離株のゲノム解析が世界的に進められている．筆者らは，リファレンスゲノムの高品質化をめざし，NCBIに登録されているヒト常在菌も含む2.5万を超える細菌ゲノム（完成と概要版）を精査した．例えば，コンティグ数やコンティグ長を指標とした低品質の概要版ゲノムの除去，今日登録されているヒト常在菌の16Sやメタゲノムリードに全くヒットしないゲノムの除去，株レベルで50ゲノム以上登録されている同一菌種の重複

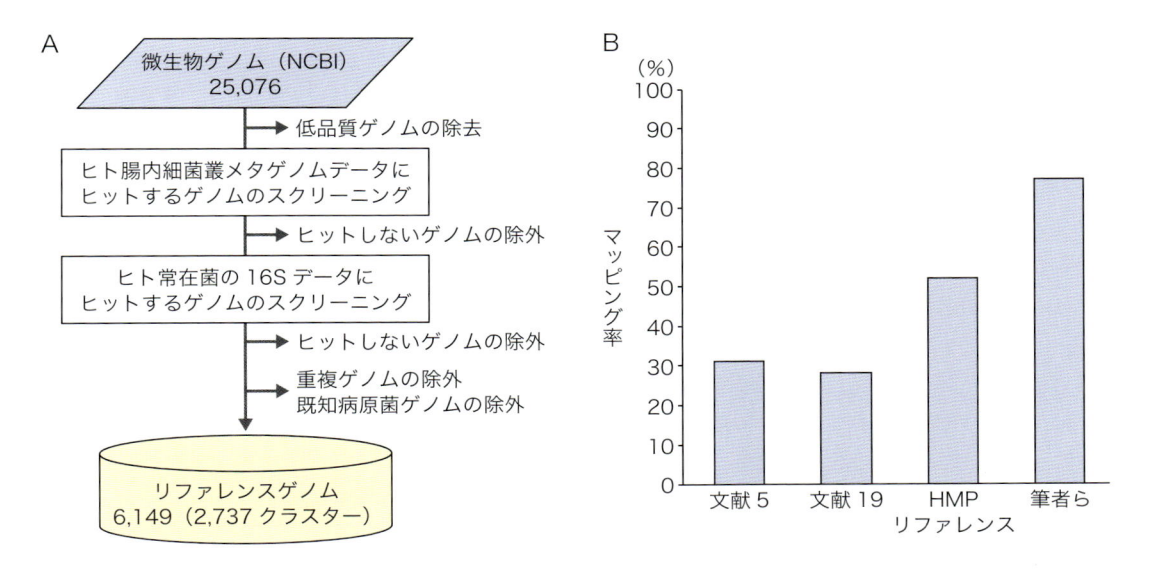

図5　微生物リファレンスゲノムの構築
A）リファレンスゲノムの構築工程．B）メタゲノムリードの各種リファレンスゲノムへのマッピング率．

ゲノムからマッピング率に影響しないゲノム数の削減，明らかな病原菌ゲノムの除外（別データベースの構築），16S配列が欠けているゲノムの菌種への帰属等，最終ステップとして16S配列の閾値98.8％類似度でのクラスタリングを行い，約6,149ゲノム（2,737クラスター）からなる独自のリファレンスゲノムDBを構築した．このDBは従来よりもゲノム数が少ないが，菌種帰属の精度と大幅なマッピング率の向上を達成した（図5A，B）．

3 関連データベース

マイクロバイオームデータと最も関連するデータは代謝物データである．細菌叢はヒトにはない多くの代謝系をもっており[1]，その機能発序の中心的な因子と考えられる[9]．このほか，細菌叢の菌種や遺伝子組成に大きな影響をもつ外的因子として食事は明白であり[22]，食事データベースはきわめて重要である．しかしながら，国や地域レベルでの被験者の詳細な食事情報を被験者自身の記録から正確に収集することは容易ではなく，他国被験者の情報の入手はさらに困難と考えられる．筆者らは，そのため，国レベルでの食事情報を収集している．例えば，国連食糧農業機関のFAO-STATのようなデータベース（http://faostat.fao.org）が今後さらに重要になると考えている．FAOSTATには100以上の各食品について1人あたりの1日の摂取量が国（245カ国）ごとに毎年更新されている．この情報から糖類やタンパク質，脂質等の栄養素の摂取量を知ることができ，これら栄養素と細菌種の相関性を調べることができる．加えて，抗生物質も腸内マイクロバイオームに影響を与える[23]．抗生物質使用量については，ヒトおよび家畜への使用量が記された論文[24,25]と欧州中心のヒトへの使用量データベース（ESAC）が入手可能である．マイクロバイオームデータがさらに膨大となる近い将来には，これらの関連データベースの計画的な整備と高品質化も必要になると考えられる．

おわりに

2015年に，米国はPMI（https://www.nih.gov/precision-medicine-initiative-cohort-program）を発表した．この約250億円を投じる計画は，100万人を対象に血液（マーカーやゲノム），食事等の生活スタイル情報，マイクロバイオーム，メタボロームデータ等の収集をめざしている．その主たる目標は，より精度の

高い個別化医療であり疾病予防である．特に，代謝物を含むさまざまな疾患メタデータとマイクロバイオームデータとの相関解析はその発症機構の解明に有効であり，その成果はヒトを超生命体とする概念に基づいた新たな治療，予防，診断法の開発につながると期待される．また，食事や抗生物質等のデータとマイクロバイオームデータとの相関解析は生活習慣と疾病リスクの関係を解き明かすビッグデータ解析になるであろう．翻って，今日の数千人規模のマイクロバイオーム研究は，来るビッグデータ時代の初期段階にある．その将来に備えて，わが国においてもマイクロバイオーム研究のさらなる推進と高度化が技術面にも人材面にも要求される．

文献

1) Gill SR, et al：Science, 312：1355-1359, 2006
2) Kurokawa K, et al：DNA Res, 14：169-181, 2007
3) Mullard A：Nature, 453：578-580, 2008
4) Qin J, et al：Nature, 464：59-65, 2010
5) Human Microbiome Project Consortium：Nature, 486：207-214, 2012
6) Clemente JC, et al：Cell, 148：1258-1270, 2012
7) van Nood E, et al：N Engl J Med, 368：407-415, 2013
8) Atarashi K, et al：Nature, 500：232-236, 2013
9) Furusawa Y, et al：Nature, 504：446-450, 2013
10) Hamady M, et al：ISME J, 4：17-27, 2010
11) Miyake S, et al：PLoS One, 10：e0137429, 2015
12) Turnbaugh PJ, et al：Nature, 457：480-484, 2009
13) Qin J, et al：Nature, 490：55-60, 2012
14) Tyakht AV, et al：Nat Commun, 4：2469, 2013
15) Karlsson FH, et al：Nature, 498：99-103, 2013
16) Zeller G, et al：Mol Syst Biol, 10：766, 2014
17) Qin N, et al：Nature, 513：59-64, 2014
18) Feng Q, et al：Nat Commun, 6：6528, 2015
19) Bäckhed F, et al：Cell Host Microbe, 17：690-703, 2015
20) Zhang X, et al：Nat Med, 21：895-905, 2015
21) Li J, et al：Nat Biotechnol, 32：834-841, 2014
22) Wu GD, et al：Science, 334：105-108, 2011
23) Dethlefsen L & Relman DA：Proc Natl Acad Sci U S A, 108 Suppl 1：4554-4561, 2011
24) Högberg LD, et al：Lancet Infect Dis, 14：1179-1180, 2014
25) Van Boeckel TP, et al：Proc Natl Acad Sci U S A, 112：5649-5654, 2015

<著者プロフィール>

服部正平：大阪市立大学大学院工学研究科修了（工学博士）．九州大学助手，米国スクリプス研究所およびカルフォルニア大学サンディエゴ校研究員，東京大学医科学研究所助教授，理化学研究所ゲノム科学総合研究センターチームリーダー（ヒトゲノム計画に従事），北里大学教授，東京大学大学院新領域創成科学研究科教授を経て2015年より早稲田大学理工学術院教授．専門はゲノム科学（'03年よりヒトマイクロバイオーム研究を開始）．

第1章 ビッグデータと生命科学

2. がんゲノム解析とビッグデータ

小川誠司

近年，がんのゲノム研究は，大規模コホートの解析，同一患者からの経時的・空間的な多数サンプリング，RNAシークエンスやエピゲノム関連のシークエンス，さらには多数の単一細胞シークエンスを含む一連のゲノム解析の普及によって，大量データ処理に対する要求は指数関数的に上昇の一途をたどっている．本稿では，がんゲノム研究の現状と大量シークエンスデータを見据えたがんゲノム研究の展望について概説する．

はじめに

がんは遺伝性疾患と同様，ゲノムの病気である．がんの場合，しかし，多くは体細胞の変異が重要な役割を果たす．こうしたがんの病態を明らかにし，さらには分子標的薬に代表されるような有効な治療法を確立するうえで，シークエンスによるがんゲノムの解読，さらにはエピゲノムの解読は，不可欠かつ強力な解析手段を与えてくれる．実際，これまでの解析によって，タンパク質をコードする領域における主要ながんのドライバー変異が同定され，がんの分子病態・遺伝学の理解は格段に進展した．一方，がんは，個々の患者によってきわめて多様であり，また，その発症・進展に本質的にかかわる進化の過程で，遺伝子変異の観点から，必然的に集団内に多様性を生じ，これは悪性化や，浸潤，再発や治療抵抗性といった，がんの病態と不可分の関係にある．このような，患者間における相違や，がんの集団内あるいはその素地となるクローナルな集団内における，時間的・空間的な多様性を理解するための研究が今後展開されると期待されるが，こうした研究に用いられる，一連のゲノム解析によって生成される大量データ処理に対する要求は指数関数的に上昇の一途をたどっている．本稿では，がんゲノム研究の現状と大量シークエンスデータを見据えたがんゲノム研究の展望について概説する．

1 がんとゲノムの異常

言うまでもなく，がんはゲノムの変異に起因して生ずる疾患である．すなわち，がんは，生体を構成する細胞集団のなかで，個々の細胞にランダムに生ずると考えられるゲノムの変異（一塩基置換から，塩基の挿入欠失，染色体レベルでの大きな構造の変化など）あるいはエピゲノム（DNAのメチル化やヒストンの修飾

[キーワード&略語]
ゲノムシークエンス，遺伝子変異，腫瘍内多様性，がん，クローン進化

ITD：internal tandem duplication
VAF：variant allele frequency

Big data in cancer genome analysis
Seishi Ogawa：Department of Pathology and Tumor Biology, Graduate School of Medicine, Kyoto University（京都大学大学院医学研究科腫瘍生物学講座）

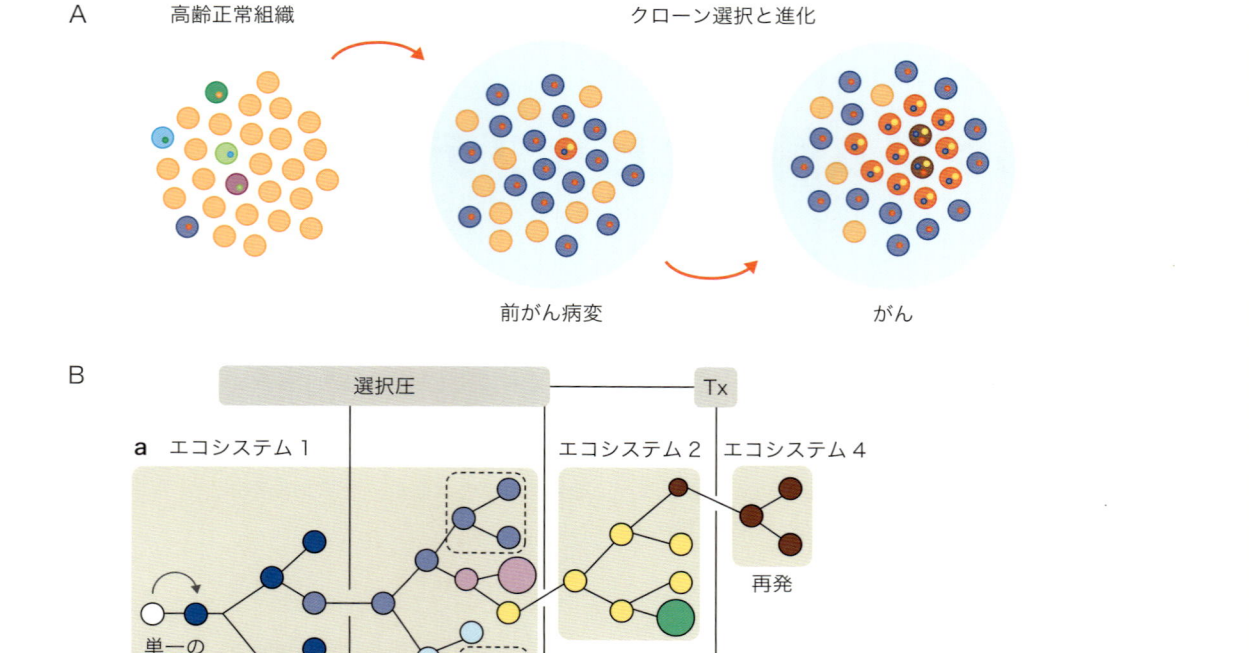

図1　がんの起源と進化
がん細胞にはランダムに変異が生ずるが，さまざまな環境（エコシステム）に適した変異（ドライバー変異）を獲得した細胞がクローン選択されることによって転移や再発を生ずると考えられる．文献1より引用.

など，ゲノムDNAの一次配列以外に娘細胞に伝達される遺伝情報）の変異の結果，多数の子孫を生ずるようになった単一の祖先の細胞に由来する，一群の細胞集団とその子孫によってかたち作られる病態である．このようながんの細胞集団は，この単一の祖先に由来するという意味でクローナルであるが，同時に，そのクローナルな集団内の個々の細胞で獲得され続けるゲノム・エピゲノムの変異によってクローン選択がくり返される結果，一般に，多数のサブクローン集団からなる高度な集団内多様性を有している（**図1**）[1]．このように，クローン性と多様性はがんを特徴づける重要な特性であるが，これらのクローン性と多様性をもった集団が，「がん」と呼ばれるところの生物学的なふるまいを示すまでに進化した場合に，がんとして認識される集団を形成する（一見循環論法的な定義にみえるが，実際のところ，いったいどこまで変異したゲノムが「細胞」としての「がん」を定義するかは，厳密な意味ではきわめて曖昧・不明確で難しい）．このような高度の多様性を有する集団の進化は，細胞集団がおかれたさまざまな環境（あるいはエコシステム）に適合したクローンの選択（ダーウィニズム）と，ストカステックな過程と考えられるランダムな浮動（中立進化），すなわち「損でも得でもない」変異が集団内で一定の集団サイズを獲得する現象（人類集団に例えれば多くのSNPがこれにあたる）によって駆動されていると考えられる．

実際，ゲノムの変異とこれに基づく集団進化という考え方は，がんの発生やそのふるまいに本質的にかかわる重要な概念であって，どのようなゲノム・エピゲノムの異常が，どのような環境要因のもとで選択されてがんの発症にかかわるか，またそれが，集団内にどのように蓄積・固定されていくかということを理解す

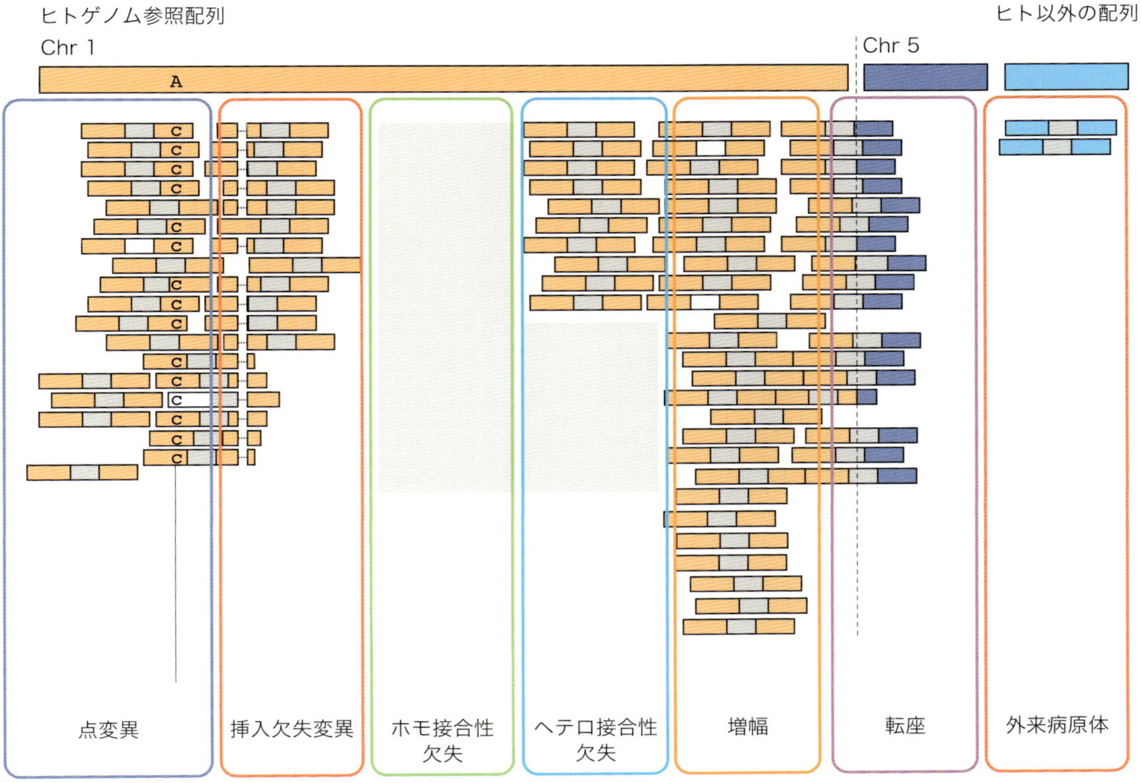

図2 次世代シークエンスによるがんゲノム解析
次世代シークエンスの結果得られるシークエンスリードをヒトゲノム参照配列と比較することにより，さまざまなタイプのゲノムの異常が検出可能となる．文献5より改変して転載．

ることは，がんを理解するための重要な課題の1つである[2]．がん研究において，「ハプロイドで〜30億塩基対からなるがんゲノムをすべて解読する」という，斬新かつ合理的なアイデアとその重要性は，すでに1980年代後半までには，がん研究のコミュニティーにおいて広く認識されるところであったが[3]，この，当時としては技術的な観点からは，全く実現性に乏しいと思われた研究手法が，大量並列シークエンス法に基づくDNAシークエンスの技術革新によって，今や現実的な手法として広く普及したことにより，大量のがんゲノムデータ，発現データ，さらにはエピゲノムデータが蓄積・解析された結果，近年がんの分子論的・遺伝学的な理解は飛躍的に進展した[2)4]．

2 がんゲノムをシークエンスするということ

現在主流となっている超並列大量シークエンスによるゲノムシークエンスにおいては，シークエンサーから生成される100〜300 bp内外のリード長からなる数億〜数十億個の短鎖リードが，ヒトゲノム参照配列にマップされ，ゲノム上の各ポジションにおいて多数の独立なリードに基づくコンセンサス配列が集計され，がん細胞試料と胚細胞系列におけるシークエンス結果と比較解析することにより，がん細胞で特異的に認められる体細胞変異が同定される（**図2**）[5]．大量のマッピング作業には，しばしば高度なコンピューテーションが必要となるが，現在汎用されているマッピングでは，解析速度と精度のトレードオフが考慮された効率的なマッピングアルゴリズムが用いられる．体細胞変

異の同定は，各ポジションにおける変異コールについて，シークエンスエラーの処理とともに，観測アレル頻度の比較に基づいて行われることから，腫瘍細胞集団の一部にしか存在しないアレルの同定や，造血系腫瘍のようにしばしばコントロール試料に腫瘍の混入が生ずる試料の解析では，深いシークエンス深度が求められるが，現在一般的に行われている，現在まで主流であったタンパク質のコード領域にターゲットした，エクソームシークエンスでは，腫瘍，コントロールで100x（ゲノム上の各ポジションをカバーしたリードが平均100本得られるということ）程度のシークエンスでは20 GB程度のデータが生成されるが，シークエンスコストの低下に伴って，今後急速に普及すると予測される全ゲノム領域を対象とした全ゲノムシークエンスでは，がん45x，胚細胞コントロール30x程度のシークエンスでは，700 GB程度の，大量データが生成される．また，全ゲノムシークエンスで解析が可能となる，ゲノムの構造異常の同定には，ゲノム断片の両端リードのマッピング情報の比較や1つのリードのなかに，異なるゲノムポジションのリードが混在する，いわゆる"クリップされたリード"の情報が解析される．これらの解析においても，しばしば大量のコンピューターリソースが必要となる．

3 主要ながん種におけるドライバー変異の同定

2008年，米国Washington大学のT. Leyらのグループによって，大量並列シークエンス技術を用いた1例の正常核型AMLの全ゲノム配列決定と体細胞変異の同定に関する報告がNature誌に掲載された．正常核型AMLの患者より採取した白血病細胞および皮膚生検試料から抽出したゲノムDNAの全ゲノム配列の決定と両者の比較により，白血病細胞において計8つの非同義塩基置換と，AMLでよく知られた*FLT3*のITD（internal tandem duplication）および*NPM1*のCATG塩基挿入を含む2つの塩基挿入変異の同定を報告したものでショートリードの大量塩基配列決定によって実際にがんのゲノム配列を決定することにより，がんで特異的に生じている体細胞変異を網羅的に同定することが可能であるというproof of conceptを与えた

研究成果である[6]．同報告に続いて，過去7年の間に，さまざまな研究グループにより，主要ながん種について，主としてエクソンシークエンスに基づくタンパク質翻訳領域の変異に関する網羅的な解析が行われた結果，これらのがんの発症や進展にかかわるドライバー変異の全体像が明らかとなっている[7]．がんのドライバー変異の同定は，特定の興味ある遺伝子の機能的な解析からの類推に基づく従来の発見的な手法から，人間の類推というバイアスを廃した網羅的かつ包括的なアプローチへと大きく変貌をとげた結果，数百に上る新たながん関連遺伝子とその変異の様式が理解されるようになった．こうした解析の結果，ドライバー変異の標的となる遺伝子のみならず，ゲノム全体における変異の総数や変異の様式（シグナチャー）（どのような塩基がどのような塩基に変異しやすいか）が，がん腫によって大きく異なることが明らかにされた（図3）[8]．

一方，多数症例における体細胞変異の網羅的な解析から，がんの発症にかかわったと考えられる，いわゆるドライバー変異の観点から，同じがん腫についても，患者間で大きく異なっていることが示されたことにより，がんの個性がその原因となっているドライバー変異の観点から解明されるとともに，多様でありつつも，多くのがん腫で，ある共通の変異の様式から，がんがいくつかのサブタイプに分類できることが明らかとなった．例えば，脳腫瘍の代表であるグリオーマについてみると，*IDH1*ないし*2*の変異の有無によって大きく2つに分類され，さらに*IDH*変異陽性の腫瘍は，TERTプロモーターおよび1p19q codeletion，およびbiallelicな*TP53*変異の有無によって，Type-1およびType-2腫瘍に分類されること，また，これは従来の組織学的所見に基づく分類よりも優れて客観的に腫瘍の生物学的なふるまいを予見することができることが明らかとなっている[9]．

4 時間的空間的な多様性

上述のごとく，がんは患者間における多様性の他に，変異による連続的なクローン進化により生ずることから予測される高度な集団内多様性を有している．このことは，単一がん試料の解析において，変異アレルの正常アレルに対するリード数の割合，いわゆる

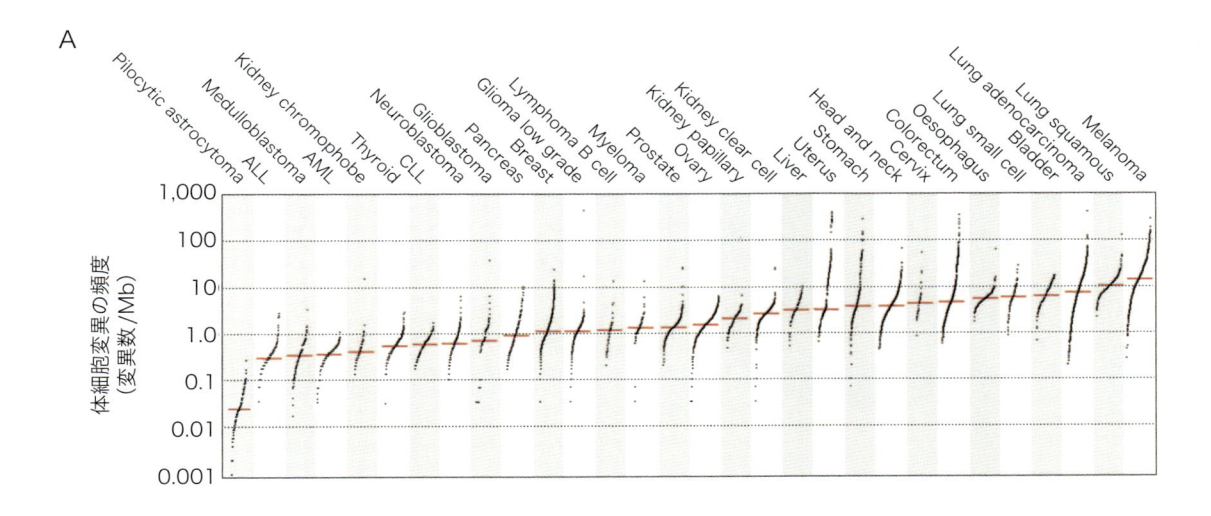

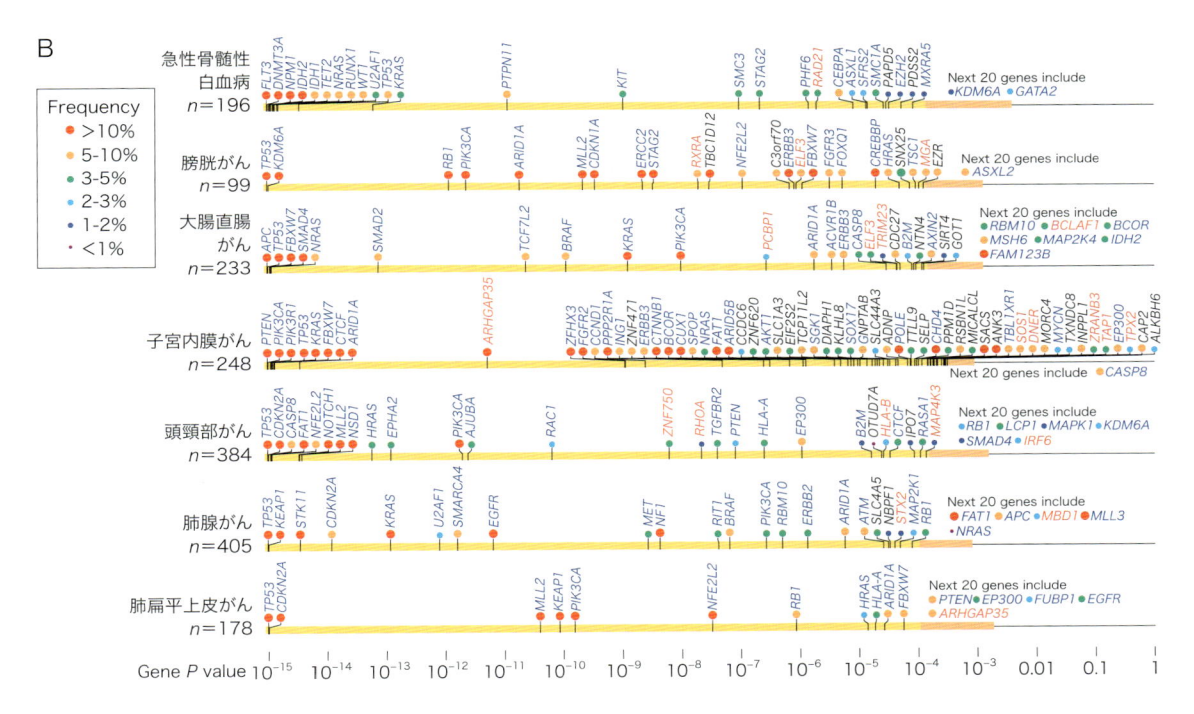

図3　主要ながんにおけるドライバー変異
A) さまざまながん腫における遺伝子変異率．縦軸に1 Mbあたりの変異頻度を，横軸にがん腫を示す．文献8より引用．B) がんゲノムシークエンスによって同定された主要ながん種におけるドライバー変異．文献7より引用．

variant allele frequency（VAF）が変異によって異なることから間接的に類推されることであるが，YachidaらおよびGerlingerらは，膵がんおよび淡明細胞腎がんを有する患者の原発巣および転移腫瘍から多数のサンプリングを行い，各サンプルにおける体細胞変異を詳細に解析することにより，がんが実際，予測された以上に高度な腫瘍内多様性を有すること，また，各サンプル間において共有される変異の系統的な解析から，これらが種における進化に類した系統的な進化で説明できることを示した（**図4**）[10) 11)]．このような集団内

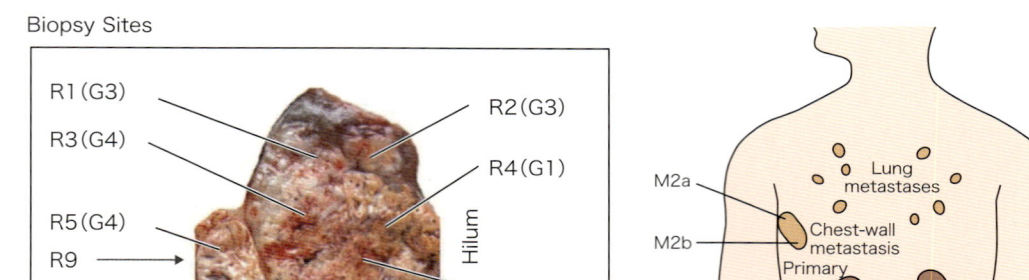

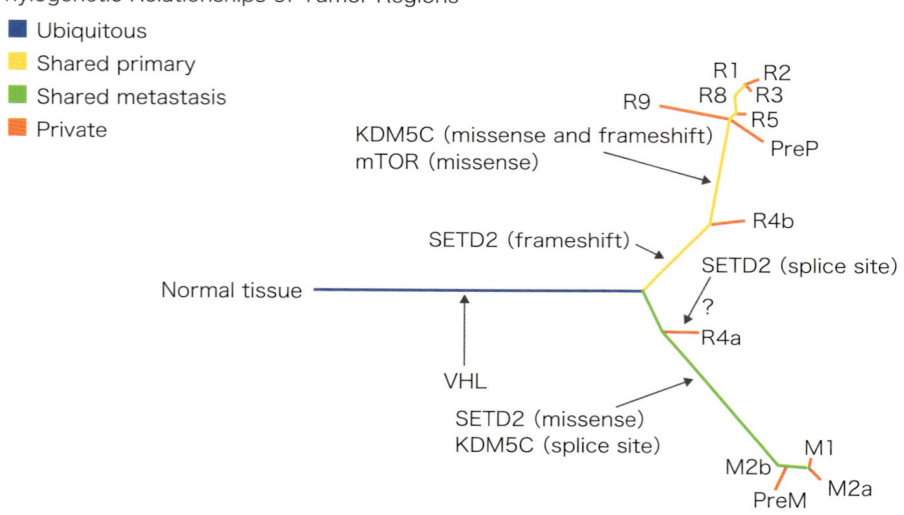

図4 がんにおける腫瘍内多様性
A) 腎がんの原発巣および転移巣から多数サンプリングを行い，全エクソン解析により変異を解析することにより，各サンプリングで固有に同定される変異と，サンプル間で共通に認められる変異が確認される．B) 腫瘍内多様性を共通する変異を系統的に解析することにより，これらが腫瘍内の一種のクローン進化によって形成されることが示される．文献10より引用．

多様性はがんの一般的かつ普遍的な性質であることがこれに続く一連の多数試料の解析から検証されるが，そうした腫瘍内多様性の存在は，がんの薬剤耐性や再発の重要なメカニズムとなっている点できわめて重要である．

このような多様性は，時間的に見た場合には，がんの経時的な特性の変化として現れることは容易に想像される．経時的に採取された試料のゲノム解析によって，集団内に新たな亜集団が形成され，次の世代の進展した腫瘍の主要な亜集団を形成することや，治療後の再発が，診断時とは異なるサブクローンに由来する集団で構成されることが頻繁に起こっていること，またこれらのクローンの進展にかかわる変異の特性が示される[12]．一方，近年，がんの発症前の試料のゲノ

解析が行われた結果，がんで高頻度に認められる変異を有するクローナルな細胞集団が，血液や皮膚などの，一見健常に見える組織において，すでに形成されていることが示されている[13]〜[15]．このようなpre-cancerous growthとも呼べるクローン性増殖は，白血病の寛解後に一見正常に服したとも思われる患者の造血組織においても確認される[16]．こうした解析結果は，がんの起源の細胞と，これに由来するクローン進化の過程を示唆する知見として興味深い[17]．

おわりに：今後の展望

　革新的なゲノムシークエンス技術を背景として，過去10年足らずの間に，がん研究の分野，特に，がんの発症を駆動するドライバー変異に関する研究には，飛躍的な進展が認められた．一方，これらの変異のみでがんの発症の大部分が説明されるか否かという問題についてはまだ一定の解決を見ていない．少なくとも，既知のドライバー変異が全く確認されない腫瘍が，どのがん腫についても存在する．これらの腫瘍については，胚細胞の変異が体細胞変異に加えて，重要な役割を担っている可能性，未同定の稀なドライバー変異が存在する可能性，非翻訳領域の変異の役割，などが想定される．発がんにかかわる胚細胞変異については，高発がん家系の解析に加えて，米国のThe Cancer Genome Atlas project（TCGA）やICGC（https://icgc.org）などの国際共同研究によって蓄積されたがんゲノムデータに基づいた既知のドライバー変異における胚細胞バリアントの解析が進んでいる．未同定のドライバー変異の同定には，統計学的ノイズを除去するために，背景変異の数に比例した数のきわめて多数の試料の解析が必要とされる．非翻訳領域の変異については，今後全ゲノムシークエンスの解析が進むと考えられるが，得られた膨大な数の変異の機能的意義の解析には，全ゲノムシークエンスデータに加えて，RNAシークエンスやメチル化・ヒストン修飾の解析を通じた遺伝制御領域の知見が不可欠である．これらの解析には飛躍的に多数のシークエンス解析が必要となることから，ますます大量のストレージに加えて，高速なデータ処理が必要となると想像される[18]．

　一方，こうして蓄積されるがんの遺伝子変異に関する知見は，クリニカルシークエンスを通じて，がんの診断，治療選択，予後予測にますます重要な役割を担うことになると思われる．いまや全ゲノムで1,000ドル程度まで低下した安価なシークエンスコストを背景として[19]，米国ではすでに，主要なドライバー変異を標的としてターゲットシークエンスや，全ゲノム，RNAシークエンスが全入院患者を対象として行われるようになりつつあり，上記の研究と併せて，がんの変異に関する知見は今後急速に増大すると期待される．さらには，新たなシークエンス技術の革新により，長鎖リードが数年以内に可能となる可能性も示唆されている．そうした観点からは，そのようなビッグデータの処理に見合ったコンピューターリソースが，確保できるのかという点にも懸念が表明されている[18]．特にわが国においては，がん研究に用いることのできるコンピューターリソースは大きく制限されており，今後のがんゲノム研究の進展を見据えたコンピューターリソースの整備は急務であろう．

文献

1) Greaves M & Maley CC：Nature, 481：306-313, 2012
2) Stratton MR：Science, 331：1553-1558, 2011
3) Dulbecco R：Science, 231：1055-1056, 1986
4) Vogelstein B, et al：Science, 339：1546-1558, 2013
5) Meyerson M, et al：Nat Rev Genet, 11：685-696, 2010
6) Ley TJ, et al：Nature, 456：66-72, 2008
7) Lawrence MS, et al：Nature, 505：495-501, 2014
8) Alexandrov LB, et al：Nature, 500：415-421, 2013
9) Suzuki H, et al：Nat Genet, 47：458-468, 2015
10) Gerlinger M, et al：N Engl J Med, 366：883-892, 2012
11) Yachida S, et al：Nature, 467：1114-1117, 2010
12) Ding L, et al：Nature, 481：506-510, 2012
13) Genovese G, et al：N Engl J Med, 371：2477-2487, 2014
14) Jaiswal S, et al：N Engl J Med, 371：2488-2498, 2014
15) Martincorena I, et al：Science, 348：880-886, 2015
16) Shlush LI, et al：Nature, 506：328-333, 2014
17) Martincorena I & Campbell PJ：Science, 349：1483-1489, 2015
18) Savage N：Nature, 509：S66-S67, 2014
19) Hayden EC：Nature, 507：294-295, 2014

＜著者プロフィール＞
小川誠司：1988年，東京大学医学部医学科卒業．同第三内科，血液腫瘍内科を経て現在に至る．専門はがんの分子遺伝学．ゲノム解析を中心として，がんの遺伝学的基盤の解明に取り組んでいる．

第1章 ビッグデータと生命科学

3. 国際がんゲノムコンソーシアム（ICGC）におけるビッグデータ
― PanCancer解析

中川英刀，三吉直紀，大井一浩，宮野 悟

次世代シークエンサーの進歩により，がんの全ゲノム情報を包括的に解析することが可能となった．国際共同にてがんゲノム変異の包括的データベースの構築をめざしてICGCが発足し，データ収集・解析に関する共通基準のもとゲノムシークエンス解析が行われ，世界中にデータ公開されている．78個のさまざまながん腫のプロジェクトが進められており，包括的ながんの全ゲノム解析（PanCancer解析，PCAWG）も開始された．今後，データシェアリングに伴いさらにがんゲノム／臨床データの集積が進み，クラウド技術を活用して，がんゲノムと臨床データのビッグデータ解析が進むものと期待される．

はじめに

次世代シークエンサーとスーパーコンピューターを用いて，ヒトの全ゲノム情報（約30億塩基の情報）を包括的に大量に解析することが可能になってきている[1]．がんは，ゲノム変異が蓄積することで発生し進行する"ゲノムの病気"であり，がんの網羅的ゲノム解析，その情報に基づく薬の開発，治療の個別化が精力的に行われている．ゲノム情報に基づくがんの診断，治療が現実になっており，それに伴いがんゲノムのデータは臨床の場においても，ますます集積してきているのが現状である．例えば，遺伝性乳がん・卵巣がんの原因遺伝子であるBRCA1/2遺伝子の変異情報は，米国Myriad社が遺伝子診断受託を通して1990年代より集積してきており，これまで10万人以上ものBRCA1/2のゲノムデータと臨床データのデータベースを保有している．このデータベースを用いて，BRCA1/2の変異の遺伝子診断と解釈を行っている．ゲノム情報からがんを理解しそれを診断につなげていくには，多数のサンプルについてデータベースを構築し，同じ部位のがんであっても，人種，発がん要因，治療反応性の多様性を踏まえた，個々のがんゲノムの解釈を行っていかなければいけない．

[キーワード＆略語]
ICGC, PanCancer解析，データベース，クラウド，データシェアリング

GA4GH：Global Alliance for Genomics and Health
ICGC：International Cancer Genome Consortium（国際がんゲノムコンソーシアム）
PCAWG：PanCancer Analysis of Whole Genomes

PanCancer whole genome sequencing analysis in ICGC
Hidewaki Nakagawa[1] /Naoki Miyoshi[2] /Kazuhiro Ooi[3] /Satoru Miyano[4]：RIKEN Center for Integrative Medical Sciences[1] /Hitachi Government & Public Sector Systems, Ltd.[2] /Hitachi, Ltd.[3] /Human Genome Center, The Instutite of Medical Science, The University of Tokyo[4]（理化学研究所統合生命医科学研究センター[1] /株式会社日立公共システム[2] /株式会社日立製作所[3] /東京大学医学研究所ヒトゲノム解析センター[4]）

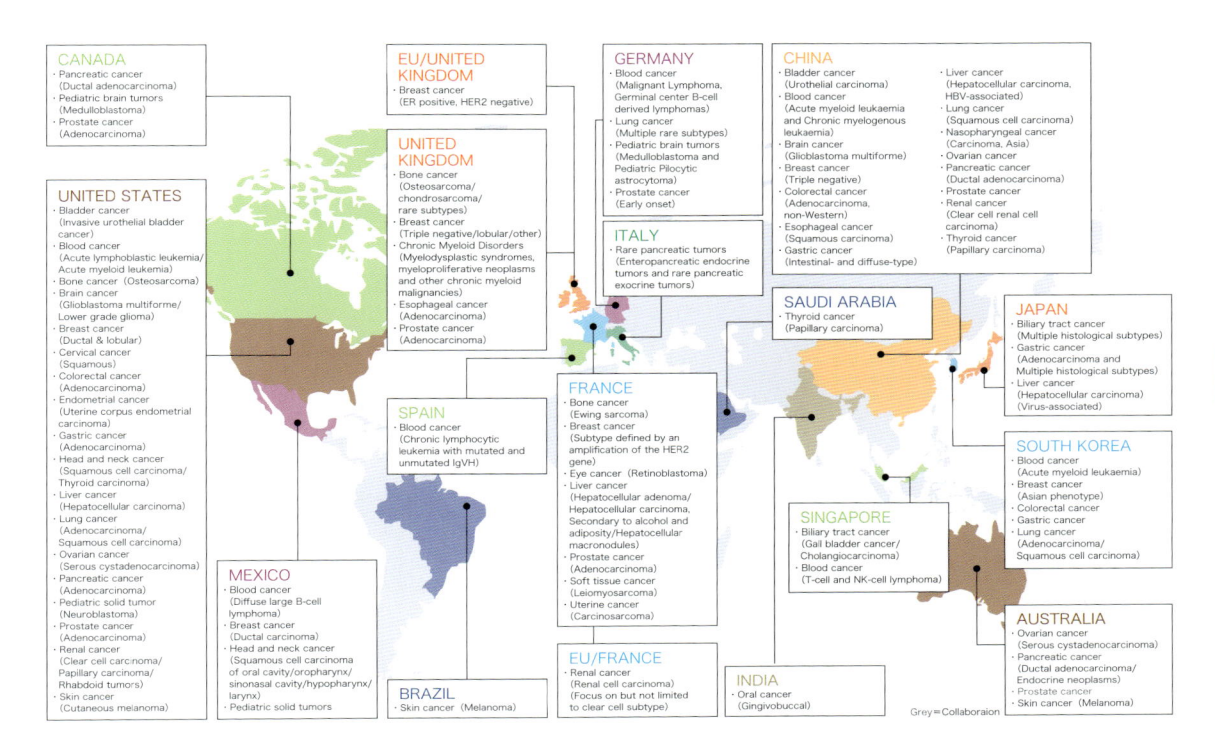

図1　ICGC内のがんゲノムプロジェクト
https://icgc.org/icgc/media より引用．

2008年，がんのゲノム変異の全貌解明と包括的なデータベース構築をめざし，国際がんゲノムコンソーシアム（ICGC：International Cancer Genome Consortium）が発足した．ICGCの各メンバーは，倫理的対応，データ収集・解析に関する共通基準のもと，1種類のがんについて500症例のゲノムシークエンス解析を行い，データベースに登録して世界中に公開するものである[2]．現在，ヨーロッパ，南北アメリカ，アジア，オーストラリアの16カ国およびEUの機関が参画し，78個のがん腫についての大規模ゲノム研究とデータ公開が進められている（図1）．日本からは，理化学研究所と国立がん研究センターが中心となって参画している．同時期に米国のがんゲノムプロジェクトTCGA（The Cancer Genome Atlas）が開始され，22種類以上のがん腫についてNIHが主導でゲノムシークエンス解析およびRNA/メチル化DNA/タンパク質解析の情報を加えた多層オミックスのデータの公開が行われている[3)4)]．現在，ICGC/TCGA一体となって2018年ごろまでの完了を目標に大規模ゲノム解析が国際共同で行われている．

1 ICGCの進捗

2015年の9月の時点で，21種類のがん腫について，12,979例ものがんのゲノム情報，1,600万カ所以上の変異情報がICGCのポータルサイトで公開されており（Data Release 19，2015年6月16日，https://dcc.icgc.org/），世界中のがん研究，ゲノム研究に活用されてきている．そのがん腫別のサンプル数の分布を図に示す（図2）．細かい臨床データや胚細胞のデータを含む生データは，基本的にcontrolledアクセスにて管理されており，それらのデータを使った研究を行うためには，DACO（Data Access Compliance Office）での審査および承認を受けなければならない．TCGAのデータはUCSCのCGHubやシカゴのBionimubusにて，TCGA以外のICGCデータはEBI（European Bioinformatics Institute）にて管理されている．ICGC/TCGAの個々のがん腫のゲノム解析について，

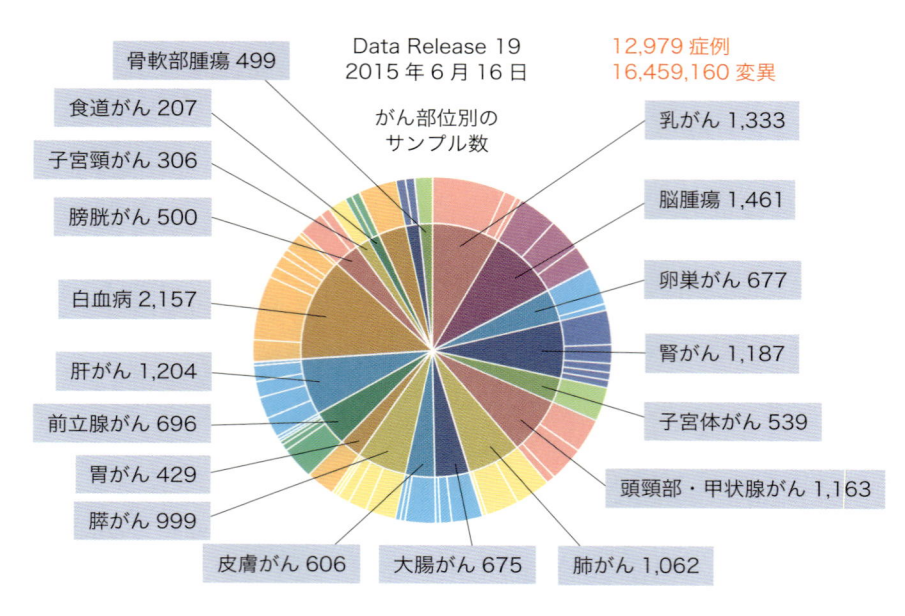

図2 ICGCのがん部位別公開データ
https://dcc.icgc.org より引用.

これまで多数の成果が発表されてきているが，がん種を超えたPanCancer解析として，数千サンプルのデータを重ね集めた解析も行われてきている[4)5)]．これらデータはエクソーム（タンパク質のコード部分）であり，DNAチップ解析によるコピー数異常，RNA発現，DNAメチル化解析なども重ねた多層的なビッグデータ解析も行われている[4)]．PanCancer解析により，がんの変異数や塩基置換パターンが発がん環境（外部）因子や内部因子と密接に関連していることが明らかになった[5)6)]．例えば，紫外線やたばこの曝露によって発生したがんは変異数が格段に多く，DNAの修復機構が破綻した腫瘍も変異数が多くなる．一方で，小児腫瘍や白血病は2桁ほど変異数が少なく，数個のがん関連遺伝子の変異によって，そのがん化プロセスが決定されているものと考えられる．

2 PCAWG（PanCancer Analysis of Whole Genomes，図3）

2014年にICGC/TCGAにおいて，全ゲノムシークエンス（WGS）解析のデータを集積してICGC・TCGAの共同作業にてPanCancer解析を行うPCAWGが立ち上がった．ICGC/TCGAには最大3,000症例のさまざまながんのWGSデータが蓄積されてきており，これまでのエクソームと比べて，WGSではデータ量として10倍以上，解析するゲノム領域については50倍以上と，より複雑で大量のビッグデータを扱うこととなる．WGSでは，エクソームでは解析できない構造異常や非コード領域の解析を行うことができ，より多数の変異を検出することができる．技術的には，下記の3つの事項が重要となる．①最大3,000例（がんと正常で6,000 WGS）を同一のアライメントとパイプラインにて解析を行う．②同一のソフトウェア環境となるようVM（virtual machine，仮想マシン）を用いて10施設のデータセンターをクラウド化し，各データセンターがもつデータを相互に同期することで，同一環境で同一データを用いて多様な解析を実施する[7)]．③16個のワーキンググループにてさまざまな視点からがんゲノムビッグデータの下流解析（解釈）を行う．現在，プロジェクト全体で600人以上の研究者やテクニカルスタッフ，SEがかかわる最大級の国際共同ゲノム研究となっている．

1）同一のアライメントとパイプラインでの解析

WGS解析の最初のステップとして，得られた超大量

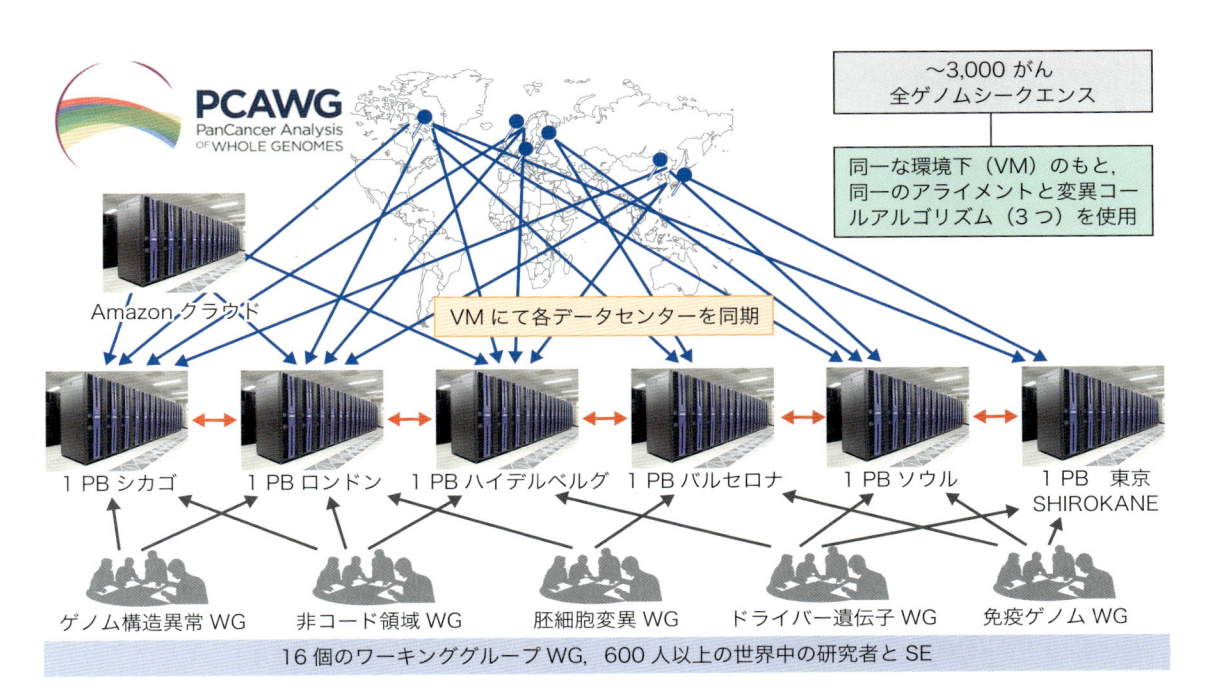

図3　PCAWGのスキーム

の短いDNA配列（75〜150塩基）を約30億塩基からなるヒトゲノム参照配列にアライメントする作業がある．アライメント作業が最も計算資源を必要とする．また，アライメント後の変異同定のアルゴリズム（パイプライン）は個々の施設やプロジェクトによって結果が大きく異なり，特にindelや非コード領域については大きく異なる．したがって，PCAWGでは，同一のアライメントおよびパイプラインの実行を行わなければいけない．また，OSやプログラム言語等のソフトウェア環境が異なると，同一データ，同一プログラムを使用しても解析結果が変化することがあり，VMを用いて同一のソフトウェア環境のもと，各データセンターで解析を分担して行っている．2015年夏まで行ってきた4,000 WGS（2,000症例）の解析データ量としては，FASTQファイルとして1.2 PB（petabyte）ほどになり，アライメント（BWAmemを使用）終了後のBAMファイルとしては550 TB（terabyte）のデータとなる．このBAMファイルより，3種類のパイプラインを走らせており，1つのパイプラインより約11 TBのVCFファイルが作成されてきている（図4）．

2）VMによるデータセンターのクラウド化とデータ同期

当初は6つのデータセンター施設の参加にて，それぞれの施設が最低1 PBの解析容量を確保し，①の基本変異データの作成と③の下流解析のための計算リソースの確保を行ってきた（図3）．しかしながら，①のアライメントおよび3つの基本パイプラインの実行には，計算資源の不足，データセンター間の通信速度の遅延もあり，ICGC倫理委員会での承認を得たうえで，Amazonのクラウドの導入および参加データセンターの追加を行うこととなった．AmazonおよびデータセンターのVM環境構築は，オープンソースソフトウェアOpenStack，Vagrantまたその他のソフトウェアを組合わせて，自動構築する環境を整備した．また，データ同期は暗号化したうえで高速なデータ転送を行い，各データセンターがもつデータの検索等を行えるAnnai SystemsのGNOS（リポジトリソフトウェア）が使用されている．

日本で最大級のヒトゲノム解析専用のスーパーコンピューターを保有する東京大学医科学研究所ヒトゲノムセンターのSHIROKANEは，PCAWGの解析の拠点

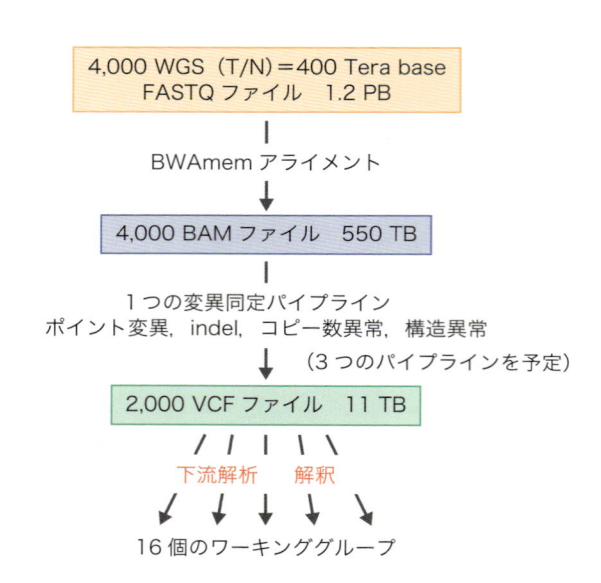

```
4,000 WGS (T/N)＝400 Tera base
   FASTQ ファイル　1.2 PB
          ↓ BWAmem アライメント
   4,000 BAM ファイル　550 TB
          ↓ 1つの変異同定パイプライン
    ポイント変異，indel，コピー数異常，構造異常
                （3つのパイプラインを予定）
   2,000 VCF ファイル　11 TB
        ↙ ↙ ↓ ↘ ↘
       下流解析　解釈
        ↓ ↓ ↓ ↓ ↓
       16個のワーキンググループ
```

図4　これまでのPCAWGにおけるデータ解析のワークフロー

の1つとなっており，これまで日本のWGSデータのアライメントや変異コールに加えて，他拠点のデータのアライメントも行い，プロジェクトの進行に大きな役割を果たしている．システム環境の構築は，データセンターごとに異なるハードウェア・ネットワーク構成に応じたローカライズを各拠点のシステム担当者が実施した．このローカライズは，ヒトゲノム解析センターのスーパーコンピューターの管理・運用支援を行っている日立製作所の協力を得て実施した．拠点のシステム特性・制約を踏まえ，OS・ドライバのアップデート，ネットワーク構成の変更等を約2カ月間で実施した．SHIROKANEは国内のゲノム医科学の解析基盤として多数のサービスを提供しているが，新たなクラウド機能の追加にあたっては，既存サービスと新機能のデータアクセスポリシーに配慮したシステム設計を行った．データセンター間のデータ同期ではネットワークの遅延等による転送の中断に備え，独自のツールを作成し，データの取得状況の管理，再取得を効率的に行っている．

3）解析ワーキンググループ

ボトムアップアプローチとして全世界のがんゲノム研究者から研究計画提案を募集し，それらを16個のワーキンググループに分類して，①によって同定された変異情報から，②クラウドを利用して，さまざまな視点にもとづくWGSの下流解析・解釈を行っている．各ワーキンググループの課題としては，構造異常，がんdriver遺伝子の同定，非コード領域の解析，新規の変異同定パイプライン，胚細胞ゲノムの解析，ミトコンドリアゲノム，免疫ゲノム解析など，多彩な内容となっている．

3 次期のがんゲノムビッグデータ

ICGC/TCGAにおいて，数万以上のがん症例のゲノムデータが構築されてきている．しかしながら，ICGCの最大の問題は臨床情報の不足であり，同じがん腫や組織型であっても多様性に富み，個々の症例によって臨床経過や治療反応性が異なるため，発症・病状の予測という臨床応用に結びつけるには，ゲノムデータに加えてリンクする詳細な臨床データの蓄積が必要である．臨床データとゲノムデータがリンクした大量のデータベースが確立することによって，precision medicineに値する関連が見出せるものと期待される．次期のICGC共同研究として，ICGC-Medという，臨床情報が豊富な臨床試験のゲノム・臨床データの蓄積とデータシェアリングを図る内容が議論されている．米国NIHでは，Genome Data Commons（GDC）の構築が行われ，Bionimbusと西海岸のデータセンターが整備され，TCGAなどのNIH拠出のがんゲノム研究のデータおよび，民間/病院の臨床にて解析されてきたがんゲノムのデータ，そしてこれらの臨床情報のデータシェアリングが試みられようとしている．全米の大量のゲノム解析および臨床データを2つのコンピューターに集中させ，それらをクラウドとしてビッグデータ解析を行わせようというものである．今後のゲノム解析においては，①ビッグデータベース，②データシェアリング，③クラウドがキーワードになっており，データシェアリングに関しては，より倫理的・社会的な見地での議論が必要である[8]．

4 GA4GH（Global Alliance for Genomics and Health）

GA4GHは，2013年にゲノム/臨床データのデータ

シェアリングのための国際的な枠組みやガイドラインを確立するために設立された国際共同団体である[9]．2015年で32ヵ国の320の大学，病院，企業，公的機関が参画して，データシェアリングのための議論を行っている．ICGCも中核機関として役割をなしている．主に4つのワーキンググループに分かれて活動をしており，①臨床データの扱い，②ゲノムデータの扱いおよびAPI，③データシェアリングの倫理社会的側面，規制条項の整理，④セキュリティー関連[8]について取り組みが行われている．さらには，パイロットとして，さまざまなデータシェアリングのプロジェクトが開始されており，BRCA1/2のゲノム情報と臨床情報のデータシェアリングを国際連携で行いMyriad社のデータベースを超えるようなデータベースを構築しようというBRCA Challengeが進行中である．

おわりに

がんゲノムデータはICGC/TCGAのデータベースから派生して，さらに巨大化しており，ゲノム医療の普及により，さらにデータが蓄積されていく．GA4GHに示されるデータシェアリングの普及に伴って，研究機関だけにとどまらず，医療レベルでのがんゲノムデータの集積が進むことが期待され，巨大ながんゲノム/臨床ビッグデータが国際間で構築されることが期待される．これらビッグデータを管理し解析を行うには，クラウド技術と倫理的規制が必要になる．そして，がんゲノムビッグデータの解析を通して，さまざまな予測アルゴリズムが人工知能（AI）上にて確立され，がんのprecision medicineが加速するものと期待される．

文献

1) Meyerson M, et al：Nat Rev Genet, 11：685-696, 2010
2) Hudson TJ, et al：Nature, 464：993-998, 2010
3) Cancer Genome Atlas Research Network：Nature, 474：609-615, 2011
4) Weinstein JN, et al：Nat Genet, 45：1113-1120, 2013
5) Alexandrov LB, et al：Nature, 500：415-421, 2013
6) Lawrence MS, et al：Nature, 499：214-218, 2013
7) Stein LD, et al：Nature, 523：149-151, 2015
8) Milius D, et al：Nat Biotechnol, 32：519-523, 2014
9) Knoppers BM：Genome Med, 6：13, 2014

＜筆頭著者プロフィール＞
中川英刀：1991年，大阪大学医学部卒業．8年間外科医として臨床に従事し，大阪大学大学院にてがんゲノム研究の基礎を学ぶ．'99～2003年，オハイオ州立大学Human Cancer Genomics Programのポスドクとして，大腸がんのゲノム，エピゲノム研究に従事．'03年より東京大学医科学研究所ヒトゲノム解析センターにて膵がんと前立腺がんの治療標的分子の機能解析を行う．'08年より理化学研究所に移り，前立腺がんのゲノムワイド関連解析やICGCの日本のco-PIとして，NGSを用いたがんの全ゲノムシークエンス解析およびがんのゲノム医療への応用に取り組んでいる．

第1章 ビッグデータと生命科学

4. エピゲノムのビッグデータ解析

荒木啓充, 伊藤隆司

エピジェネティックな制御機構は基本的な生命現象である発生, 分化, 老化等において重要な役割を担っており, 一方, その制御機構の破綻はがんをはじめ, 精神・神経疾患, 代謝疾患などさまざまな疾患に関与している. 次世代シークエンサーの普及や微量サンプルを計測する技術の向上とともに, エピゲノムのデータ量は指数関数的に増え, ご多分に漏れずこの研究領域にもビッグデータ時代が到来している. ゲノムスケールのデータがそろった今, エピジェネティクな制御機構の分子機序や疾患との関連を包括的に捉えることが可能になりつつある.

はじめに

エピジェネティクスとは, DNA配列の変化なしに細胞分裂を経ても伝達しうる遺伝子機能の変化のことであり, その主要な分子基盤はゲノムDNAとヒストンの化学修飾である. これらのエピジェネティク修飾の総体をエピゲノムと呼ぶ. 基本的にはどの細胞でも同じ塩基配列をもつゲノムが, おのおのの細胞で特異的な機能を発揮するのはエピゲノムの違いによる. 本書のテーマであるビッグデータを定義する要素として3つのV (Variety, Velocity, Volume) が一般的に用いられるが, エピゲノムデータはこの3つすべてに当てはまるといえる. Volume (量) とVelocity (増加速度) については, 公開されているエピゲノムの配列データは累積で12,000データ (45テラ塩基) を超えており, ここ数年は約2,000データ/年ずつ増加している (図1). Variety (多様性) については, エピゲノムは, そもそもDNAのメチル化とヒストンのさまざまな修飾等の多階層にまたがるのみならず, 細胞種ごとに異なるうえに同一細胞種であっても環境によっても変化するので多様性が大きい. エピゲノムデータがビッグデータとなった背景には, 次世代シークエンサーに代表される計測方法の技術革新によるものが大きい[1]. これによりエピジェネティクな制御機構の包括的な解析が可能となり, 転写制御のしくみや, 疾患と関連のあるゲノム領域が明らかになりつつある. 本稿では, エピゲノムデータのビッグデータ化を支える国内外のプロジェクトの動向, およびゲノムスケールのエピゲノムデータ解析手法について概説する.

[キーワード&略語]
エピゲノム, EWAS, WGBS

EWAS: epigenome wide association study
WGBS: whole-genome bisulfite sequencing

Analysis of epigenomic big data
Hiromitsu Araki/Takashi Ito: Department of Biochemistry, Kyushu University Graduate School of Medical Sciences (九州大学大学院医学研究院医化学分野)

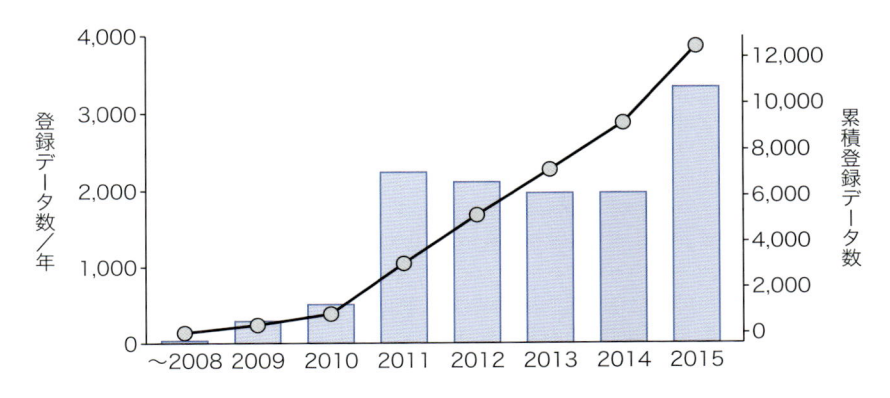

図1　NCBI（SRA）に登録されているエピゲノムデータ数の推移
study typeが"epigenetics"のデータを抽出．棒グラフは年ごとの登録データ数（左側の縦軸），線グラフは累積登録データ数（右側の縦軸）．

1 エピゲノムプロジェクト

1）各国のエピゲノムプロジェクト

国内外で実施されている主要なエピゲノムのプロジェクトを表にまとめた．エピゲノムの多様性を考えると単一のプロジェクトでそれを網羅することは不可能であり，各プロジェクト間の協調が不可欠である．そのための組織としてIHEC（International Human Epigenome Consortium）が2010年に発足し，7～10年の間に1,000サンプルの標準エピゲノム（reference epigenome）を解読することを目標に掲げた．標準エピゲノムには，少なくともwhole-genome bisulfite sequencing（WGBS）によるDNAメチル化データ，ChIP-Seqによる代表的ヒストン修飾（H3K4me3，H3K4me1，H3K9me3，H3K27me3，H3K27ac，H3K36me3）およびChIPインプットのデータ，RNA-Seqデータの9種類が要求される．IHECではさまざまなワークグループが設置されて，細胞・組織の分担，解析手法やデータの標準化，アウトリーチ活動等も推進している．

各国のエピゲノムプロジェクトはいずれも原則としてデータを公開しており，直近では2015年2月のNature誌にNIHのRoadmap Epigenomics Projectの特集号が組まれ，127種類の細胞・組織について，おのおの約10のエピゲノムマーカーを測定した合計1,936個のデータセットが公開されたのが記憶に新しい[2]．日本では，2011年からJSTのCRESTでエピゲノム解析が本格化し，IHECに参加している．当該CRESTは2015年度からはAMEDに移管され，現在，3つの研究チームがそれぞれ消化器（胃，大腸，肝臓）の各種細胞，体内各部位の血管内皮細胞，胎盤および子宮の各種細胞の標準エピゲノム解析を進めており，データは順次公開予定である．

研究室単位で多様なエピゲノムマーカーの測定をさまざまな細胞について行うのはコスト的に難しく，これらの大規模プロジェクトが果たす役割は大きい．自分で取得したデータとの比較解析のみならず，バイオインフォマティクスの手法開発におけるベンチマークデータとしても，その活用範囲は広い．

2）エピゲノムデータの入手方法

各プロジェクトで得られたデータは基本的に公的データベースに登録されており（表），誰でも利用可能である（ただし，個人の特定が可能な一部のデータに関してはアクセスコントロールが課されており，入手には手続きが必要とされる）．しかしながら，同一プロジェクトのデータでも異なるエントリーで登録されていることもあり，目的のデータの居場所がわかりにくい場合がある．IHECは，このようなデータを一括管理してユーザーが配列データまで容易にたどり着けるようにしたアーカイブシステムEpiRR（Epigenome Reference Registry）を提供している．

表 各国のエピゲノムプロジェクト，およびエピゲノムデータの入手先

プロジェクト名	実施国	特徴	URL
BLUEPRINT	EU	造血器腫瘍患者，健常者の血液細胞のエピゲノム	http://www.blueprint-epigenome.eu
CEEHRC	カナダ	がん患者，健常者の血液，大腸，脳細胞等のエピゲノム	http://www.epigenomes.ca
CREST IHEC	日本	消化器，心血管系内皮細胞，胎盤等のエピゲノム	http://crest-ihec.jp
DEEP	ドイツ	代謝・炎症疾患に関する細胞（脂肪，肝細胞等）のエピゲノム	http://www.deutsches-epigenom-programm.de
ENCODE	アメリカ	機能的DNA配列の決定	http://www.genome.gov/ENCODE/
IHEC	日本，アメリカ，カナダ等	各国プロジェクトの統括機関	http://ihec-epigenomes.org
KEP	韓国	胃，腎臓，脂肪細胞のエピゲノム	http://152.99.75.168/KEP/
Roadmap	アメリカ	培養細胞，幹細胞，成体組織等のエピゲノム	http://www.roadmapepigenomics.org
EBI/ENA	EU	配列データアーカイブ	http://www.ebi.ac.uk/ena
DDBJ/DRA	日本（遺伝研）	配列データアーカイブ	http://trace.ddbj.nig.ac.jp/dra/index.html
NCBI/SRA	アメリカ	配列データアーカイブ	http://www.ncbi.nlm.nih.gov/sra
EpiRR	EU	IHECのデータを一括管理したアーカイブシステム	http://www.ebi.ac.uk/vg/epirr

2 エピゲノムデータの可視化

1）WashU Epigenome Browser

複数のレイヤーが存在するエピゲノムデータの効率的な可視化は，ビッグデータの「見える化」という点からも重要な研究課題である[3]．一般には，利用者が興味をもつ（比較的狭い）領域におけるエピゲノムのシグナル強度をトラックごとに表示して見る．ゲノムブラウザの業界標準であるUCSCのゲノムブラウザやEBIのEnsemblゲノムブラウザは汎用性が高く，IHECやRoadmapプロジェクトの標準ブラウザとしても採用されており，エピゲノムシグナルとさまざまなgenomic feature（CpGアイランド，反復配列領域）を同時に描写できる．一方，ワシントン大学（セントルイス）で公開されているWashU Epigenome Browserは（こちらもRoadmapプロジェクトのグラントでサポートされている），エピゲノムデータに特化したブラウザとして開発され，UCSCやEBIのブラウザにはないユニークな点がある[4]．例えば，"gene set view"機能は興味のある遺伝子セットのエピゲノムデータを横に連ねて閲覧することができる．これにより，どの遺伝子でどのエピゲノムシグナルが強いか（または弱いか）を一目でみられる（図2）．また，"Long-range chromatin interaction"機能を用いると，Hi-CやChIA-PETなどにより同定されたクロマチンの相互作用領域を線型（同一染色体内），もしくは円型（染色体間）で表示できる．

2）MDLプロット

ブラウザによるエピゲノムデータの可視化はローカルな可視化であるので，それとは別にグローバルなレベルでのエピゲノム変化を直観的に把握する試みも重要になる．われわれは，ネットワークセキュリティや製造工場での生産ラインにおける異常検知の分野で用いられる変化点検出（changepoint）のアルゴリズムの1つであるPELT（Pruned Exact Linear Time）を用いて，WGBSデータからメチロームをメチル化レベルに基づいてドメインに分割する新手法を開発した[5]．さらにそうして定義されたドメインの平均メチル化レベルを縦軸に，ドメインサイズ（対数変換した塩基長）を横軸にそれぞれプロットすることで，メチロームの分節化を俯瞰的にあらわすMDL（methylated domain landscape）プロットを提案した[5]．哺乳類の

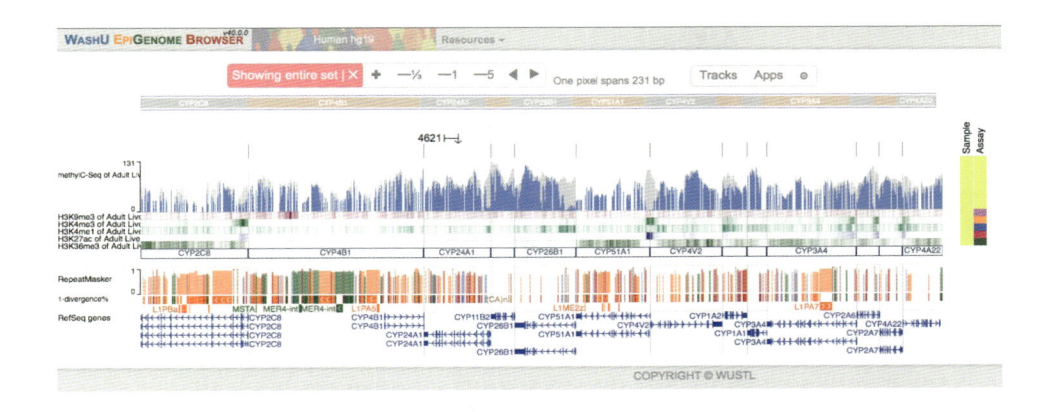

図2 WashU Epigenome Browserによるエピゲノムデータの可視化
成人肝細胞における，薬物代謝酵素遺伝子群のH3K9, H3K4, H3K27, H3K36のヒストン修飾，DNAメチル化のデータを描写．

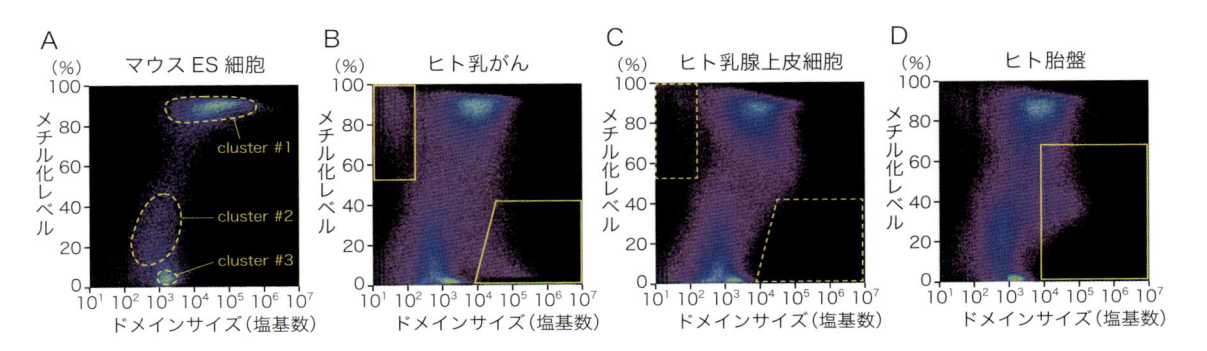

図3 WGBSメチロームデータのMDLプロット
縦軸はメチル化レベル（%），横軸はドメインサイズ（bp），ドットの濃さはドメイン数を示す．**A**）マウス胚性幹細胞．黄色実線枠のcluster 1-3はそれぞれ基本的なメチル化ドメインであるfully methylated regions（FMRs），low methylated regions（LMRs），unmethylated regions（UMRs）を示す．**B**）ヒト乳がん細胞と**C**）ヒト乳房表皮細胞．Bの黄色実線枠は，正常細胞ではみられない（Cの黄色破線枠），がん細胞特有の局所的高メチル化領域（Bの上側黄色実線枠）とグローバルな低メチル化領域（Bの下側黄色実線枠）を示す．**D**）ヒト胎盤．黄色実線枠はPMDを示す（文献5をもとに改変）．

MDLプロットは鳥の頭頚部に似た形をしており，他の手法で特徴付けられた基本的なメチル化ドメインはもとより（**図3A**），がん細胞で高頻度に出現する局所的高メチル化とグローバルな低メチル化（**図3B, C**）や，線維芽細胞・胎盤・がんなどで見出された長大な中程度メチル化レベル領域（PMD：partially methylated domains, **図3D**）等を比較的低いカバレッジのWGBSデータからでも描出できる．これにより，ブラウザでは把握できないグローバルなメチロームのトレンドが容易に把握できる．

3 エピゲノムデータの解析

1）エピゲノムシグナルからクロマチン状態の推定

エピジェネティックな転写制御はDNAのメチル化やヒストンの修飾に基づくクロマチン構造の変化によって行われる．おのおののエピゲノムマーカーの転写制御における役割は明らかになりつつあるが，それらがどのように協調して転写を制御しているかについてはいまだ不明な点が多く，遺伝子ごとにその制御機構が異なる場合もある．多様なエピゲノムのシグナルパター

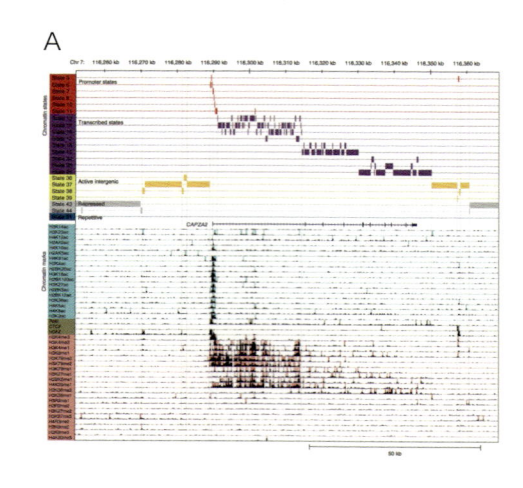

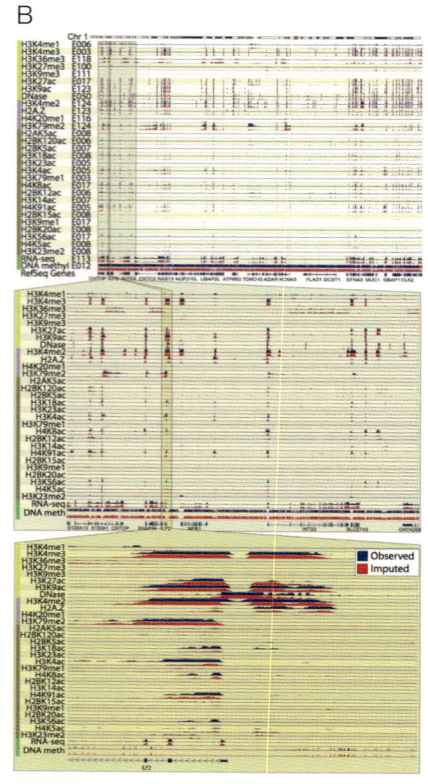

図4 ChromHMMによるクロマチン状態の推定とChromImputeによるエピゲノムデータの予測
A）下段のエピゲノムシグナル（Chromatin marks）を用いて上段のクロマチン状態（Chromatin states）を推定（文献6より転載）．B）青色のトラックは実際の実験データ，赤色のトラックは実験データを用いずに予測した値（文献8より転載）．

ンに基づくクロマチン状態（＝転写制御の状態）の特徴付けは，エピジェネティクな転写制御機構の包括的な理解を深めると期待される．ChromHMMは，ChIP-Seq等で得られたヒストンの修飾パターンから，多変量隠れマルコフモデルを用いて，各ゲノム領域のクロマチン状態を推定する[6)7)]．"多変量"とは複数の観測データ（複数のヒストン修飾パターン）をモデルに組込むことを可能とし，ゲノムを10〜25の状態（state）に分類（分割）する（state数は指定可能）．各stateは，ゲノムの機能注釈（遺伝子注釈，転写因子結合部位，保存領域，発現遺伝子等）をもとに，転写活性化状態，ヘテロクロマチン状態等に特徴づけされる（**図4A**）．ChromHMMは出力確率（emission probability）と遷移確率（transition probability）の2つの値を出力する．前者は各クロマチン状態におけるエピゲノムマーカーの出現頻度を，後者は各状態がどのような確率で移り変わるかをそれぞれ示す．遷移確率からは，遺伝子間領域，プロモーター領域，転写領域にどのようなクロマチン状態がどのような順序で出現するかを知る

ことができる（**図4A**）．

2）エピゲノムシグナルの補完

次世代シークエンシングは以前に比べて出力あたりの低コスト化が進みつつあるものの，大規模なエピゲノムデータを得るには現在でも相当の費用を要する．費用をクリアできても，細胞や組織によっては試料の量がネックになって，すべてのエピゲノムマーカーを十分な深度まで計測するのが不可能な場合も少なくない．例えば，ある細胞については，DNAメチル化のデータはあるがH3K9acのデータはないとか，ある領域に関してはデータが十分ではないといった状況が生じる．新たなデータ取得は時間的にもコスト的にも容易でないので，既存データをもとに欠けているエピゲノムデータを予測・補完できればその効果は大きい．こうした問題意識のもとに，ChromHMMを開発したKellisらは，上記プロジェクトによる大規模エピゲノムデータに基づいて，特定の細胞のエピゲノムシグナルを予測する解析プログラムChromImputeを開発した[8)]．ChromImputeは量的変数を扱える樹木モデルの

1つである回帰木（regression tree）と，異なるサンプル（仮説）から生成された複数のモデル（予測器）を統合して予測を行うアンサンブル学習法を組合わせた手法である．その予測方法は，以下のようなものである．例えば，サンプルAのH3K4me1を予測したい場合には，サンプルA以外のサンプルにおいてH3K4me1と類似したパターンを示すエピゲノムマーカーを抽出する一方で，サンプルAのH3K4me1以外のエピゲノムマーカーをもとにサンプルAと類似したサンプル（群）を抽出し，その両者を用いてサンプルAのH3K4me1を予測する（図4B）．ChromImputeは単にデータを予測するだけではなく，予測データと実際の観測データの隔たりに基づいたデータのQCや，実験すべきエピゲノムマーカー・細胞の優先順位付けなどにも利用できるなど，その応用範囲は広い．

4 エピゲノムデータを用いた疾患感受性遺伝子の探索

1）EWAS（epigenome-wide association study）

ヒトゲノムに分布するSNP（一塩基多型）の頻度と，疾患との関連を統計的に調べるゲノムワイド関連解析（GWAS：genome wide association study）は，多くのヒト疾患感受性遺伝子座の同定に貢献してきた．しかしながら，同定された遺伝子座の多くはgene desert（遺伝子砂漠）などの非コード領域であったり，おのおのの遺伝子座の疾患に対する影響（オッズ比）が微弱であったり等，GWASだけでは疾患の遺伝的要因の一部しか説明できないことも明らかとなった．そもそも発症の原因が塩基配列の変異を伴わない場合，SNPをマーカーとしているGWASは"適用外"である．それに対して，エピジェネティクな差異をマーカーとして関連解析を行うEWASは，GWASでは同定できなかった疾患感受性遺伝子座位や疾患発症の解明に役立つ知見が得られると期待されている[9]（なお，疾患に影響を及ぼす環境因子の同定を目的としたenvironment wide association studyもEWASと呼ばれることがある）．以下に代表的なEWASの研究事例をあげる．ヨーロッパ系成人459人について，血球DNAのメチル化レベルとBMI（body mass index）との関連を解析したところ，低酸素応答転写因子HIF3Aの遺伝子の第一イントロンのCpGメチル化がBMIと強い相関を示すことが判明した[10]．また，脳細胞のCpGメチル化レベルと老人斑の沈着，または神経原線維変化との相関を解析したアルツハイマー病（AD）のEWASでは，これまでADとの関連が報告されていなかった遺伝子の近傍に存在するCpG部位が2グループで独立に同定された[11)12]．さらに，各種アレルギー疾患にかかわる血清IgEレベルについても，GWASによって同定された座位よりもはるかに大きな効果をもつ座位がEWASによって同定されている[13]．

2）EWASの注意点

EWASを実施するうえでの注意点は，エピジェネティクスはSNPとは対照的に細胞ごとに異なるという点である．例えば，EWASで最もよく用いられる血球細胞は，単核細胞（単球，B細胞，T細胞）や顆粒球（好中球，好酸球）等のさまざまな細胞種を含み，細胞種ごとにエピゲノムは異なる[14]．したがって，EWASで見出された差異が，細胞組成の差異を反映したものでないかという点に留意する必要がある．厳密にはFACS等で純化した細胞種を解析に用いるか細胞組成を明らかにしておくのが理想的だが，大規模なサンプルを必要とする関連解析の場合，それは時間的にもコスト的にも難しい．そこで，各細胞の標準データ（主に血液細胞や神経細胞のデータ）をもとに細胞組成を補正する手法[15]や，標準データや事前情報なしに線形混合モデルや因子分析等の統計的手法を応用して補正する手法が開発されている[16)17]．

従来のEWASは高密度DNAメチル化アレイであるIllumina社のInfinium HumanMethylation450 BeadChipによる解析が主流となっているが[18]，同システムがカバーするCpGはゲノム全体の2％以下であり，網羅性という点では必ずしも十分ではない．これに対して，次世代シークエンサーを用いたEWASも試みられている[19]．標準メチロームデータの蓄積に伴ってさまざまな状況で変化を示すinformativeなCpGの抽出が進むと，費用対効果の高いターゲットメチローム解析の設計が可能になる[20]．

EWASではほとんどの場合に血球由来DNAが用いられてきたが，エピゲノムが細胞ごとに異なることを考えると，血球メチロームがさまざまな組織を場とする疾患に対してどこまで有効なのかという疑念が拭え

ない．その意味で興味深いのは，血中遊離DNAの利用であろう．血中遊離DNAのメチロームはさまざまな破壊細胞のメチロームの混合物であるので，標準メチロームデータの充実に伴って，それが由来する細胞の比率の高精度推定が可能になりつつある[21]．疾患によって破壊された細胞そのもののメチロームを含む血中遊離DNAの活用は，EWASをはじめとする疾患研究に新しい可能性を拓くと期待される．また，疾患によっては病変組織そのものの解析も可能であり，その場合でも標準データは対照としてのみならず，構成細胞比の推定にも活用されるであろう．血球DNA以外の解析においてはしばしば微量DNAからの解析を強いられるが，われわれはそれに耐えうる高感度標的メチロームシークエンス法を独自に開発した[22]．さらに，DNAメチル化以外のエピゲノムマーカーによるEWASの試みも報告されている[23]．標準エピゲノムデータの充実と解析技術の進歩は，エピゲノムに基づく疾患研究加速の鍵であるといえよう．

おわりに

エピゲノム解析の急速な進展によって，エピジェネティクな制御機構の包括的理解が進み，遺伝子発現制御に重要な領域や疾患との関連が示唆される領域も続々と明らかにされている．今後はこれらの領域がどのような分子機序のもとに表現型に影響を与えるのかの解明が課題となってくる．その際には，エピゲノムを構成する各階層（DNAメチル化やヒストン修飾などの一次的な機構から，ループ形成，クロマチン構造形成などの高次機構まで）の間の相互作用も考慮した解析のみならず，他のオミクスデータや特に疾患の場合には臨床データとの統合も不可欠となる．それを見越した形でのエピゲノムデータの整備と新しい解析方法の開発が喫緊の課題である．

文献

1) Rivera CM & Ren B：Cell, 155：39-55, 2013
2) Romanoski CE, et al：Nature, 518：314-316, 2015
3) Marx V：Nat Methods, 12：499-502, 2015
4) Zhou X, et al：Nat Methods, 8：989-990, 2011
5) Yokoyama T, et al：BMC Genomics, 16：594, 2015
6) Ernst J & Kellis M：Nat Biotechnol, 28：817-825, 2010
7) Ernst J & Kellis M：Nat Methods, 9：215-216, 2012
8) Ernst J & Kellis M：Nat Biotechnol, 33：364-376, 2015
9) Rakyan VK, et al：Nat Rev Genet, 12：529-541, 2011
10) Dick KJ, et al：Lancet, 383：1990-1998, 2014
11) De Jager PL, et al：Nat Neurosci, 17：1156-1163, 2014
12) Lunnon K, et al：Nat Neurosci, 17：1164-1170, 2014
13) Liang L, et al：Nature, 520：670-674, 2015
14) Reinius LE, et al：PLoS One, 7：e41361, 2012
15) Houseman EA, et al：BMC Bioinformatics, 13：86, 2012
16) Houseman EA, et al：Bioinformatics, 30：1431-1439, 2014
17) Zou J, et al：Nat Methods, 11：309-311, 2014
18) Michels KB, et al：Nat Methods, 10：949-955, 2013
19) Bell JT, et al：Nat Commun, 5：2978, 2014
20) Allum F, et al：Nat Commun, 6：7211, 2015
21) Sun K, et al：Proc Natl Acad Sci U S A, 112：E5503-E5512, 2015
22) Miura F & Ito T：DNA Res, 22：13-18, 2015
23) del Rosario RC, et al：Nat Methods, 12：458-464, 2015

＜筆頭著者プロフィール＞
荒木啓充：2001年大阪大学大学院理学研究科博士前期課程修了．博士（システム生命科学）．製薬企業，バイオベンチャー，海外ポスドクを経て'14年より現職．大規模なデータから創薬につながる発見をめざして研究を行っている．

第1章 ビッグデータと生命科学

5. 網羅的分子情報のビッグデータと医学・創薬へのインパクト

田中 博

網羅的分子（マルチオミックス）情報の急激な発展，特に疾患に関連したゲノム・オミックス情報の膨大な蓄積とそれがもたらすインパクトは甚大で，医学や創薬などの分野に「ビッグデータ」革命をもたらし，さまざまなパラダイム変換を起こしつつある．本稿では特に先行している米国での展開の詳細な把握を通して，ゲノム・オミックス医療，Precision Medicine，ゲノム・コホートなど，医学・医療へのゲノム・オミックス・ビッグデータのインパクトを論じるとともに，real world data に基づく新しい創薬戦略など創薬分野への影響についても論じる．

はじめに

ヒトゲノム解読計画の終了と相前後してさまざまな網羅的分子情報（multi-omics）の測定が可能になり，ゲノムのみならず，mRNAの総体であるトランスクリプトーム（transcriptome），細胞内タンパク質の総体であるプロテオーム（proteome），代謝物質の総体であるメタボローム（metabolome）のほか，新しい種類の網羅的分子情報（例えばmicroRNAの総体miRomeや腸内細菌metagenomeなど）を含む多様な網羅的分子情報が収集できるようになった．2007年から本格的に開始された次世代シークエンサーによる「シークエンス革命」は，ゲノム配列情報収集の効率を飛躍的に高めただけでなく，RNAシークエンスなど，ゲノム以外のオミックス計測にも大きな影響を与えつつある．

このようなヒト網羅的分子情報の急激な発展，特に疾患に関連したゲノム・オミックス情報の膨大な蓄積とそれがもたらすインパクトは甚大で，広く医学・医療および創薬や健康などの関連分野に「ビッグデータ革命」をもたらし，医学・医療の土台が根底から変革される時代が到来しつつある．本稿では，「新しいタイプのビッグデータ」がもたらす医学・創薬へのインパクトとして，ゲノム・オミックス医療の臨床的実現と，ビッグデータを用いた創薬について論じる．

[キーワード&略語]
マルチオミックス，ゲノム・オミックス医療，Precision Medicine，ゲノム・コホート，次世代シークエンス

EBM：evidence-based medicine
LHS：learning health system
RCT：randomized controlled trial

Impact of multi-omics "big data" to medicine and drug discovery
Hiroshi Tanaka：Tohoku Medical Megabank Organization, Tohoku University/Medical Research Institute, Tokyo Medical and Dental University（東北大学東北メディカル・メガバンク機構/東京医科歯科大学難治疾患研究所）

1 「新しいタイプのビッグデータ」としてのゲノム・オミックス情報と従来の医療情報型ビッグデータとの本質的な相違

マルチオミックス情報，あるいはゲノム・オミックス情報と呼ばれる^注網羅的分子情報による「新しいタイプのビッグデータ」は，これまでの〈従来型の医療情報〉，すなわち検査・処方などの診療情報や疫学調査などの社会医学情報と違い，根本的に新しい性格の情報で，〈ビッグデータの収集の目的〉も〈データ解析の基本性格〉も質的に異なり，これまでの医学・医療に大きな変革をもたらしつつある．まず，この違いをしっかりと認識しないと網羅的分子情報の「ビッグデータ革命」の真の意味を理解できない．

1）ビッグデータ収集の目的の違い

まず重要な違いは，ビッグデータを収集する目的の違いである．従来の医療情報においては，大量のデータを集める目的は，「個々の事例だけからでは『見えない』〈集合的な法則性〉を認識する」ことにある．これは医学統計や疫学調査の伝統的な目的でもある．それに対して，新しいタイプの医学ビッグデータ，すなわち，ゲノムやオミックス情報などの網羅的分子情報を大量に（例えば多くの患者について）収集する目的は，個別化（層別化）医療の実現の基礎を築くことをめざしている．ゲノム・オミックス情報の発展により，多くの疾患（例えば肺がんや乳がんなど）で，疾患の原因となる異常発現受容体の種類や機能タンパク質の変異の違いに応じて，同一の病名で括られる疾患においても，疾患形成の分子機構から有効な薬剤選択および予後や転帰のパターンまで，一まとまりとなった，複数の異なった層別化パターン（疾患subpopulation）が存在することが見出されてきた．個別化医療の実現のために，同一疾患名で括られる疾患に，どれだけの層別化（個別化）パターンが存在するか，ヒトのデータであるから，患者の症例を具体的に大量に集めないとこれを遺漏なく認識することはできない．すなわち，

新しいビッグデータは，疾患の〈個別性〉を広く認識することを目標として収集され，従来のように多数の例による〈集合的法則性〉の認識をめざしていない．同一病名の患者集団を一様な集団と考え，同一の薬剤による治療，すなわち〈one size fits for all〉のpopulation医学は，疾患の多様な個別性が認識された現在，もはや成立しない．近年のゲノム・コホートや大規模Biobankの国際的な波及もこのことの重要性を認識したことが動因となっている．

2）データの情報解析の違い

新しいタイプのビッグデータは，従来とは異なった情報解析法をわれわれに課している．従来の医療情報では，計測される属性項目数（p）は大体の場合，1人の個体に対して数十項目程度である．これに反して測定個体数（n）は，例えば，千人から万人単位あるいはそれ以上である．すなわち個体数は多く，n>>pでデータ全体には冗長性があり，統計解析には意味があり回帰分析などの多変量解析も有効である．これに対してゲノム・オミックス情報は，1個体（患者）に，全ゲノム（30億塩基）をはじめとするマルチオミックス情報を測った場合，数十億の属性項目数のデータが得られる．しかしこの膨大な種類のデータに比して測定可能な個体数は大規模なバイオバンクでも数十万である．すなわち圧倒的にp>>nで，データ個体数の不足のため通常の統計解析はしばしば無効であり，多変量解析もそのままでは適用できない．ゲノムワイド関連解析（GWAS）が現在のところ，一塩基多型（SNP）ごとの単変量的な統計検定を羅列して表示する（例えばManhattanプロット）ことしかできず，複数SNPについて多変量的連関性に基づいて統計分析ができないのもこの理由による．これらのビッグデータから知識を収集するためには，人工知能のような探索的知識発見法が期待されている．

2 ゲノム・オミックス情報の医療「ビッグデータ」時代へ —米国での展開を例に

この新しいタイプの医学ビッグデータ時代の到来は，どのように医学・医療および創薬や健康戦略を変えていくのか．わが国では，この新しいタイプのビッグデー

注　マルチオミックス情報は，生殖細胞系列ゲノムなどの変異や多型性と，がんゲノムやトランスクリプトームやプロテオームなどの体細胞の変異やプロファイル（後天的体細胞オミックス）とでは根本的に性質が違うので，それらを区別してここではゲノム・オミックス情報と呼ぶ．

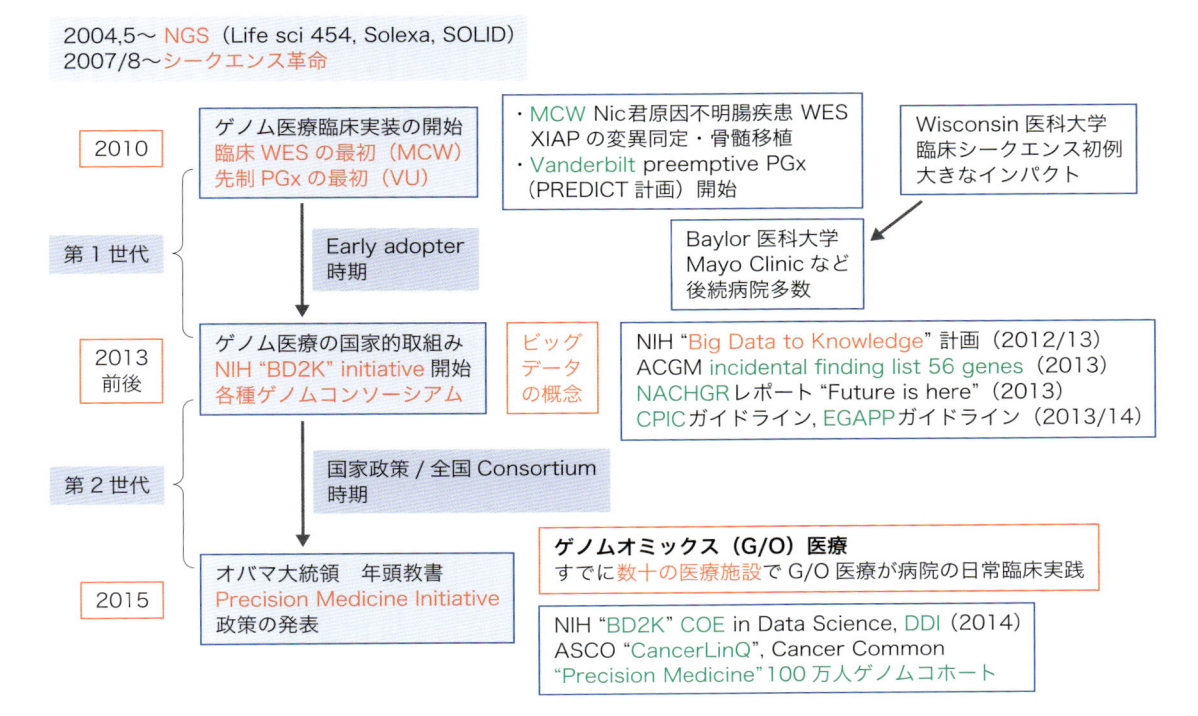

図1 ゲノム・オミックス医療の世代的展開とゲノム・オミックス情報のビッグデータ

タの波がまだ本格的には押し寄せてはいないが，その到来は時間の問題だと思われる．この新しい「ビッグデータ」の出現は，ゲノム・オミックス情報を診断や治療方針の決定のために日常臨床で活用する時代がはじまったことに起因する．

米国では，ゲノム・オミックス医療の臨床実装は2010年にはじまり，すでに5年の歴史がある．米国のゲノム・オミックス医療，「ビッグデータ」出現，Precision Medicineへ至る展開はわが国における今後の「ゲノム・オミックス情報のビッグデータ」への対応を見出すためにも重要である．図1に概要を掲げたが，ここでは簡単に各世代を述べてみよう．

1）創成期：次世代シークエンサーのインパクトとゲノム・オミックス医療の臨床実装の開始（Early Adopterの時代，2010～2012）

ヒトゲノム解読計画が終了して2,3年も経たない時期に次世代シークエンサーが出現し，2007年頃から，ゲノム配列解読能力向上が急速に発展して「シークエンス革命」と呼ばれるようになった．この「シークエンス革命」から数年のうちに，その臨床実装がはじまった．最初の次世代シークエンスの臨床応用はウィスコンシン医科大学（MCW：Medical College of Wisconsin）の小児病院である．

対象となった症例は当時4歳の男児で，原因未知の炎症性大腸疾患で腸の至るところに潰瘍が発生していた．クローン病などの既知の関連遺伝子を調べたが異常な変異はなく，2年間で130回の手術を行い，もはやこれ以上行う治療がない状態になったので，MCWの治療チームはその当時注目を集めていた次世代シークエンサーによるゲノム配列解析を行うことを考えた．全エキソーム配列解析では，男児のゲノムに16,000個の遺伝子変異を見出したが，変異データベースとの詳細な照合を通して，唯一の未知の変異として，XIAP（X連鎖アポトーシス阻害）遺伝子の1塩基変異を見出した．このタンパク質はアポトーシス阻害だけでなく腸を対象とする自己免疫を阻害する機能があり，免疫系に関する異常であることから，2010年6月臍帯血による骨髄（造血幹細胞）移植を行い，移植後わずか42日で寛解した[1]．

次世代シークエンス解析が男児の命を救ったこの事

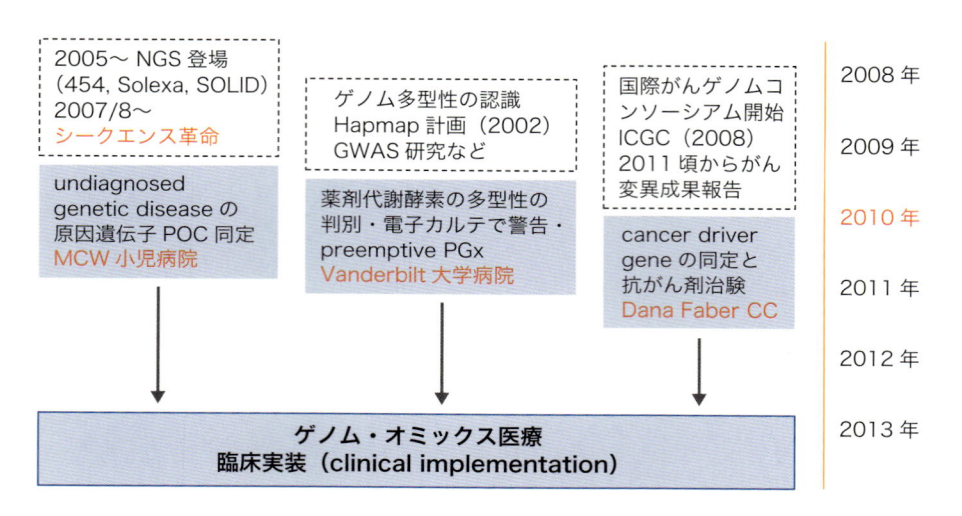

図2 ゲノム／オミックス医療の主要な系統（米国での例）

例の報道[2]は同年12月に全米を駆け巡り，いわゆる未診断疾患（undiagnosed disease）を臨床の現場（POC：point of care）で次世代シークエンサーによって原因遺伝子を同定する方式の有効性が全米に広く認識された．MCWは，その後genome sequence programを病院内に設立し，シークエンス解析が有効な患者候補を選択して診断治療する方式を実施し，いくつかの米国の保険会社はこの方式に保険償還することを認めた．2015年7月までMCWの関連成人病院も含めて，計32件の全ゲノム配列解析（WGS），550件の全エキソーム解析（WES）が行われている．

MCWの成功例に影響されて多くの大学関連病院が臨床シークエンスに着手した．報道から1年も経たない2011年の10月にはBaylor医科大学（BCM：Baylor College of Medicine）が，臨床シークエンス解析による診療を行うWhole Genome Laboratoryを院内に構築した[3]．BCMでは，最初から米国の臨床検査制度管理基準であるCLIA/CAP基準を満たした全ゲノム検査室を院内に立ち上げた．その後も続々と有名病院が後続し，現在では数十という病院が臨床実践のルーチンとして臨床シークエンス解析による診療を実施している．

2）ゲノム・オミックス医療の現在の主要な方式

現在の米国で行われているゲノム・オミックス医療は主に次の3つの系統である（図2）．

i）原因不明遺伝子関連疾患（undiagnosed genetic disease）の原因遺伝子同定

MCWからはじまった，原因不明の遺伝子関連疾患（未診断疾患）の原因遺伝子を臨床の現場で次世代シークエンス解析によって同定する方法で，疾患原因遺伝子のパネルを使用する段階から，全エキソーム解析（WES）さらに全ゲノム解析（WGS）までさまざまなレベルがある．このプロジェクトは他の国も行っており，英国（DDD：Deciphering Developmental Disorders）[4]，カナダ（FORGE：Finding of Rare Disease Genes）[5]でも進められている．

ii）薬物代謝酵素の多型性の同定と薬剤選択支援

次世代シークエンサーの利用ではないが，同じく2010年9月からVanderbilt大学病院（VU）で開始された「先制的ゲノム薬理（preemptive PGx）」[6]も広く全米に普及しつつある．このプロジェクトの最初の対象薬剤は，クロピドグレル（抗血栓剤）である．心筋梗塞などの経皮的冠動脈形成のステント留置療法において，心筋梗塞の二次的予防に本剤は使用されるが，薬剤代謝酵素CYP2C19の多型性によって，薬効を発揮しない患者が存在し，この場合投与しても血栓再形成による二次的心筋梗塞の可能性が高い．Vanderbilt大学病院では，あらかじめ市販のDNAチップによって測定した34種類の患者の薬剤代謝酵素多型性を電子的に記録しておいて（先制PGx），担当医がクロピドグレルを処方したときに患者の多型性のデータを見

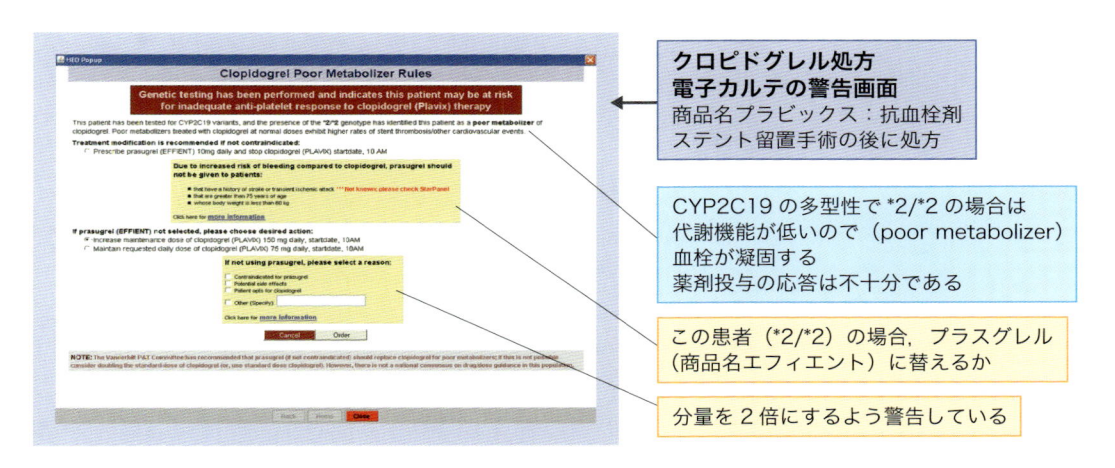

図3　Vanderbilt大学病院：代謝酵素多型性判定による電子カルテ警告画面

に行き，薬効が低い多型の場合，電子カルテシステムにおいて用量を増やすか，他剤を推薦する（図3）．

iii）がんのドライバー変異の同定と分子標的薬剤の選択

2006年にNCI（米国がん研究所）とNHGRI（米国ヒトゲノム研究所）は，次世代シークエンス解析を通じてがんの分子的機序を解明するTCGA（The Cancer Genome Atlas）計画を開始した[7]．引き続いて2008年から，国際がんゲノムコンソーシアム（ICGC：International Cancer Genome Consortium）[8]が立ち上がり，臨床的に重要な50種類のがんに関して500症例のゲノムシークエンスを各国が分担してがんゲノム体細胞変異の包括的なカタログを作成するプロジェクトが開始された．わが国では，理化学研究所・国立がん研究センターが肝臓がんを分担している．これらのプロジェクトの成果が出はじめた2011〜2012年，米国の有名がんセンター，すなわちDana-Faber/Brigham and Women'sがんセンター，さらにMemorial Sloan-KetteringやMD Andersonなどの著名ながんセンターなどで，がん患者のがんドライバー変異（driver mutation）を全ゲノムシークエンス解析によって同定し，それを分子標的とする抗がん剤治療（市販されていない場合は治験への割付け）がはじまった．この方式のゲノム・オミックス医療は，その後多くの病院に広がり，米国では保険償還されている．

3）転換期：新しいタイプのビッグデータの登場と国家プロジェクト/コンソーシアム（Big Data and Nation-wide Policy/Consortiumの時代, 2013〜2016）

i）国規模のコンソーシアム/ワークショップ

米国のゲノム・オミックス医療も先陣争いの時代が過ぎ，数十の病院に普及しはじめると，2013年前後からそれぞれの臨床実装病院が集まって共通の問題を論じるようになり，WG（ワーキンググループ）やコンソーシアムがつくられるようになった．まずNHGRIが主導して，ヒトゲノム研究顧問評議会（NACHGR）が設立されいくつかのWGがつくられた．その他，ゲノム医療関係者が連携して，EGAPP[9]が遺伝子検査の有効性に対する評価と推奨，CPIC[10]が薬剤代謝酵素の多型性の知識収集と評価など，いくつかのコンソーシアムが立ち上がった．また，米国ゲノム医学会は，全ゲノムシークエンスしたときに目的とした遺伝子変異以外に偶然見出した，主に単一遺伝病に関する遺伝子変異（偶発的所見 incidental finding）についてどこまで患者に結果回付（RoR：return of result）すべきかに関して治療行為可能（actionable）な56個の遺伝子変異に関して回付すべきと提言し，国際的に大きな議論の対象となった[11]．

ii）NIH "BD2K：Big Data to Knowledge" プロジェクト

さらに次世代シークエンスによる全ゲノム情報や全エキソーム情報の蓄積は急速で，NCBIのSRA

（Sequence Read Archive）データベースの容量は2,000兆塩基にもなり，このように大量に蓄積されたゲノム配列データをどう有効利用するか，医学において新しいタイプの情報によるビッグデータ時代が到来した．

NIHは傘下の27研究所共通の課題として，生命医学の新しいタイプのビッグデータの蓄積に対して，これから知識を生成する国家的プロジェクトBD2Kを2013年から開始した[12]．具体的には2014年全米の医療ビッグデータサイエンスに関するCOEを選出し，医療データサイエンティストの人材養成計画を策定するとともに，データがどこにあるか，その所在を提示するindex（DDI：data discovery index）作成等について予算措置している．このように，新しいタイプの「ビッグデータ」の登場を受けて，米国が国家的取り組みの必要を認識し，国規模のコンソーシアムや国家プロジェクトのもとに促進する体制が構築された．

4）新たな国家政策：オバマ大統領のPrecision Medicine Initiative（PMI）

オバマ大統領は，2015年の1月一般年頭教書において，Precision Medicine（PM：精密医療）の政策を実施することを発表した[13]．このPMの概念はこれまで提唱されていた個別化医療（Personalized Medicine）と以下の点で相違する．PMもpopulation medicineを否定し，患者個別の疾患に適合した（tailored）医療をめざす点では共通している．しかし，個別化医療が患者個人ごとの医療という意味に誤解されやすい点を改善し，個別化医療とは，本来，「疾患の分子機序，治療（薬剤）感受性，予後や転帰を含めた〈層別化パターン〉が，疾患には複数存在し，患者個人がどの層別化パターンに属するかを把握して診断治療を実践する」意味であることを明示するために，PMという概念が提示された．その他にも従来の個別化医療の概念を超えるいくつかの新しい取り組みがある．①疾病の発症は，一般の病気では，遺伝的素因だけでなく，環境・生活習慣要因（exposome）との相互作用（GxE）によって発症すること，②最近発展している日常的生体モニタリングいわゆるモバイルヘルス（mHealth）による継続的測定は生涯的な健康管理において新たな情報空間を開きつつあること．しかし，もっと重要な提案は，③PMの実現のためにヒトの大量のデータが必要で，ゲノム・コホート／バイオバンクに蓄積されるゲノム・オミックス情報，および，それに対応する臨床表現型（clinical phenome）や環境情報（exposome）がPMを存立させる基盤情報として重要であることの認識である．NIHもこれに気づいて欧州（そしてわが国）に遅れながらも，100万人の自発的なゲノム・コホート研究を開始すると宣言した．

このような米国での世代論的な展開を踏まえて，わが国では「ゲノム・オミックス情報によるビッグデータ」に対してどのように取り組めばよいのか，次に議論してみよう．

3 「ゲノム／オミックス情報のビッグデータ」による医療・創薬のパラダイム変換

1）ゲノム・オミックス情報の「ビッグデータ」がもたらす臨床科学のパラダイム変換としての「real world dataサイエンス」

臨床表現型情報のほかに，疾患成立機序により関与が深いゲノム・オミックス情報が「ビッグデータ」として大量に収集され利用できる状況になると，これまでの医学・医療においてもさまざまなパラダイム変革が起こりつつある．1つは，すでに述べた「個別化（層別化）医療」としてのPrecision Medicineであるが，もう1つの重要なパラダイム変換は，これまで無作為試験RCT（randomized controlled trial）やエビデンスに基づく医療EBM（evidence-based medicine）を金科玉条としていた臨床科学・臨床研究のあり方への反省である．

臨床研究を科学にするために，これまで多くの努力がなされ，RCTやEBMも成果である．例えば臨床試験においては，母集団を試験することは不可能であるとして，無作為に抽出された標本集団での試験とその成果からの不偏的な統計的推測が基本原理とされた．しかし，疾患成立機序や薬剤作用機序に近いゲノム・オミックス情報が大量にビッグデータとして収集・利用できるようになってくると，RCTのような人工的で「箱庭のような」データ（実際米国の薬剤治験では，高齢者，妊婦，黒人は排除されている）にかかわるよりも，医療現場で，医療を実践しつつ，母集団に近い大量のreal world dataを収集して知識生成するLHS（learning

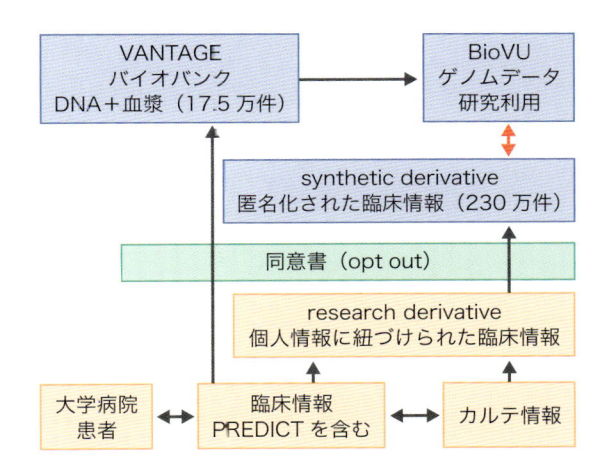

図4 Vanderbilt 大学病院の learning health system

synthetic derivative：電子カルテから匿名化，臨床表現型のデータベース230万件．BioVU：synthetic derivative と連結可能なゲノムDNA情報．VANTAGE：検体17.5万件，血液検体からDNA抽出・ゲノム解析，バイオバンク運営．

health system：「学習する医療システム」）[14] という新たなパラダイム提案に期待が集まっている．

これだけ疾患や薬剤応答の個別性の認識が一般化した現在，すべての個別性（層別化）を考慮した，薬剤治験集団を組織することは現実的には不可能である．例えば，Vanderbilt 大学では，研究のために一定のプロトコールに従った集団を集めるのではなく，日常的に来院する患者データを用いて GWAS やゲノム医療の研究を遂行している．臨床表現型情報は患者の電子カルテより phenotyping し匿名化して収集したデータベースを構築し，ゲノム情報は，臨床検査のときに少し余分に採血した血液を利用して全ゲノムシークエンスを行い BioVU というバイオバンクに蓄積する[15]．このような収集したゲノム情報と臨床表現情報の相関関係を分析することによって，個別化医療の研究や知識収集を行っている．RCT ではなく real world data に基づいて臨床研究を推進する方式が構築されつつある（**図4**）．

2）新しい医療・創薬に向けたゲノム・コホートのビッグデータの利用

わが国でも，2015年に活動を開始した医療研究開発機構（AMED）が，次世代シークエンサーによる希少未診断疾患の原因遺伝子の同定を目的とするIRUD（Initiative on Rare and Undiagnosed Disease）プロジェクトを開始している．また，国立がん研究センター東病院や静岡県立がんセンターのがんドライバー変異の全ゲノム解析による同定と分子標的薬による治療は有名である．国立がん研究センターは，SCRUM-JAPAN という産学連携全国がんゲノムスクリーニングプロジェクトへと発展し，肺がん・消化器がんを対象にマルチプレックス診断パネルを実施している．昨年の遺伝子医療部門連絡会議でのアンケート結果では，12の遺伝子医療部門が，前述の3つのゲノム/オミックス医療の方式のいくつかを行っていることがわかった．わが国の行政も，ゲノム医療実現推進協議会を組織し，2015年の7月には中間報告も提出された．このように数年遅れたが，米国を後追いするプロジェクトが2015年度から本格化した．2015年はわが国における「ゲノム医療元年」といえる．

しかし，これらはすべて米国で数年前に実践をはじめた計画である．わが国がゲノム・オミックス情報のビッグデータ利用を世界に主導する方向は，米国のPMIが2015年になってその必要性に気づいた〈「ゲノム・コホート」に蓄積されたゲノム・オミックス情報と臨床・環境情報の「ビッグデータ」の利用〉である．わが国ではBioBank Japanなどの疾患コホートは2003年に，全ゲノム情報や三世代情報も集める東北メディカル・メガバンク計画は2012年に開始している．欧州では，全ゲノム解析を行うコホート（Genomics England[16]）は2012年から開始されているので，わが国も決して遅れてはいない．新しいタイプのビッグデータは，表現型情報だけでなくゲノム・オミックス情報も収集している．いわば疾患を「外側から」と「内側から」観察しているビッグデータである．これまでの従来型の医療情報ビッグデータでは「外側の」情報のみで副作用事象程度しか発見できなかったが，ゲノム・コホートのビッグデータを利用することによって，「内側の」情報を入手でき，生体，機序に基づいた，新しいゲノム・オミックス医療や創薬の開発に利用可能である．これまでの少ないデータによるRCT至上主義的な臨床研究の桎梏を脱して，大量のreal world big data を用いた新たな臨床研究のパラダイム形成が期待される．

文献

1) Worthey EA, et al：Genet Med, 13：255-262, 2011
2) Johnson M & Gallagher K：One in a billion: a boy's life, a medical mystery. the Journal Sentinel, http://www.jsonline.com/news/health/111641209.html, Dec 18, 2010
3) Yang Y, et al：N Engl J Med, 369：1502-1511, 2013
4) Firth HV & Wright CF：Dev Med Child Neurol, 53：702-703, 2011
5) Beaulieu CL, et al：Am J Hum Genet, 94：809-817, 2014
6) Pulley JM, et al：Clin Pharmacol Ther, 92：87-95, 2012
7) Heng HH：Bioessays, 29：783-794, 2007
8) Hudson TJ, et al：Nature, 464：993-998, 2010
9) Evaluation of Genomic Applications in Practice and Prevention（EGAPP）Working Group：Genet Med, 16：217-224, 2014
10) Relling MV & Klein TE：Clin Pharmacol Ther, 89：464-467, 2011
11) Green RC, et al：Genet Med, 15：565-574, 2013
12) Margolis R, et al：J Am Med Inform Assoc, 21：957-958, 2014
13) Collins FS & Varmus H：N Engl J Med, 372：793-795, 2015
14) The learning healthcare system: workshop summary〔Institute of Medicine（US）〕, National Academies Press (US), Washington（DC）, 2007
15) Roden DM, et al：Clin Pharmacol Ther, 84：362-369, 2008
16) Genomics England, http://www.genomicsengland.co.uk

＜著者プロフィール＞
田中　博：1981年，東京大学大学院医学系研究科修了．医学博士．'82年東京大学医学部講師，東京大学大学院工学系研究科より工学博士を授かる．'87年浜松医科大学助教授，'90年米国マサチューセッツ工科大学客員研究員，'91年東京医科歯科大学教授（難治疾患研究所）．2006～'10年同大学大学院生命情報科学教育部長，大学評議員．'15年同大学名誉教授，東北大学東北メディカル・メガバンク機構，機構長特別補佐・特任教授．

第1章　ビッグデータと生命科学

6. ビッグデータと生体力学シミュレーション

高木　周

本稿では，CT, MRI, 超音波などにより取得された医用画像データをもとにした生体力学シミュレーションにより，疾患の早期発見と低侵襲治療を達成するための次世代型の予測医療について説明する．特に，ビッグデータとなる大量の画像データから，効率よく生体力学シミュレーションを実施し，診断・治療に結びつける方法について，超音波の場合を事例にあげて説明する．また，より複雑な問題として，タンパク質分子の働きなどを考慮に入れた階層統合の事例として，血栓症における血流下での血小板粘着のモデリングや，今後期待される脳神経系と筋骨格系の連成についても紹介する．

はじめに

　血流や臓器・筋骨格系のふるまいに対するシミュレーション技術の開発は，重篤な病態に対する高度医療を達成するために重要な意味をもつだけでなく，高齢化社会における健康寿命の延伸のためにより必要となる，疾患の早期発見，早期治療にとってもきわめて重要な意味をもつ．特に，MRI, CT, 超音波などで取得された大勢のヒトの医用画像データに基づくシミュレーションにより，病態の予測や治療の計画，術後の予測などを行えるようになることが期待されている．本稿では，そのような大量の医用画像データ（ビッグデータ）から構築される人体に対して，生体力学シミュレーションを通して病態の予測と治療の支援を行う次世代型の予測医療について説明する．

[キーワード&略語]
生体力学，医用画像，スーパーコンピューター，階層統合，超音波

FDTD：Finite Difference Time Domain
GPIbα：glycoprotein Ibα
HIFU療法：High Intensity Focused Ultrasound therapy（強力集束超音波療法）
PML：perfectly matched layer
VWF：von Willebrand Factor

1　医用画像データと生体力学シミュレーション

1）生体力学シミュレーションとは

　生体力学に関するシミュレーションは，筋骨格系・臓器の変形から血流まで，生体の力学にかかわる動的挙動を再現し，そのメカニズムを解明すること，さらに，その結果を医療に応用する部分までをシミュレーションの対象としている．この際，生体力学シミュレーションに特有かつ重要となるのが，MRI, CT, 超音波などの医用画像データをもとにした解析である．多く

Big data and biomechanical simulations
Shu Takagi：Department of Mechanical Engineering, Graduate School of Engineering, The University of Tokyo（東京大学大学院工学系研究科機械工学専攻）

全身　　筋骨格系　　骨＋内臓　　血管等

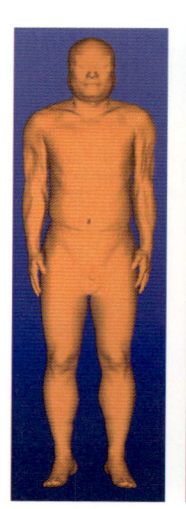

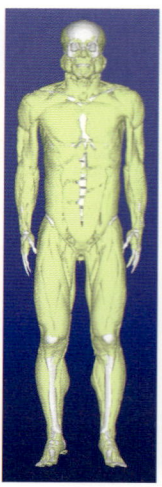

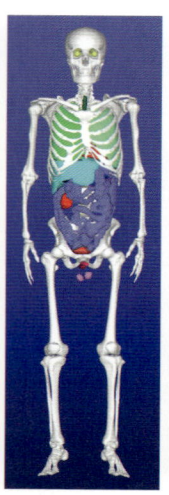

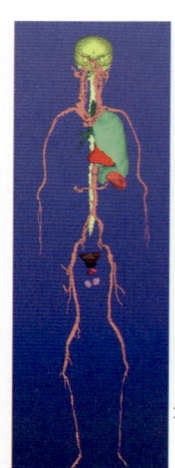

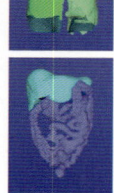

上段：呼吸器系
下段：消化器系

上段：神経系
下段：泌尿器系

図1　MRI，CTの画像データより構築された人体ボクセルデータ
（独）理化学研究所提供．

の場合に，医用画像データより得られた静的な画像データに対し，その動的挙動をあらわす支配方程式（質量保存式と運動量保存式など）を解くことにより，動的挙動を予測する．**図1**に実際にMRI，CTの医用画像データから再構築された人体データの一例を示す．このデータはボクセル形式で保存されている．ボクセル形式とは，二次元の画像データにおけるピクセルの概念を三次元に拡張したものであり，データを構成している各点には，画像データとしての輝度値などが与えられている．**図1**に示したデータでは，さらにボクセルの各点に対して，その点がどの臓器に属し，どのような物性値をもつかの情報も与えられている．人体のボクセルデータとしては，米国国立衛生研究所（NIH）で管理しているVisible Human（ビジブルヒューマン）のデータ[1]が有名である．Visible Humanのデータは人体の解剖データに基づいており，高解像度のものは0.174 mm刻みでデータが与えられている．韓国においても，Visible Korean Human Project[2]と呼ばれるプロジェクトが進んでおり，0.1 mm刻みで人体を解像した人体モデルのデータが公開されている．さて，上記のVisible HumanやVisible Korean Humanのプロジェクトでは，高精細なデータを提供しているが，これは死んだヒトを凍結させた後，スライスすることにより構築したデータであり，実際に生きているヒト

から構築されたデータではない．すなわち，患者個々の身体的特性をとり入れる必要がある場合には，このままこのデータに基づくシミュレーションの結果を用いることはできない．これに対し，**図1**のデータは，生きているヒトのデータに対して，X線CT，MRIを用いて取得された画像データをもとにコンピューター上に人体を再構築したものであり，このようなデータに動的な動きを再現する力学の方程式を合わせて解くことにより，例えば，放射線治療や超音波治療などで放射線や超音波を照射する方向や強度を検討するのに用いる，あるいは，動脈瘤や狭窄部位のある血管に対してコイルやステントを挿入した後にどのように血流・血圧が変化するかを予測するといったことを患者ごとに検討することが可能になる．ただし，**図1**に示したデータは，解像度は0.5 mm刻みとVisible HumanやVisible Korean Humanのデータに比べ粗くなるため，実際に患者ごとのデータに基づく病態の予測と治療法の検討の観点からは，この程度の解像度のデータを用いて何ができるかを検討するのが重要になる．

2）医用画像データを用いた超音波治療シミュレーション

図2に筆者らが開発してきた強力集束超音波治療シミュレータを示す．強力集束超音波療法（High Intensity Focused Ultrasound therapy：以下HIFU療法）とは，体外より照射した超音波を目的部位に集束させ，

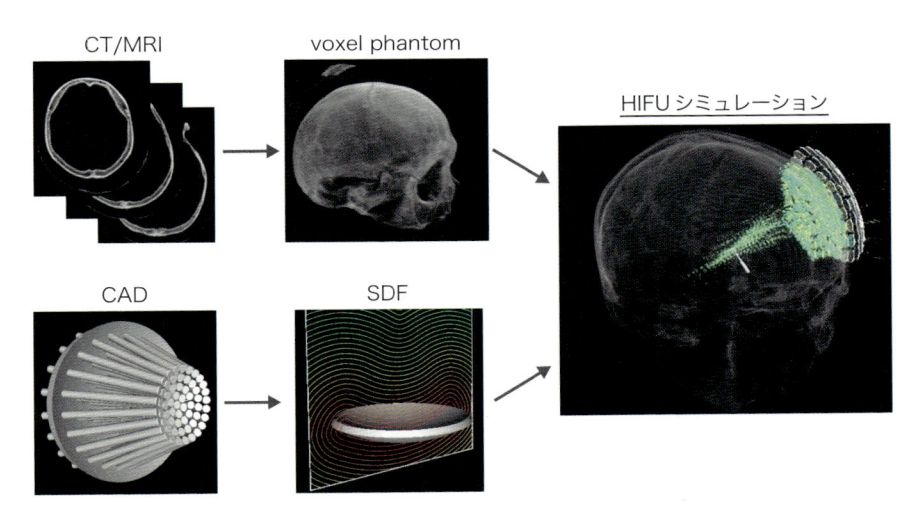

図2 医用画像データとCADデータを利用した超音波治療シミュレーション

組織を加熱凝固により壊死させる治療法で，子宮筋腫や乳がん，前立腺がんの治療などに用いられてきている．近年，このHIFU療法を肝腫瘍や脳神経疾患等の体深部の治療にも適用するための治療器が，欧米の企業を中心に続々と開発されてきており，信頼性の高い技術として実現されれば，切開手術が不要な低侵襲な治療法として大きな意味をもつ．さて，HIFU療法を体深部の治療に用いる際に問題となるのが，皮膚や脂肪および臓器による超音波の減衰と，骨（頭蓋，肋骨）や多媒質からなる組織間の界面における超音波の反射・屈折である．特に，骨による反射・屈折の影響は，脳腫瘍や脳神経疾患に対して頭蓋骨越しに超音波を照射する治療法の可能性を評価するのにきわめて重要な要素となるが，実際の治療を行う際は，患者ごとに骨の厚みや形状が異なるため，患者ごとの身体的特性に基づいた検討が必要となる．このような場合に，患者の医用画像データを用いてシミュレーションを実施することにより，時間反転法と呼ばれる手法を用いて，多数の超音波発信パネルを用意し，その位相を変化させることにより，精度よく焦点制御を行う方法がある．

シミュレーション手法の詳細は省略するが，ここで紹介する数値計算手法は，圧力伝播に関する基礎方程式を有限差分法に基づいて空間に4次精度中心差分で離散化し，Finite Difference Time Domain（FDTD）法[3]に準じた方法で時間積分を行っている．また，境界条件には，境界における超音波の反射を防ぐためにperfectly matched layer（PML）[4]を用いている．数値計算の詳細については，文献5を参照されたい．ここで紹介する時間反転法ではこの数値計算手法を用いて，まずターゲット（腫瘍）の位置に音源を置いたシミュレーションを行い，その音源から超音波照射パネル（素子）の位置に超音波が到達するまでの時間を見積もる．次に，到達時間のずれから，各素子に与えるべき位相差を見積もり，超音波発生素子から逆向き，すなわちターゲットに向かって超音波を照射すると，ターゲット近傍で焦点を結ぶことになる．筆者らは，この手法を用いて，これまで，実際に生きているヒトの頭部のCTデータや乳房に対して腫瘍焼灼を想定した超音波照射のシミュレーションを行い，その有効性を示してきた．計算規模について簡単に触れておくと，ここで示した例は120 mm × 160 mm × 120 mmの計算領域に600 × 800 × 600（＝2.88億点）の格子点をとり，1 MHzの超音波を照射した計算である．実際に治療用に焦点領域を絞るためには，超音波の周波数を上げることが1つの方法として考えられるが，高周波超音波を照射した系や，高照射圧で焼灼し非線形性が強く現れる系では，数値計算用にさらに解像度が必要となり，10^{10}～10^{15}個程度の格子点が必要となる．このクラスの計算になると，「京」コンピュータークラス以上の大型計算機が必要となる．

ここで示した事例は，超音波治療装置の開発および治療計画に向けたシミュレーションであるが，超音波

の医療応用の観点から，治療器に加えて大きく期待されているものとして，より高精細な超音波診断法の開発があげられる．筆者らのグループでは現在，乳がんを対象とした超音波CTに関する新たな技術開発を行っているが，この場合にもシミュレーションが機器開発および得られたデータの解析に大きな貢献をする．特に診断への適用の場合には，大勢のヒトに関する医用画像データを高速に処理し，疾患の早期発見を行うことが重要であり，なるべく自動化されたプロセスで医用画像データからシミュレーションまで行え，診断結果が与えられることが大きく期待されている．

3）医用画像ビッグデータに適した生体力学シミュレーション手法

生体力学シミュレーションの手法として広く用いられている数値計算手法は，有限要素法[6]である．有限要素法では，計算の対象となる空間を有限サイズのメッシュ（要素）で埋め尽くして計算を行う．さまざまな形状に対して適応性に優れていることから，二次元問題の場合には三角形要素，三次元問題の場合には四面体要素が用いられる場合が多い．有限要素法は，そのように用意された要素に対して，支配方程式である質量保存や運動量保存の式に重み関数をかけて積分した数学的には弱形式と呼ばれる式を解き近似解を得る手法であり，関数解析と呼ばれる分野とも深く関連した数学的にも興味深い手法である．さて，実際に有限要素法による計算を行う場合には，臓器や血管壁などの形状に沿って計算メッシュ（要素）の生成を行う．有限要素法は，適切なメッシュ生成が行われれば，十分信頼できる結果を提供することが可能であり，実際の設計の現場でも広く用いられている．特に工業製品では，設計図のデータがCADデータとして電子化されているため，そのままCADデータの正確な位置情報を利用してメッシュ生成を行い，解析を進めることができるメリットがある．一方，生体の場合には，そのような意味での設計図面は存在しない．多くの生体が同一の名称の組織・器官を有しているが，その形状や大きさはそれぞれの個体でまちまちであり，またCT，MRI，超音波などで取得された医用画像データには必ず誤差が含まれ，数百ミクロン以下のサイズにおける正確な寸法評価も困難となる．

さて，このような医用画像データをもとにして，有限要素法によるシミュレーションを行うことを考えた場合には，まずは画像データのピクセルごとに与えられる輝度値などの情報から，それぞれの組織・臓器の外形の抽出さらには抽出された外形を境界にもつメッシュの生成が必要となる．このメッシュ生成にはさまざまなノウハウが存在するため，ヒトごとに異なる形状をもつ部位などの自動化が難しく，実際に時間がかかるのはコンピューターを用いたシミュレーションの時間そのものよりも，メッシュ生成に費やす時間である場合が多い．特に大量の画像データに対する診断での利用を考えた場合，そのようなメッシュ生成のノウハウをもつ技術者を各医療機関で大勢確保するのは困難であると考えられるため，医用画像データから直接，生体力学シミュレーションを行えることが重要となる．このことを背景に，筆者らは，医用画像ビッグデータを用いた大勢のヒトに対する個別シミュレーションに向け，メッシュ生成のプロセスの必要ない，新しい流体構造連成手法を開発した．この手法では，血管や臓器の変形に伴う境界形状の変化をそのまま固定した計算格子上で扱い，メッシュ生成の必要なく生体力学シミュレーションを行うことが可能となる．さらにこの手法は，スーパーコンピューターでの計算に必要となる大規模並列計算にも適した手法であり，実際に筆者らは「京」コンピューター上で世界最速の流体構造連成計算（実効速度4.5ペタフロップス）に成功している．計算手法の詳細は，文献7を参照されたい．

2 タンパク質のダイナミクスをとり入れた階層統合シミュレーション

超音波治療や放射線治療あるいは外科的手術においては，治療部位へのターゲティングにおける現象の力学的側面が重要なため，本稿でこれまで説明してきた波の伝播や物体の変形というものが重要になるが，実際の疾患のメカニズム解明には，分子生物学的知見をとり入れることが必要である．特にさまざまなタンパク質分子のふるまいを理解することがきわめて重要な意味をもつ．ここでは，前節で説明した医用画像データに適した流体構造連成手法を拡張し[8]，赤血球と血小板を含む血流の解析をし，タンパク質分子が重要な役割を果たす血栓症の初期過程である血小板粘着のシ

ミュレーションについて簡単に説明する．

血栓症は，心筋梗塞・脳梗塞を引き起こす重要な循環器系疾患である．血栓症は，動脈硬化巣などにおいて血管内皮細胞の損傷を受けた部位に血小板が吸着するところからはじまり，血小板の凝集さらには血栓の成長，血液の凝固へと進展し，血管閉塞へと至る[9]．血栓形成の初期段階である血小板凝集は，血小板が血管壁へと吸着する一次凝集と血小板が活性化し，血小板同士の吸着にまで発展する二次凝集の2つの段階に分けられる．一次凝集では，血小板表面の糖タンパク質glycoprotein Ibα（GPIbα）と血管壁に吸着しているタンパク質 von Willebrand Factor（VWF）との間の結合が重要な役割を果たしている．この2つのタンパク質間の結合は血小板と血管壁の接触面において数十から数百個程度形成され，両者を結びつけている．また，より大きなスケールで見ると，血漿・血小板・赤血球の力学的相互作用が血栓の形成に大きく関与している．図3Aに傷んだ血管壁に吸着した血小板に働くさまざまなスケールの力とそれを解析するための計算手法を説明する図を示す．この状態で血小板が，血管壁に吸着したまま血栓の成長へとつながり重篤な状態に向かうか，血流で吹き飛ばされてやがて血流中で溶解し事なきを得るかは，血小板と血管壁の間のタンパク質分子間に働く結合力の総和と血流によりもたらされる流体力の大小関係で決まる．すなわち，分子スケールのミクロな現象と流体力学レベルのマクロな現象の相互作用の結果，血小板の吸着・脱離が決定されることとなる．このように血栓の形成過程はさまざまな時空間スケールの現象が複雑に影響し合いながら進行する典型的なマルチスケール問題であるため，スケール間を橋渡しするような大規模な連成解析が必要となる．

ここでは，血管壁上のVWF分子と，血小板表面のGPIbα分子の間のタンパク質分子間の相互作用をモンテカルロ法で計算しながら，前節で説明した有限差分法に基づくオイラー型流体構造連成計算手法と連成させるマルチスケール血栓シミュレーションについて紹介する．すなわち，血流中を流れる多数の赤血球や血小板などの血球細胞については，流れ場と相互作用して変形しながら流れていく状態を流体構造連成問題として詳細に解く．さらに血小板については，膜表面のGPIbα分子と血管壁のVWF分子の分子間相互作

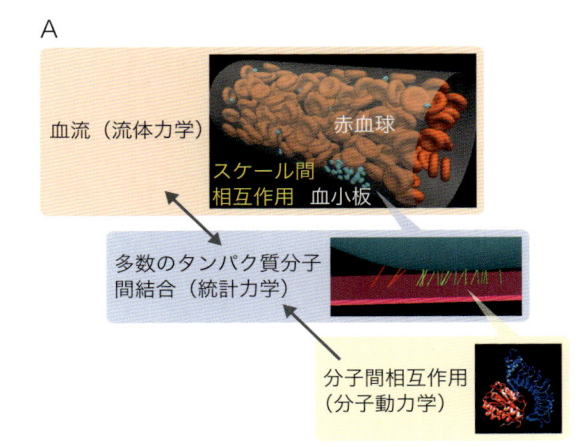

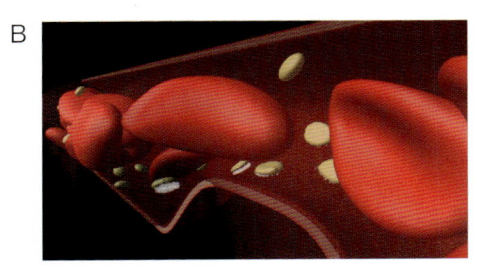

図3 血栓症における血小板粘着モデル（A）とシミュレーション結果（B）
A）血小板粘着過程のマルチスケール構造．B）動脈硬化巣への血小板粘着のマルチスケールシミュレーション（黄色いのが血小板）．

用力を分子動力学シミュレーションにより評価し，GPIbα分子とVWF分子の結合・乖離を遷移状態理論に基づいてモンテカルロ法により計算する．この結果を，血小板と壁面の間に働く力として，前述の流体構造連成の計算のなかに取り込んで連成させて解くことにより，血小板の壁面吸着まで取り込んだマルチスケールシミュレーションが達成される．動脈硬化巣を想定した凸部にvWF分子を埋め込み，血小板粘着を再現したシミュレーション結果を図3Bに示す．この結果は，血管内に血小板と赤血球が存在している場合であり，この場合は血小板の壁面への吸着が起きるが，赤血球を含めない計算では血小板の吸着は起きない．これは，赤血球が存在する場合には赤血球の存在により流れのなかに壁面垂直方向の上下方向の揺らぎが生じ，その影響で血小板が壁面側に到達できるのに対し，赤血球がない場合にはこの上下方向の揺らぎがもたらされないため，血小板は血流に沿って流れ，壁面へと

到達しない．このシミュレーション結果は，東海大の後藤らのフローチャンバーを用いた実験によっても検証されている．現在行っているプロジェクトでは，フローチャンバーの実験とシミュレーション結果を比較することにより，抗血小板薬の分子レベルでの詳細な働きを調べており，今後はこのような実験とシミュレーションを相補的に用いた統合解析がますます重要になると考える．

おわりに

本稿では，ビッグデータと関係して，画像データに基づくシミュレーションによる疾患の早期発見に関連した部分を中心に説明したが，ビッグデータや情報の分野と関連して今後大きな進展が期待されているものとして，脳神経系のシミュレーションと筋骨格系や循環器系のシミュレーション手法を連成させた解析による，疾患の解明や治療法の検討，さらには，脳機能の解明といったものがあげられる．

生体力学シミュレーションの観点からは，循環器系や呼吸器系を対象にした流体力学にかかわる分野から，骨や筋肉などを対象とした固体力学の分野まで，さまざまな研究が進められてきているが，神経系と連成させた解析はまだ少ない．これは神経系の作用が複雑で未解明なことが多く，生体力学シミュレーションのレベルで脳神経系の機能と連成させることが困難であることに起因している．一方，単純に私たちが立っているという状態を考えるだけでも，脳神経系の重要さは明らかである．脳神経の制御機能なしでは，私たちは安定に立っていることもできない．循環器系においても，神経系の重要性は言うまでもない．

さて，脳は神経細胞が100億個以上集まってつくられている臓器である．神経細胞1つの挙動を記述する方程式は，ホジキン・ハクスリー方程式[10]がよく知られている．このホジキン・ハクスリー方程式やそれを近似した簡易的なモデルでネットワークを組むことにより，脳神経系の機能をシミュレーションにより再現しようとする試みがはじまっている．従来のコンピューターでは難しかったことが，「京」クラスのコンピューターを使うことにより，少し可能になってくる．脳内での神経細胞のネットワークより生成されるスパイクシグナルが，脊髄にある運動ニューロンプールに届き，末梢からのフィードバックも受けて，α運動ニューロンにシグナルが伝わる．そのシグナルにより筋線維が収縮しその集合体としての筋肉が変形しながら力を発揮することになる．歩くという動作は，さらに視覚からの情報やその他複雑なフィードバック系を介して，脳にある神経細胞のネットワークで情報処理が行われ，転ばないように次の一歩に向けて筋肉が収縮していくことになる．さらには，疲れたときはどこに変化が現れるか，そのとき血流はどうなっているのかなど，単純に歩くという動作だけでも脳神経－筋骨格系－循環器系の役割の異なる部位の階層統合が求められることになる．医療応用の観点からだと，パーキンソン病のような脳神経疾患と運動機能障害が直接結びつくものについてようやく，「京」コンピューターを用いたシミュレーションがはじまったところである．今後は，骨折などの怪我をした際のリハビリにも，脳神経－筋骨格系－循環器系を統合的に考えて治療法の検討ができるようになることが望まれる．少なくとも統合されたシミュレーションプラットフォームで，脳神経系，筋骨格系，循環器系の連成問題が扱えるようなシステムを構築し，医療に貢献していくことが重要である．

文献

1) https://www.nlm.nih.gov/research/visible/visible_human.html
2) http://vkh.ajou.ac.kr/#vk
3) 「FDTD法による弾性振動・波動の解析入門」（佐藤雅弘／著），森北出版株式会社，2003
4) Berenger JP：J Comput Phys, 114：185-200, 1994
5) Okita K, et al：Int J Numer Meth Fluids, 65：43-66, 2011
6) 「非線形有限要素法の基礎と応用」（久田俊明，野口裕久／著），丸善，1995
7) Sugiyama K, et al：J Comput Phys, 230：596-627, 2011
8) Ii S, et al：Commun Comput Phys, 12：544-576, 2012
9) Goto S, et al：Circ J, 79：1871-1881, 2015
10) Hodgkin AL & Huxley AF：J Physiol, 117：500-544, 1952

＜著者プロフィール＞
高木　周：1995年東京大学大学院工学系研究科博士課程修了〔博士（工学）の学位取得〕．専門は流体工学，計算力学，生体力学，医用超音波工学．特に分子スケールの現象から連続体力学までを結びつける階層統合の数理モデル開発で実績をもつ．最近は，これまで開発してきたソフトウェアを活かし，臨床の現場で役に立つソフトウェアや医療機器を開発することに強い関心をもつ．

第1章　ビッグデータと生命科学

7. 研究リソースとしてのバイオデータとその活用

高木利久

オープンサイエンスの動きが世界的に加速している．わが国でもこれを推進する体制が整いつつある．これにより，生命研究においてもこれまで以上に研究データの公開，共有が進むことになる．他の研究者が産出した膨大なデータをいかに効率よく自分の研究に活かせるかがますます重要になってくる．本稿では，現在どのようなデータや解析ツールが利用可能なのか，それを使いこなすにはどうすればよいか，パーソナルゲノムデータを中心に，データリソースの現状とその活用法を紹介する．

はじめに：世界的にオープンサイエンスの動きが加速している

オープンサイエンスとは，昨年2015年3月に内閣府より出された報告書[1]によれば，「公的研究資金を用いた研究成果（論文，生成された研究データ等）について，科学界はもとより産業界及び社会一般から広く容易なアクセス・利用を可能にし，知の創出に新たな道を開くとともに，効果的に科学技術研究を推進することでイノベーションの創出につなげることを目指した新たなサイエンスの進め方を意味する」言葉である．

一言でいえば，これまでの論文のオープンアクセス

[キーワード＆略語]

オープンサイエンス，ビッグデータ，データ共有，統合プロジェクト，ヒトゲノムデータベース

DBCLS：Database Center for Life Science
（ライフサイエンス統合データベースセンター）
dbGaP：database of Genotypes and Phenotypes
DDBJ：DNA Databank of Japan
DRA：DDBJ Sequence Read Archive
EGA：European Genome-Phenome Archive
GA4GH：Global Alliance for Genomics and Health
J-ADNI：Japanese Alzheimer's Disease Neuroimaging Initiative
JGA：Japananes Genotype-phenotype Archive
NBDC：National Bioscience Database Center
（バイオサイエンスデータベースセンター）
NCBI：National Center for Biotechnology Information
NHA：NBDC Human Data Archive
OReFiL：Online Resource Finder for Life-sciences
PDB：Protein Data Bank
SRA：Sequence Read Archive

Biological data resources and their utilization
Toshihisa Takagi：Department of Biological Sciences, Graduate School of Science, The University of Tokyo（東京大学大学院理学系研究科生物科学専攻）

に加え，研究データそのものもできるだけ共有して研究の効率化と促進を図ろうということである．この動きを別の観点から眺めれば，ビッグデータとその活用に向けた取り組みであるともいえる．世界各国でこのオープンサイエンスのあり方，進め方，ビッグデータの活用について国レベルでさまざまな施策，報告，提言が出されている（詳しくは**第1章-15**を参照されたい）．

わが国においては，オープンサイエンスに関する動きは，欧米に比べて少し出遅れの感がなきにしもあらずの面があったが，前述した内閣府の報告書をきっかけとして，フォローアップの体制もでき[2]，また，これを受けた文部科学省等での取り組み[3]もあり，今後急速な立ち上がりを見せるものと期待される．これまでともすれば囲い込まれる傾向にあった研究データについて，わが国でもその公開，共有が大きく前進すると思われる．

さて，このような状況においては，仮説生成においても仮説検証においても，自分の出したデータだけでなく，他人の出したデータをいかに有効活用できるかが，研究の効率化に大きくかかわってくる．

本稿では，生命科学分野において，どのようなデータが公開，共有されているのか，今後どういう方向に整備が進むのか，そしてそれらをどのように活用すればよいのかについて概説する．

1 生命研究におけるデータ共有の歴史と意義

先ほど，研究データについても共有がどんどん進むであろうと述べたが，生命研究においてはこのような動きを先取りする形で，何十年も前よりデータの共有化が図られてきた．文献データについては（書誌情報に限った話であるが），例えば，MEDLINEの前身のMEDLARS（Medical Literature Analysis and Retrieval System）は1960年代より，研究データについては，例えば，タンパク質の立体構造のPDB（Protein Data Bank）は1970年代より，DNA塩基配列のEMBL-Bankは1980年代より，データの共有が進められてきた．今では非常に幅広い分野の多くの種類のデータがデータベース（以下DBと略す）の形で公開，共有されている．

では，この分野ではなぜこんなに早くからデータ共有が図られてきたのであろうか？　それは，生命研究においては，その成果を少数の数式やルールで記載することが困難であるということがまずあげられよう．データそのものが研究の成果なのである．そのため，研究資金配分機関や出版社がデータの共有すなわち公的DBやコミュニティDBにデータ登録を義務付けてきたということがある．これがデータ共有促進の大きな原動力になっていたし，今でもそうである．最近ではデータの量が解析において統計的パワーを増すから（いわゆるビッグデータ）ということも理由にあげられよう．データの共有と活用の最たる例はヒトゲノム配列データであろう．これなしには今の生命研究は進められないまでになっている．

2 では，どこにどういうデータがあるのか？

上に述べたようにこれまで数多くのDBが開発されてきた．誤解を恐れずにいえば，つくられ過ぎているともいえる．これはデータそのものに研究成果の側面があるという生命研究の特性による面があり，ある意味致し方ない面もある．しかし，これを使う側からすると整理・統合されているとありがたい．それについては後述するが，まずは実態を見てみよう．

1）データベースの数

つくられ過ぎと言ったが，実は，この分野で一体世界的にいくつのDBが存在するかは定かではない．われわれが独自にいくつかの手法で調査・推定したところによると（例えば，PubMedでdatabaseというタグがついたものを調べる，あるいは，DBのリンクをどんどんたどる，など），世のなかにおおよそ1万〜2万くらいはあるようである．生命研究の多様性，広がりを考えると，この数字はそんなには大きくないのかもしれないが，前述したように，使う側からすると，研究者の頭でとても把握したり管理したりできるような数ではない．

DB数のより確実なところを知りたいとなると，NAR（Nucleic Acid Research）誌の毎年のDB特集号[4]に収録されたDBの数を調べるという手がある．これに

よると約1,600という数が出てくる．これに収録されているDBは査読を通ったメジャーなDBであり，この数はだいぶ控えめな見積もりといえよう．

次にわが国ではどれほどのDBがつくられているか見てみよう．これにはNBDC（National Bioscience Database Center，バイオサイエンスデータベースセンター）[5]のIntegbio DBカタログ[6]が参考になる．これによるとわが国には約1,100のDBがある．

2）データベースに収められたデータの種類

次にDBに収められているデータの種類であるが，前述のNAR誌での分類に従うと，DBは15のカテゴリ，40のサブカテゴリに分類される．また，Integbio DBカタログによれば3つの軸（生物種，対象，データの種類）で各DBにメタデータが付けられている．生物種は説明するまでもないが，対象とはゲノム，遺伝子，タンパク質，細胞，などである．データの種類には，配列，発現，構造，相互作用，画像，などがある．単純に言えばDBはこれらの3つの軸のかけ算の数だけの種類があるといえる．

3）データの量

DBの数さえはっきりしない状況では，全体でどれほどの量のデータがあるのかはわからないが，大きいと予想される米国NIH NCBI（National Center for Biotechnology Information）のSRA（Sequence Read Archive）[7]は約3 PB（ペタバイト）のサイズである．これはNGS（次世代シークエンス）の生データを収めたDBである．また，ヒトゲノムの制限アクセス（申請して許可されたものだけが見ることができる）のDBとしては同じく米国NIH NCBIで構築されているdbGaP（database of Genotypes and Pheno-types）[8]は約2 PBのサイズで600以上のスタディ，約100万人以上のデータが入っている．ヒトゲノムデータは世界中で現在約10^6人分のデータがあるといわれるが，10年先には10^9に達するものとの予想がある[9]．データサイズは，現在peta（10^{15}）のオーダーであるが，数年先にはexa（10^{18}）のオーダーになると予想されている．

4）解析ツールの数

これに関してもどの程度あるのかさっぱりわからないが，どんなに少なめに見積もっても1,000や2,000は下らないものと思われる．先ほどのNBDCのサイトには，Webリソースポータルサイトやゲノム解析ツールリンク集があるが，これには数百のオーダーの解析ツールがリストされている．

5）DBやツールの検索

なお，カタログやリンク集からではなく，動的に検索で必要なDBやソフトウェアを探す方法がある．1つはNBDCの横断検索，もう1つはDBCLS（Database Center for Life Science，ライフサイエンス統合データベースセンター）[10]が提供しているサービスの1つOReFiL（オレフィル）[11]を使う方法である．前者はgoogle風の検索エンジンで生命科学に特化したシステムになっている．OReFiLはOnline Resource Finder for Lifesciencesの略で，論文中に記述されるオンライン資源（オンライン上に公開されている生命科学系のDBやソフトウェアなど）を検索するシステムである．通常の検索語に加え，MeSHタームや著者名で検索することが可能である．

3 では，DBやツールをどうやって活用するか？ 使いこなすか？

必要なDBやツールが見つかったら，次はそれを使った検索や解析である．しかし，生命科学系のDBやツールはそれぞれの個性があり，使い方がそれぞれバラバラで，使いこなすのは容易ではない．これの解消には統合TV[12]（これもNBDCのサイトからアクセスできる）が便利である．現在1,000本くらいのコンテンツがある．このなかにはNGSの解析講習会の動画等もある．これらを眺めることでDBやツールの使い方の概略を知ることができる．各動画にはタグがついており，自分の望みのものを簡単に探せるようになっている．

4 DB統合プロジェクト

さて，上に紹介したIntegbio DBカタログ，DB横断検索，OReFiL，統合TVなどはすべて統合DBという国のプロジェクトで開発されたものである．生命科学の特性ゆえに，これまで数多くのDBやツールがつくられてきたが，その所在情報，使い方などを理解するのは大変困難であった．そこで，これらの問題を解消する目的で約10年前に内閣府の主導でこのプロジェクト

図　NBDC ヒト DB 運営体制

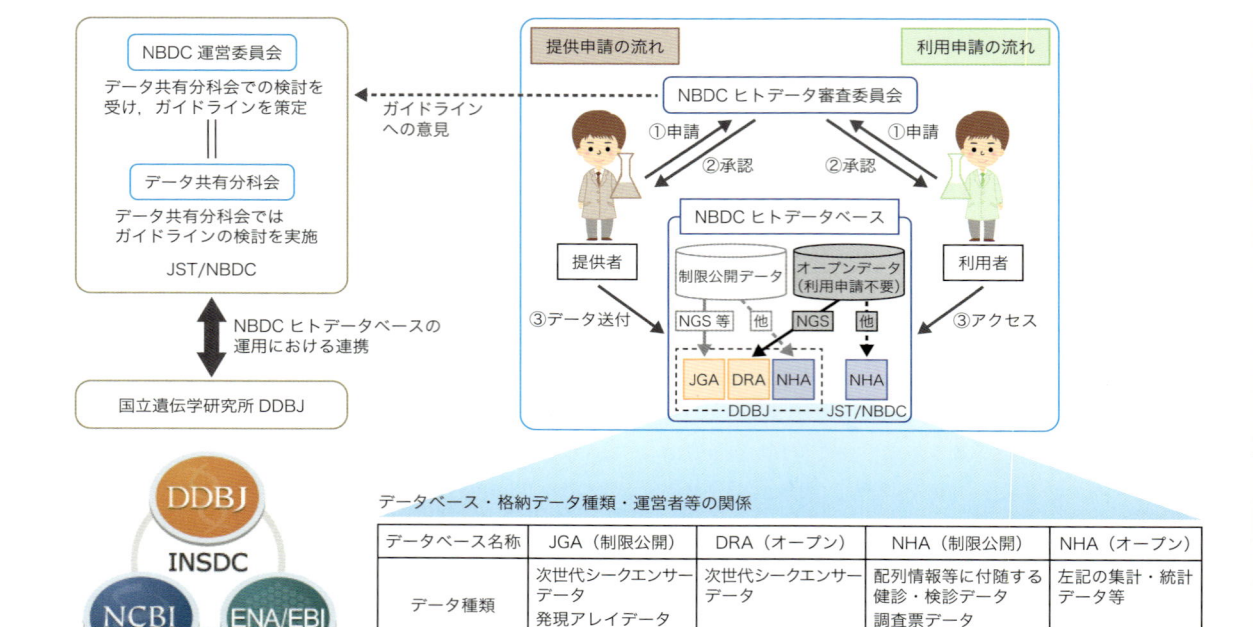

※DRA（DDBJ Sequence Read Archive），JGA（Japanese Genotype-phenotype Archive），NHA（NBDC Human Data Archive）

ははじまった．これについては，これまでも解説記事が書かれているので[13]，趣旨や具体的な活動については割愛するが，先に紹介したもの以外にも，フォーマットと権利関係を整理して使えるようにした生命科学系DBアーカイブや研究分野ごとのDBを統合したもの（統合化推進プロジェクトと呼ぶ）など便利なものがある．ぜひ，一度NBDCやDBCLSのサイトを訪ねて見てほしい．何か役に立つものが見つかるはずである．

5 ヒトゲノムデータベース

ここからは，残りの誌面を使って，ゲノム医科学研究に少し特化したリソースを紹介しよう．まず日本のものとしてはNBDCヒトDB[14]がある．これは国立遺伝学研究所のDDBJセンター（DNA Databank of Japan）[15]と共同で運営しているDBである．DDBJ側からはJGA（Japananes Genotype-phenotype Archive）という名前がついている（図）．このDBは，前述のdbGaPおよび欧州のEMBL-EBIのEGA（European Genome-Phenome Archive）[16]に相当するDB

であり，基本的に制限公開（申請して許可を受けた者だけがアクセスできる）のDBとなっている（一部NBDCヒトDBには，ゲノム変異の頻度情報等，誰でもアクセス可能なDBも含まれる）．なお，このNBDCヒトDB/DDBJ-JGAは，他のプロジェクトの成果を利用するためという側面だけでなく，自分で産出したデータを登録するDBとしての側面もある．これにデータを登録することで，論文投稿に必要なIDを取得することができる．

現在このDBには，東北メディカルメガバンク，次世代がんプロジェクト，バイオバンクジャパンの成果などが入っている．現在，公開されているもの，公開準備中のものも入れて約50スタディ，延べにして約2万人分のゲノムデータ（全ゲノムというわけではなく，ほとんどは断片データ）が利用可能になっている．なお，このNBDCヒトDBには，ゲノムデータだけでなく，例えば，J-ADNI（Japanese Alzheimer's Disease Neuroimaging Initiative）プロジェクトの脳画像データ等も格納され利用可能となっている．

ここに入っているものは，各スタディごとのデータ

であるが，この他に，前述の統合化推進プロジェクトで構築されたヒトゲノム関係のDBもある．ヒトゲノム多様性関連DB，ゲノム疫学関連DB，などがそれである．NBDCのサイトからご覧いただきたい．

世界的なヒトゲノムDBとしては，先に述べたdbGaPやEGAに加え，ClinVar[17]，HGMD[18]，ExAC[19]などがある．誌面の都合で説明は割愛する．

また，このような既存のDBに加え，世界的にヒトゲノムデータを共有しようという動きもある．GA4GH（Global Alliance for Genomics and Health）[20]の活動がそれである．現在34カ国，347機関が参加している大規模なものである．わが国からは国立がん研究センター，大阪大学，日本人類遺伝学会，理化学研究所，エーザイ，NBDC，DBLCS，DDBJなど11機関が参加している．まだ活動がはじまったばかりではあるが，4つのワーキンググループ（データ，セキュリティ，ELSI，クリニカル）に分かれて活発に活動をしている．machine-readable consentやBEACON（探している変異をもっているかの情報を各DBが返してくれるサービス）などの新しい試みが行われている．

おわりに

これまで紹介してきたDBは，ほんの一部に過ぎない．探せば，他にも自分の研究に役立てられるDBは多数あると思われる．統合DBプロジェクトに携わるわれわれとしては，今後もDBを探したり活用したりするお手伝いをしたいと考えている．

URL

1) http://www8.cao.go.jp/cstp/sonota/openscience/
2) http://www8.cao.go.jp/cstp/tyousakai/opnscflwup/index.html
3) http://www.mext.go.jp/b_menu/shingi/gijyutu/gijyutu4/036/houkoku/1362564.htm
4) http://nar.oxfordjournals.org/content/43/D1/D1.abstract
5) http://biosciencedbc.jp/
6) http://integbio.jp/dbcatalog/?lang=ja
7) http://www.ncbi.nlm.nih.gov/sra
8) http://www.ncbi.nlm.nih.gov/gap
9) http://www.nature.com/nature/journal/v527/n7576_supp/pdf/527S2a.pdf
10) http://dbcls.rois.ac.jp/
11) http://orefil.dbcls.jp/
12) http://togotv.dbcls.jp/ja/
13) http://events.biosciencedbc.jp/article
14) http://humandbs.biosciencedbc.jp/
15) http://www.ddbj.nig.ac.jp/index-j.html
16) https://www.ebi.ac.uk/ega/home
17) http://www.ncbi.nlm.nih.gov/clinvar/
18) http://www.hgmd.cf.ac.uk/ac/index.php
19) http://exac.broadinstitute.org/
20) https://genomicsandhealth.org/

＜著者プロフィール＞

高木利久：東京大学工学部卒業．九州大学，東京大学医科学研究所，同大学院新領域創成科学研究科を経て現職．バイオインフォマティクス，なかでも，バイオデータベースやテキストマイニングが専門．科学技術振興機構バイオサイエンスデータベースセンターおよび国立遺伝学研究所DDBJセンターのセンター長を兼務．

第1章 ビッグデータと生命科学

8. 複雑生命系とビッグデータ解析

合原一幸, 平田祥人, 奥 牧人

> 生命システムは, 複雑系の典型例である. そして, 生命科学分野では早い時期から遺伝子情報や神経情報をはじめさまざまなビッグデータが有効に活用されてきている. 本稿では, 主として非線形ダイナミクスの観点に立って, 複雑生命系から得られるビッグデータに適用可能な解析手法を説明する.

はじめに

アメリカのWarren Weaverは, 実に先見の明に富んだ人である. C. Shannonと共著で情報理論の本[1]を出版したことでよく知られているが, 他方で, 機械翻訳の概念を世界で最初に提案している[2]. そして実は, 今日広く研究されている複雑系の概念を世界に先駆けて論じたのもWeaverである[3]. 1948年に出版されたこの予言性の高い論文のなかで, 彼はそれまでの科学を振り返って, ①少数変数の決定論的法則を研究した「単純さの問題」(17世紀〜19世紀), ②無数の変数からなる系の平均的挙動の確率・統計的法則を研究した「組織化されない複雑さの問題」(1900年前後以降), そして今後研究すべき③生命システム, 経済システム, 社会システムなどを具体例とする「組織化された複雑さの問題」に分類している.

実際生命システムは, 多種・多様な構成要素が複雑なネットワークを介して相互作用する上記③の意味での複雑系の典型例であり, 遺伝情報や神経情報などさまざまなビッグデータが計測される.

1 埋め込み定理とアトラクタ再構成

複雑系の研究には, 数理モデルが重要な役割を果たす. 歴史的に見ると, 数理モデル研究のパラダイムは下記のように変遷してきている[4].

① ニュートン・パラダイム (17世紀〜19世紀): 2体問題のように数理モデルもその解もともに式で表現する研究

② ポアンカレールンゲクッタ・パラダイム (1900年前後以降): 数理モデルの式をもとにして, 解の定性的性質を調べる位相幾何学的解析 (Poincaré) および解を近似的に数値計算する数値解析 (Runge と Kutta) による研究

③ アルゴリズム的モデリング・パラダイム (1980年代以降): 数理モデルも解もともに, データから

[キーワード&略語]
複雑系, 埋め込み定理, アトラクタ再構成, 動的ネットワークバイオマーカー

DNB : dynamical network biomarker
(動的ネットワークバイオマーカー)

Complex life systems and big data analysis
Kazuyuki Aihara/Yoshito Hirata/Makito Oku : Institute of Industrial Science, The University of Tokyo (東京大学生産技術研究所)

アルゴリズムとしてコンピューター内部に近似的に構成する研究

ここで，③のアルゴリズム的モデリング・パラダイムは，近年のコンピューターの計算能力の大幅向上とさまざまなビッグデータの蓄積によってはじめて本格的実用化が可能となったものである．そして，データ駆動型数理モデリングの基盤となるパラダイムとして，第一原理からのモデル化が難しい多くの複雑系の研究にとって，ビッグデータ時代の重要な解析手法になりつつある．

今，次式のように数理モデル化できる複雑生命系のダイナミクスを考える．

$$x(t+1) = f(x(t)), \quad (1)$$
$$y(t) = g(x(t)). \quad (2)$$

ここで，$x(t) \in R^n$ は時間 t における対象システムの状態をあらわす変数ベクトル，f は一般に非線形な n 次元関数，g は観測関数である．実際のデータ計測においては，n 個の状態変数がすべて観測できる場合は少なく，通常観測できるのは $k(<n)$ 個の変数の時系列データ $y(t)$ である．例えば，たった1変数の時系列データのみが観測できる（$k=1$）極端な場合を想定しよう．このような場合に，計測された1変数の時系列データのみから，その背後にあるシステムの安定状態をあらわすアトラクタの軌道を再構成する手法を，アトラクタ再構成という．このアトラクタの再構成のために広く使われる手法が，観測量 $y(t)$ を用いて次式の m 次元ベクトル $v(t)$ を作成する時間遅れ座標系である[5]．

$$v(t) = (y(t), y(t+\tau), \ldots, y(t+(m-1)\tau)). \quad (3)$$

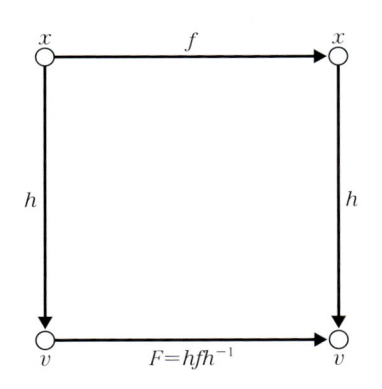

ここで，τ は時間遅れ，m は再構成する状態空間の次元である．このとき，(3)式の時間遅れ座標系を介した元の状態空間から再構成状態空間への変換が，微分幾何学の「埋め込み（embedding）」となるための条件を保証するのが，下記の「Takens の埋め込み定理」である．ここで，C^2 級写像 $h: M \to N$ が「埋め込み」であるとは，h が「はめ込み（immersion）」，すなわちすべての点 $p \in M$ において，h の微分 $dh_p: T_p(M) \to T_{h(p)}(N)$ が1対1の線形写像〔ただし，$T_p(M)$，$T_{h(p)}(N)$ は，点 p，$h(p)$ における多様体 M，N の接ベクトル空間〕で，かつ $h: M \to h(M)$ が同相写像（全単射で

図1 基のダイナミクス f と再構成されたダイナミクス F の関係

かつ h，h^{-1} がともに連続写像）であることである．

Takens の埋め込み定理

n 次元のコンパクトな多様体 M と C^2 級写像 $f: M \to M$，$g: M \to R$ が与えられたとき，$m \geq 2n+1$ であれば，次式の写像 $h: M \to R^m$ は，通有的（generic）に埋め込みである：

$$h(x) = (g(x), g(f(x)), g(f^2(x)), \ldots, g(f^{m-1}(x))). \quad (4)$$

さらに，上記定理は，Sauer らによって，カオスのようなフラクタル集合から成るストレンジアトラクタを対象とした場合にも拡張されている[6]．時間遅れ座標系を用いたアトラクタ再構成解析における，基のダイナミクス f と再構成されたアトラクタ上のダイナミクス F の関係を模式的にあらわすと，図1のようになる．ここで再構成されたアトラクタ上のダイナミクスは，$F = hfh^{-1}$ とあらわされる．そして，この F を推定することにより，対象システムの非線形ダイナミクスが推定できることになる．

2 重心座標を用いたアトラクタ再構成

複雑生命系から観測されるビッグデータ，例えば，マイクロアレイやRNAseqのデータの特徴は，観測量自体は高次元であるにもかかわらず，時間点が少ないことである．この生命ビッグデータの特徴は，アトラクタを再構成してそのダイナミクス F を関数近似で表

現する際に考慮する必要がある．なぜなら，多項式近似などの従来から用いられている汎用的な関数近似の方法ではうまく対処ができないからである．というのも，これらの従来の関数近似の方法では，変数の次元が高くなると，その分，パラメータの数も大きく増加してしまう．そのため，新たな方法論が必要となる．

そこで，われわれが着目したのが，Mees (1991)[7] による重心座標を使った関数近似の方法である．この方法では，再構成状態空間を過去に観測されたデータから得られる点を用いて三角分割して，三角形のなかに含まれている点を，三角形の頂点の重ね合わせとして表現する．将来を予測するときには，三角形の各頂点が時間変化する先を同様の重みを使って重ね合わせて予測を求める．このようにすると，わずか50点しか時間点が含まれていない時系列データを用いても，典型的なカオスの例であるエノン写像の概形をよく再現できる[7]．しかし，三角分割を用いる方法は，低次元の状態空間では有効に働くが，この手法を使ってそのまま高次元の時系列データを数理モデリングすることはできない．

そこでわれわれが開発したのが，線形計画法[8]を使って問題を再度定式化し直して，高次元時系列データの数理モデリングを可能にする方法[9]である．まず，近傍点の重ね合わせを利用した現在の点の数理モデリングによる誤差を陽に書きあらわす．つまり，各要素に関する誤差の絶対値をとり，その最大値を定める．また，重ね合わせに使う重みは，0から1の間の値をとり，重みすべての和は必ず1になるように正規化する．これらの条件は，線形の条件式になるので，問題は，誤差の絶対値の最大値を最小にする線形計画問題として書ける[9]．1ステップ先の値の近似は，近傍点の1ステップ先に対応する値を，上の線形計画法で求めた最適な重みを用いて重み付き平均を使って導出する．これがわれわれが提案した線形計画法を用いた重心座標の緩和である．

この手法による数理モデリングは大変よい性質をもっている．例えば，パラメータは近傍点を重ね合わせるときに用いる重みだけであるので，パラメータの数は近傍点の数によって決まり，次元をどんなに大きくしても増えない．また，予測は近傍点の時間変化した先の重ね合わせで書いているので，常に内挿であり，予測が発散していくようなことはない．加えて，予測の式と実際の値の間には以下のような公式が成り立つ[10]：

(実際の値) = (予測値) + (実際の値の状態に関する微分) (近似の誤差) + (近傍の大きさ〈半径〉の2乗に比例する誤差) + (ダイナミカルノイズ). (5)

この公式の右辺には5つの要素があり，そのおのおのが誤差要因になっている．つまり，1つ目の要素（予測値）は関数 F に変化が加わっている場合に相当する．2つ目の要素（実際の値の状態に関する微分）はヤコビアン行列の効果で，初期値鋭敏性と関連している．3つ目の要素（近似の誤差）は近傍点によって現在の点がうまく表現できていない効果をあらわしている．4つ目の要素（近傍の大きさ〈半径〉の2乗に比例する誤差）は，近傍点間の距離が大きく近似精度が悪い場合を同定する．5つ目の要素（ダイナミカルノイズ）は，システムのもつ確率的効果である．

このように，誤差要因を考慮すれば，数理モデリングが失敗するようなケースも事前に把握することができる可能性がある[10]．よって，重心座標による数理モデリングは透明性が非常に高い．このような研究が再生可能エネルギー予測への応用などを目的として現在進展中であり[9][10]，生命複雑系に対しても活用できる可能性がある．例えば，この手法の提案論文[9]のなかでも，植物の概日リズムの特徴づけに重心座標の方法を用いている．特に，植物の茎頂では，概日リズムの引き込みの強さが最も強いことを示した[11]．

また，時間的観測点は少ないが観測可能な変数が大変多い生命ビッグデータの特徴を活用した，埋め込み定理の拡張とその予測への応用[12]や因果性の検出[13]のための数理的手法も提案されている．

3 動的ネットワークバイオマーカー解析

次に，複雑生命系の発病や分化といった状態遷移の予兆検出に利用可能な，動的ネットワークバイオマーカー（dynamical network biomarker：DNB）を紹介しよう．このDNBは，遺伝子発現量データなどの生命ビッグデータを主な対象とした，新しい数理解析手法[14]である．この手法の臨床医学分野における主要目

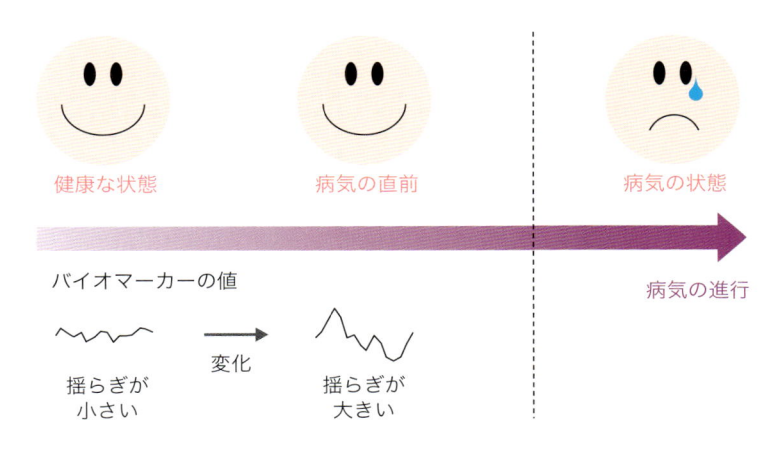

図2 動的ネットワークバイオマーカー（DNB）による病気の予兆検出

的は2つあり，1つは，病気になる前の段階で予兆を検出すること，もう1つは，多数の遺伝子やタンパク質のなかから，病気の発症メカニズムに関係する重要な因子群を見つけ出すことである．本節では，DNBについて最近の進展を交えて簡単に紹介する．手法の基礎となる数学的アイデア等については，他の解説[15]を参照されたい．

まず，DNBと一般のバイオマーカーの違いについて説明する．一般のバイオマーカーでは，その値が正常な範囲内かどうか，つまり，計測時点での値の高低のみを問題としている．一方，DNBでは，より長期的に観察した際に値がどれだけ変動するか，つまり，時間的な変化の様子に注目する．あるいは，同一の個体から経時的に測定を行う代わりに，条件が等しい複数の個体を一度ずつ測定し，個体間のばらつきの大きさに着目することもある．いずれの場合も，通常はこのような揺らぎやばらつきは比較的小さい．しかし，病気になる直前，つまり，正常な状態が不安定化しつつある状況下（健康状態から病気状態への分岐が起こる直前）では，一部の観測変数の値の揺らぎが増大する場合がある（**図2**）．このようなシステムの安定性低下に伴う揺らぎの増大は，生態系や金融市場など，さまざまなシステムにおいて共通にみられる普遍的な性質と考えられている[16]．また，揺らぎが増大する観測変数が2つ以上ある場合には，それらがばらばらに変動するのではなく，一定の条件下では強い相関をもって連動して上下することが理論的考察からも予測されている[14]．

では，そのような観測変数，つまり，病気の予兆を知らせるバイオマーカーが存在する場合に，どのようにしてそれらを見つけ出せばよいだろうか．DNB解析が最初に提案された時点では，多数の処理ステップを含み，設定パラメータ数も比較的多い手法が用いられていた．一方，最近の研究では，より簡便な変数の選び方も考案されている．その1つが，スパース主成分分析[17]を用いた方法である．スパース主成分分析は通常の主成分分析と似ているが，各主成分ベクトルが少数の変数のみの線形結合で表現され，残りの変数の重みが0になるという特徴がある．解析は簡単で，データ行列にスパース主成分分析を適用し，第一主成分ベクトルの方向に関して非ゼロの重みをもつ変数をとり出すだけである．設定パラメータは正則化項の強さのみである．

この解析で変数選択ができる理由を簡単に説明する．まず，通常の健康な状態が安定固定点に対応し，そこにノイズが加わっていると仮定しよう．ノイズが十分小さければ，その固定点の近傍での線形近似で，対象システムのダイナミクスを論じることができる．もし，固定点におけるヤコビアン行列の実固有値のいずれか1つで安定性の低下が起きた場合，対応する固有ベクトルの方向にノイズの影響が強く出て揺らぎが増大する．一方，第一主成分ベクトルはデータの分散を最もよく説明できる方向を向くため，結果的にヤコビアン行列の支配的固有ベクトルの方向，すなわち，安定性の低

下が起こっている方向を向くことになる．特に，その方向が少数の変数のみの線形結合であらわされている場合には，スパース主成分分析が関連変数を選び出すのにきわめて有効な手段の1つになると考えられる．

DNB解析は，生命科学および医療の分野で蓄積されているビッグデータから病気の予兆という重要な情報を引き出すための有効なツールとなることが期待されている．今後の幅広い実用化へ向けて，現在手法の改良や実データによる検証を精力的に進めているところである．

おわりに

本稿では，複雑生命系から観測されるビッグデータの解析手法として，埋め込み定理に基づくアトラクタ再構成と動的ネットワークバイオマーカーを紹介した．このような数理的手法は，生命ビッグデータから有用な情報をとり出すために今後ますます重要になるものと思われる．

本研究は，JSPS科研費15H05707の助成を受けたものである．

文献

1) 「The Mathematical Theory of Communication」(Shannon CE & Weaver W), University of Illinois Press, 1949
2) Weaver W：Translation.「Machine Translation of Languages」(Locke WN & Booth AD, eds.), pp.15–23, The MIT Press, 1955
3) Weaver W：Am Sci, 36：536–544, 1948
4) 「暮らしを変える驚きの数理工学」(合原一幸／編著), ウェッジ, 2015
5) Takens F：Detecting strange attractors in turbulence.「Dynamical Systems and Turbulence, Warwick 1980」(Rand D & Young L-S, eds.), pp.366–381, Springer, 1981
6) Sauer T, et al：J Statistical Physics, 65：579–616, 1991
7) Mees AI：Int J Bifurcat Chaos, 1：777–794, 1991
8) 「Understanding and Using Linear Programming」(Matoušek J & Gärtner B), Springer, 2007
9) Hirata Y, et al：Chaos, 25：013114, 2015
10) Hirata Y & Aihara K：Eur Phys J Spec Top, submitted
11) Takahashi N, et al：Cell, 163：148–159, 2015
12) Ma H, et al：Int J Bifurcat Chaos, 24：1430033, 2014
13) Ma H, et al：Sci Rep, 4：7464, 2014
14) Chen L, et al：Sci Rep, 2：342, 2012
15) 合原一幸：実験医学, 31：2925–2931, 2013
16) Scheffer M, et al：Nature, 461：53–59, 2009
17) Zou H, et al：J Comput Graph Stat, 15：265–286, 2006

＜筆頭著者プロフィール＞
合原一幸：東京大学工学部卒，同大学院電子工学博士課程修了．工学博士．東京電機大学工学部助教授，東京大学大学院工学系研究科教授，同新領域創成科学研究科教授などを経て，現在東京大学生産技術研究所教授，同最先端数理モデル連携研究センター長（兼任），東京大学大学院情報理工学系研究科教授（兼任），同工学系研究科教授（兼任）．生命の生き生きとした美しさの数理的記述に興味をもっている．編著書に『暮らしを変える驚きの数理工学』（ウェッジ，2015）などがある．

第1章　ビッグデータと生命科学

9. 「京」を使った大規模データ解析によるがんのシステム異常の網羅的解析

宮野　悟，伊東　聰，Heewon Park，白石友一，島村徹平，玉田嘉紀，井元清哉

「京」コンピューターを使いRNAシークエンスデータからの網羅的融合遺伝子探索を1万検体レベルのビッグデータに対して行うことができるシステムを構築した．また，「京」によるかつてない規模の網羅的がんの薬剤感受性・耐性遺伝子ネットワーク解析で，100以上の薬剤に対して，遺伝子発現データから個々人の薬剤耐性・感受性を予測する世界最高精度の方法を構築した．

はじめに

がんは，親から受け継いだ遺伝的要因（ゲノム），腫瘍細胞に蓄積した遺伝子変異（がんゲノム），環境要因によるゲノムの修飾（エピゲノム），これらの違いや異常が，正常な細胞の営みを司っている遺伝子ネットワークやシグナル伝達・代謝などのパスウェイに入り込み，システム異常を起こした時空間で進化するヘテロな細胞集団である．こうした変異が，がんの悪性度や治療応答性，副作用の出やすさなどを規定しているといってよいだろう．そのため，この「システム異常」を捉え，理解することが，がん研究の鍵である．そして，がん細胞は，血管内皮細胞や免疫炎症細胞などの正常細胞を操り，抗がん剤に対して耐性を獲得していく．ゲノム変異が大きく異なっている複数の原発が進化することも報告されている．こうした複雑さを背景にして，がんは抗がん剤などに対する薬剤感受性や予後の良・不良等，さまざまな個性をもつ．そのシステム異常が最初に出てくるものがゲノムから転写されたRNAである．通常，遺伝子発現と呼ばれているタンパク質に翻訳されるmRNAに加えて，タンパク質をコードしていないが機能を有していることがわかってきたノンコーディングRNAや，何らかの理由で遺伝子が融合して発現してしまった融合遺伝子のRNAなどがある．がんというシステム異常の中心で遺伝子の発現を調整しているメカニズムが遺伝子ネットワークであり，がんの個性の1つの捉え方である．ここでは「京」コン

[キーワード&略語]
「京」コンピューター，融合遺伝子探索，遺伝子ネットワーク，薬剤感受性予測
GFK：Genomon-fusion for K computer

Comprehensive unravelling of systems disorders of cancer by K computer
Satoru Miyano[1,2]/Satoshi Ito[1]/Heewon Park[3]/Yuichi Shiraishi[1]/Teppei Shimamura[4]/Yoshinori Tamada[5]/Seiya Imoto[2]：Human Genome Center, The Institute of Medical Science, The University of Tokyo[1]/Health Intelligence Center, The Institute of Medical Science, The University of Tokyo[2]/Faculty of Global and Science Studies, Yamaguchi University[3]/Systems Biology, Graduate School of Medicine, Nagoya University[4]/Department of Computer Science, Graduate School of Information Science and Technology, The University of Tokyo[5]（東京大学医科学研究所ヒトゲノム解析センター[1]/東京大学医科学研究所ヘルスインテリジェンスセンター[2]/山口大学国際総合科学部[3]/名古屋大学大学院医学研究科システム生物学分野[4]/東京大学大学院情報理工学系研究科コンピュータ科学専攻[5]）

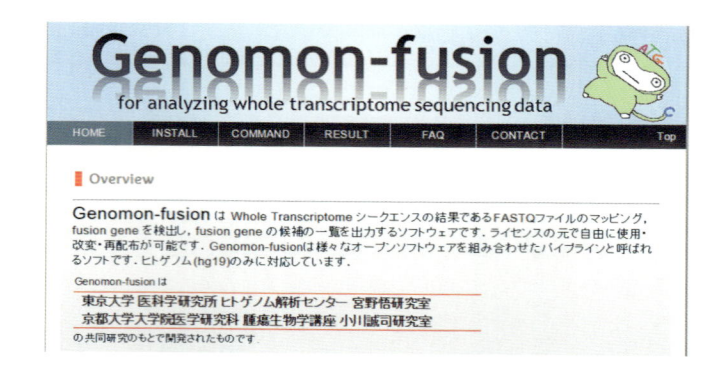

図1　東京大学医科学研究所ヒトゲノム解析センターで公開しているGenomon-fusionのページ
http://genomon.hgc.jp/rna/index.html

ピューターを使って，がんシステム異常をRNAシークエンスデータから融合遺伝子として抽出する研究，ならびに遺伝子の発現データから大規模に遺伝子ネットワークを推定し，抗がん剤の感受性を高精度に予測する研究について紹介する．

1　大規模RNAシークエンスデータ解析によるがんの融合遺伝子の網羅的探索

　がんの遺伝子変異として重要な融合遺伝子（fusion gene）を網羅的に検出することは，大規模・網羅的に遺伝子ネットワークを理解するために重要である．そのため，東京大学医科学研究所ヒトゲノム解析センターで開発され稼働しているGenomon-fusion（図1）というデータ解析パイプラインを京コンピューターへ移植した．以下，Genomon-fusion for K computerを略してGFKと呼んでいる．

　Genomon-fusionはC/C++等で記述されたアラインメントなどを行うフリーソフトウェアおよびperl，シェルスクリプトなどを組合わせた，whole transcriptomeデータ解析用パイプラインである．CCLE（米国Broad InstituteのCancer Cell Line Encyclopedia, http://www.broadinstitute.org/ccle/home）やTCGA（米国NIHのThe Cancer Genome Atlas, http://cancergenome.nih.gov/）などのデータベースでは大規模なヒト検体データが提供されており，これら全部をヒトゲノム解析センターのスーパーコンピューターで解析することは事実上不可能であった．CCLE全検体（780サンプル）の処理だけを考えた場合でも，ヒトゲノム解析センターのスーパーコンピューターShirokane2（AMD Opteron 6276, 2.3 GHz, 16,128コア）を3カ月程度の占有利用が必要な計算量となり，事実上解析不能であった．そのため「京」への移植が必要となった．移植にあたり，必要な作業は主に，Genomon-fusionで用いられている各ツール等の「京」上でのビルド，パイプラインの並列化（MPI化）およびステージング（「京」のファイルシステム）に対応すること，「京」と外部ストレージの協調であった．ここには記述しないが，「京」への移植には「京」特有の要素に起因するさまざまな困難が現れ，それらを解決していかねばならなかった．GFK（図2）では，ユーザの利便性に強く配慮している[1]．パイプライン全体がMPI並列化による一括計算機能となっている．多数検体データの一括分割，および検体ごとの結果収集機能をもっている．データ並列の計算はしばしばEP（Embarrassing Parallel）と卑下されることがあるが，ビッグデータでは自明ではない．外部ストレージとのデータ送受信およびチェックサム機能も，ユーザには不可欠の機能である．要素技術一辺倒の方向から脱して，技術の統合化がビッグデータ解析には不可欠であることを感じたプロジェクトであった．

　「京」を用いてGFKで上述のCCLEから選定した669検体のRNAシークエンスの解析を実施し，全部で約8,000の融合遺伝子が検出された．そのなかには血液腫瘍における有名な融合遺伝子群（BCRABL1, CBFB-MYH11, UNX1-RUNX1T1）や肺がんにおける

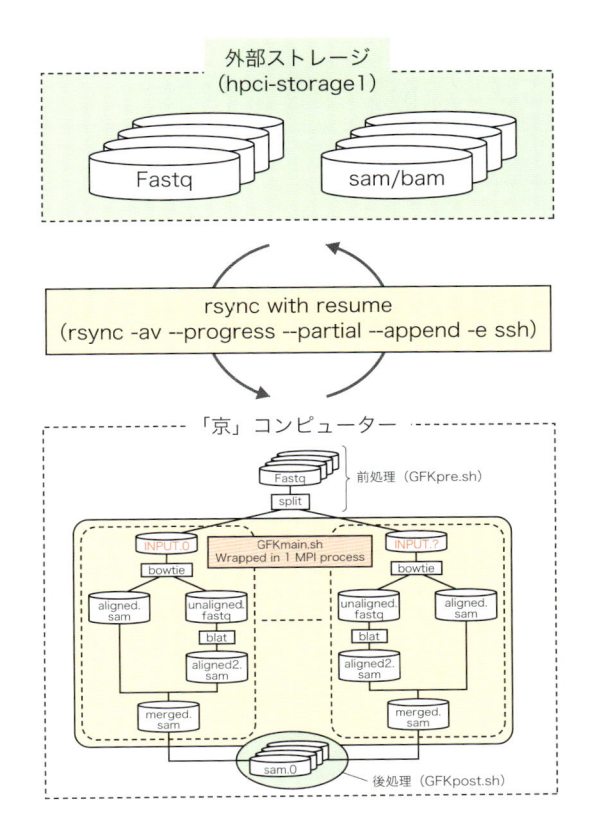

図2 GFK（Genomon-fusion for K computer）のプラットフォームの概要図

EML4-ALKなど数多くのすでにがん研究に大きなインパクトを与えた融合遺伝子に加えて，膨大な数の新規融合遺伝子が検出されている．それらのなかにはドライバーとなっているものやパッセンジャーとなっているものがあると推察されるが，こうした融合遺伝子が一挙に探索できるようになったことは画期的であると考えている．「京」のすべてのノードを使えるとすると11,422検体を現実的な時間で解析できることになる．このようにさらに大きなデータセットでGFKを実行することが可能になり，がんにおける融合遺伝子の全体像（ランドスケープ）の解明やがんの発症にかかわる新規融合遺伝子の発見に貢献できると考えている．「京」以前の規模のスーパーコンピューターでは発想できなかった方法である．

2 大規模遺伝子ネットワーク解析による抗がん剤に対する薬剤感受性予測

「京」によるかつてない規模の網羅的がんの薬剤感受性・耐性遺伝子ネットワーク解析で，100以上の薬剤に対して，遺伝子発現データから個々人の薬剤耐性・感受性を予測する世界最高精度の方法を構築することができた．

多くのがん患者さんの最大の関心事は，自分のがんがどのようなシステム異常になっているかであって，単なる統計データではない．がんゲノムの変異の研究は，さらに高精度になっていき，個々人に医療として返すことができる時代が来ると強く思われる．一方，ゲノム異常の1つのフェノタイプとしての遺伝子間の因果関係をネットワークとして捉えることは，1人の患者さんからは困難である．しかし，ある基準でデータを捉えたたくさんの患者さんの検体があると，個々人の遺伝子ネットワークを推定することができるという画期的な方法論が創られ，上皮間葉転換を誘導する遺伝子の発見がなされている[2]．島村ら[2]は，それを実現するNetworkProfiler（戦略プログラムで「京」コンピューターに実装されたものはSiGN-L1と呼ばれている．「京」への実装は玉田が行った）（図3）ソフトウェアアプリケーションを開発した．

英国サンガーセンターが公開しているSanger Genomics of Drug Sensitivity of Cancerの遺伝子発現データを解析し，抗がん剤に対するがんの多様な抵抗性をネットワークとして抽出した．このデータセットでは，13,435遺伝子のRNA発現プロフィールが728のがん細胞株において計測されており，142種類の抗がん剤や医薬品候補化合物について，これらの細胞株におけるIC50の値も合わせて計測されている．IC50〔half maximal（50％）inhibitory concentration〕とは，その薬剤（もしくは候補化合物）が標的としている生物学的プロセスの半数を阻害するのに必要な濃度をあらわしており，値が小さい細胞ほどその化合物の効果が高いといえる．そこで，NetworkProfilerにおいて，それぞれのがん細胞株のIC50の値をモジュレータとして使用し，それぞれの薬剤に対する抵抗性を決定している候補サブネットワークの抽出を行った．

142種類の化合物について728細胞株すべてでIC50

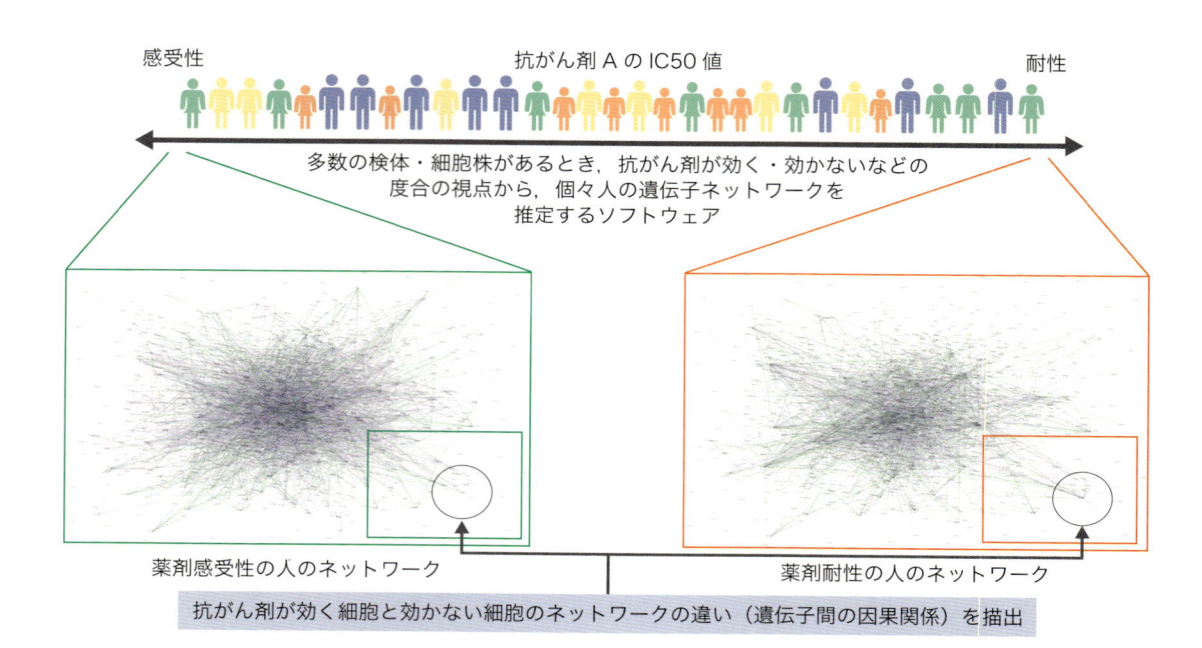

図3 ソフトウェア NetworkProfiler（SiGN-L1）の機能

が計測されているわけではない．ここでは，600以上のがん細胞株においてIC50の値が計測されている化合物101種を解析対象とした（平均サンプル数650）．したがって，モジュレータは101種類あることになる．これら101個の化合物について1個あたり平均650個のネットワークを推定する必要がある．この計算には「京」コンピューターを利用した．8,000コアを利用し約3日間の計算により約7万個のネットワークの計算に成功した．

1つの化合物について約650個のネットワークが推定される．このネットワーク情報を解析し，化合物の効果を規定しているサブネットワークの抽出を試みた．今，NetworkProfilerによって推定された，ある制御因子（転写因子）とそれが制御する遺伝子のペアに着目する．1つのネットワークでは，そのペアについて制御関係が推定されたかどうかを隣接行列によって表現することにより，推定されたネットワークの情報は二次元マトリクスとして表現される．しかしながら，1つの化合物について約650個のネットワークが推定され，しかも，それらのネットワークはIC50という順序を有している．この情報を同様にまとめると，それは三次元マトリクス，いわゆるテンソルとして表現される．このテンソルにより表現される情報を要約し情報を抽出するため次の解析を行った．

推定された1つのネットワークにおいて，この制御因子から被制御遺伝子への影響度を測る統計量制御効果を推定された構造方程式モデルの係数と制御因子の発現量の積により定義した．ある制御因子と被制御遺伝子のペアについて制御効果は各ネットワークにおいて計算され，その最大値と最小値の差を制御効果の変化として定義した．すなわち，制御効果の変化が大きいペアは，薬剤耐性感受性の違いと制御の活性の違いが相関することになり，このような制御関係の違いが薬剤の耐性感受性を規定している可能性がある．**図4**左の行列は，列が転写因子，行が被制御遺伝子をあらわし，その要素は各転写因子－被制御遺伝子のペアに対する制御効果の変化の値である．この制御効果の変化の行列が101薬剤について得られることになる．これら101個の行列の情報を統合するために，1つの行列において列方向に要素の絶対値の和をとったベクトルに変換する．すなわち，1つの行列は1つの転写因子数次元のベクトルとなる．この101個のベクトルを再度まとめて1つの行列とした．

その行列を階層型クラスタリングにかけヒートマッ

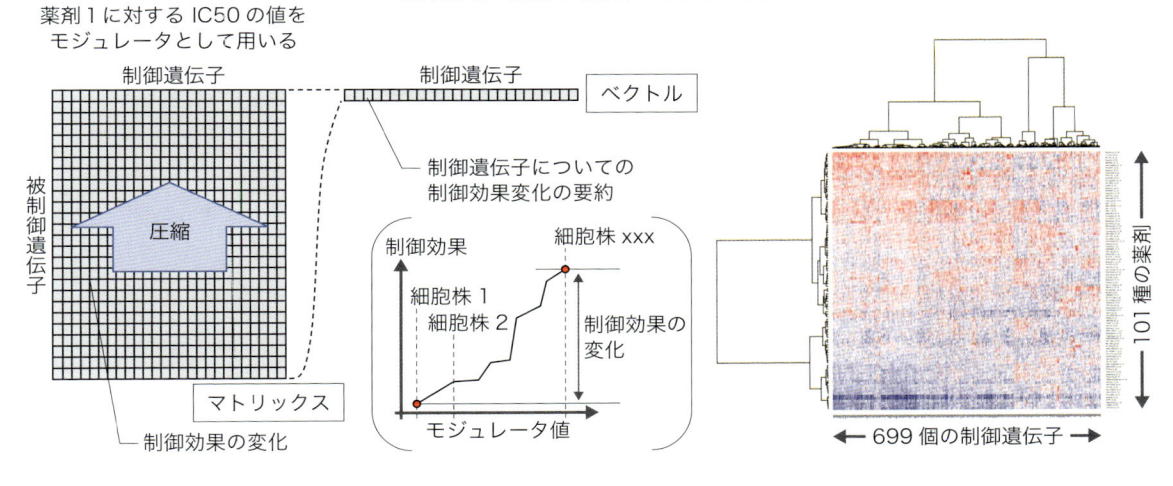

図4 推定されたネットワークの要約統計量

プにより可視化したのが次の**図4**右である．行が転写因子，列が薬剤をあらわしている．赤は値が大きく，青が小さいことをあらわす．各要素は転写因子から被制御遺伝子群への制御効果の変化の総和（絶対値）なので，赤ければ赤いほどその転写因子からの制御は薬剤の耐性感受性に強く相関していることになる．逆に，青はその転写因子からの制御は薬剤の耐性感受性にはその強さは相関していないことになる．左に位置する転写因子は，上に配置される薬剤に対しては，その制御の強さが薬剤耐性感受性と相関するが，下の方に配置された薬剤の耐性感受性には，どの転写因子の制御もあまり相関していないことがわかる．この行列において，薬剤をサンプル，転写因子を変数と捉え主成分分析によって二次元に射影した．第一主成分は平均に相当し，多くの薬剤について制御効果の変化が大きい転写因子が大きな値をとる．ここでは，第一主成分の値の大きい3つの薬剤，Elesclomol, 17-AAG, BIBW2992に着目した．

Elesclomolはすでに承認されている薬剤である．また，17-AAGは未承認の薬剤候補化合物であり，この2つはともにheat shock proteinを標的としている．まず，Elesclomolに対する耐性感受性に相関して制御効果の変化が大きい転写因子の上位10％（耐性で活性が高い5％と感受性で活性が高い5％）を抽出した．その結果の1つとして，AIREという遺伝子は，Elesclomolに対して感受性の高いがん細胞株では強く被制御遺伝子をコントロールしているが，耐性がん細胞株においては影響度が小さいということがわかった．がん種ごとに並べてみると，膀胱がんでは若干感受性に偏り，血液がんでは耐性に偏っているが他のがん種では有意な偏りはみられなかった．すなわち，がん種を超えたElesclomol耐性感受性の機構が表れていることが期待される．

Elesclomolと17-AAGはともにheat shock proteinを標的とした薬剤，薬剤候補化合物であった．それらに対して耐性細胞株で活性が高い転写因子上位5％を抽出しそれらのオーバーラップを見ると，統計的に有意にオーバーラップしており，このオーバーラップはheat shock proteinを標的とした際にその耐性を決定している転写因子群の候補と考えられる．

このように多検体で計測されたRNA発現プロファイルの統計解析において，このようなLassoタイプのスパース学習に基づくモデリングが，高次元データに対する有用性からさまざまな目的において標準的な方法として用いられてきた．しかし，遺伝子発現プロファイルデータのように数万次元という超高次元データのモデリングにおいては，通常のLassoは変数選択の性能低下が著しく，それに伴い予測能力も低下し，多くの場合有効に働かないことが判明している．そこで，予測能力向上と変数選択の正確性を同時に高めることを

目的に，Lassoタイプの正則化推定法の問題点を見出し，島村ら[2]の方法をロバスト化し，新たな統計解析手法を開発し，がん細胞株の薬剤応答性の予測モデルを構築した．これを「京」に実装し，世界最大規模の網羅的がんの薬剤感受性・耐性遺伝子ネットワーク解析を実施し，「個々人に対する」薬剤耐性・感受性バイオマーカーの推定と耐性・感受性を予測する世界最高精度の方法を開発した[3]．この方法は，Elastic Netを用いたGarnettらの方法[4]を凌駕することを確認した．さらに，がん種横断的遺伝子ネットワーク解析手法を構築しその有効性を証明した．このKernel-based Lassoタイプの正則化推定化法は，Lassoタイプの正則化推定化法にカネール関数を組合わせることで局所推定となり，サンプルそれぞれに対する遺伝子ネットワークのモデリングが可能となる．しかしながら，通常のLassoタイプの正則化推定化法は残差平方和に基づくため，結果が外れ値に大きく影響を受ける．したがって，データに外れ値の混入が避けられないようなハイスループットな計測，例えば，遺伝子発現アレイやRNA-seqによって計測された数万遺伝子に対する遺伝子発現プロフィールの解析において，予測能力と変数選択の正確性は大きく低下することが容易に想定される．しかしながら，データ解析を行う前に外れ値を同定し除去することは，データが高次元であること，およびサンプル数が次元数に比べて決して充足してはいないことから考えて容易ではない．そのため，がんの遺伝子発現プロファイルデータの解析では，解析結果が混入している外れ値から影響を受けにくい，いわゆるロバストなデータ解析手法の開発が必須となった．そこで，主成分空間で計算されたマハラノビス距離を利用するという着想を得て，高次元ゲノムデータに混入している外れ値をコントロールし，外れ値に対してロバストな新しいKernel-based Lassoタイプの正則化推定化法（robust kernel-based L1-type regularized regression：RKLRR）を開発することに成功した．

この研究も「京」なしでは全く荒唐無稽なデータ解析であるが，「京」はこのようなビッグデータ解析の世界を拓いたといえる．

おわりに

生命システムの背後にあるシステムの設計原理は，最も明らかになっている遺伝継承の原理を除き，あまり明らかではない．特に，がんは時空間で進化する複雑きわまりない新生物である．「データが，がんを語る」というのが現状である．そのため，HPCIの物理モデルを構築し，それを高度に並列化するというアプローチではなく，大規模データ解析（ビッグデータからの意味抽出）という方法論が有効と考え，本稿で紹介したような研究を展開してきた．著者にあげることのできなかった多くの研究者，技術者に本研究は支えられており，この場を借りて深く感謝したい．もちろん，多くの悩みと課題を与えてくれると同時に巨大な計算パワーによりがん研究を新次元に誘導してくれた「京」コンピューターにも感謝する．

文献

1） Ito S, et al：BIBM 2015, in press
2） Shimamura T, et al：PLoS One, 6：e20804, 2011
3） Park H, et al：PLoS One, 9：e108990, 2014
4） Garnett MJ, et al：Nature, 483：570-575, 2012

＜筆頭著者プロフィール＞
宮野　悟：東京大学医科学研究所ヒトゲノム解析センター教授．1977年九大理学部数学科卒．理学博士．九大理学部教授を経て'96年より現職．2014年センター長．スパコンを駆使したがんのシステム異常の解析，個別化ゲノム医療を推進．「京」コンピュータを駆使して大規模生命データ解析を実施．日本バイオインフォマティクス学会会長などを歴任．国際計算生物学会（ISCB）より'13年ISCB Fellowの称号が授与される．

第1章 ビッグデータと生命科学

10. 心臓シミュレータとビッグデータの融合による新しい医療

杉浦清了，久田俊明

計算科学および計算機ハードウェアの進歩によって分子から臓器に至る各レベルの現象を融合したマルチスケール・マルチフィジックス心臓シミュレーションが可能となっている．この技術と同様に計算科学によってもたらされたビッグデータ解析との融合は医療・医学におけるイノベーション創出のサイクルを加速するとともに個別医療の革新によって将来のヘルスケアを変えるものである．心臓シミュレータUT-Heartを中心にこのような融合の可能性を考察した．

はじめに

ビッグデータとは「典型的なデータベースソフトウェアが把握し，蓄積し，運用し，分析できる能力を超えたサイズのデータであり，個々の要素に分解し把握・対応することが可能であり，取得・生成頻度が高く，多種多様であるもの」[1]とされシミュレーションとの直接的なかかわりはあまりないように思われる．しかしビッグデータへの期待が計算科学およびそれを支えるハードウェアの進歩によってもたらされたのと同様にシミュレーションもこれらの技術によって大きな進歩を遂げており，両者の融合によってさらなるパラダイムシフトが生まれる可能性も考えられる．本稿ではわれわれが開発している心臓シミュレータUT-Heartに関連した事例を中心にビッグデータとシミュレーションの融合の可能性について考察する．

1 UT-Heartとは

UT-Heartとは東京大学において開発されたマルチスケール・マルチフィジックス心臓シミュレータであり，その名の通り分子機能（ミクロ）の数理モデルによって記述される電気生理現象，生化学代謝現象，力学現象（マルチフィジックス現象）を細胞・組織といった生体の構造のなかに統合することで心臓の収縮弛緩，心電図，血流などマクロの現象までを忠実に再現できる心臓シミュレータである[2]．具体的には実際のヒトのCTまたはMRIデータから三次元再構成された心臓の形態に基づく有限要素法※1モデルに機能分子から構

> ※1 有限要素法
> 解析的には解くことが難しい微分方程式の解を近似的に得るための数値解析の手法の1つであり，主に構造解析に用いられる．

[キーワード]
UT-Heart，心臓シミュレーション，マルチスケール・マルチフィジックス，個別医療

Innovative health care by a synergy between the heart simulator and big data
Seiryo Sugiura[1,2]/Toshiaki Hisada[2]：Graduate School of Frontier Sciences, The University of Tokyo[1]/UT-Heart Inc.[2]
（東京大学大学院新領域創成科学研究科[1]／株式会社UT-Heart研究所[2]）

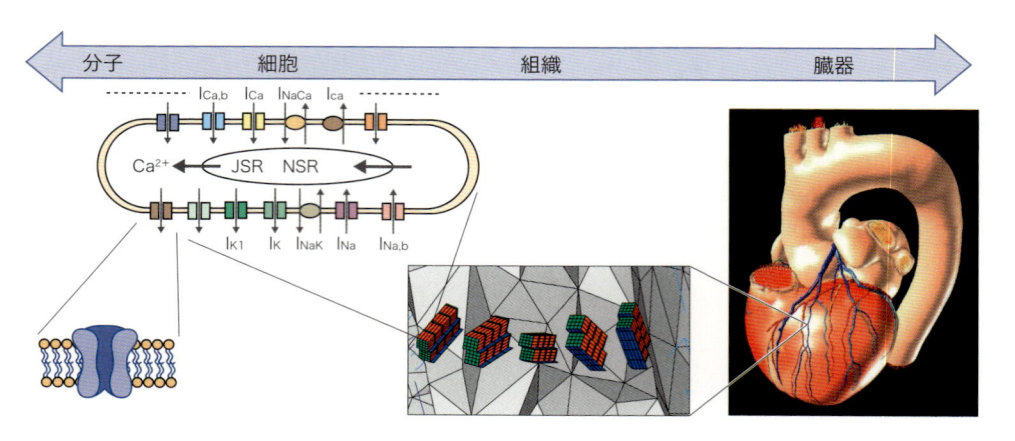

図1　マルチスケール・マルチフィジックス心臓シミュレータ UT-Heart
分子から臓器に至る構造と機能が再現されている．

成される約2,000万個のバーチャル細胞が心臓の組織と同様の配列で埋め込まれており，ペースメーカー部位の細胞から発生した興奮がギャップ結合によって隣接した細胞に伝播することによって心臓全体が自律的に興奮弛緩をくり返す．また心腔内の血液もモデル化されており心臓の壁との相互作用を強連成と呼ばれる計算手法で解析することで生理的な血圧，血流も再現できる（図1）[3〜9]．その応用範囲は医療機器開発におけるヒト心臓を対象にした試験を代替するツールとしての利用から，個別の症例の心臓を再現する技術に基づいたテーラーメード医療にまで及ぶが，最近創薬における催不整脈性スクリーニングへの応用に成功した．この研究ではまず催不整脈性リスクについて明らかになっている複数の薬剤について，心筋細胞に発現し不整脈発生に関係が深いとされる6種類のイオンチャネルへの抑制効果をパッチクランプ法にて測定することで用量−抑制関係を得た．この結果に基づいてさまざまな血中濃度における心臓の状態と心電図をシミュレータで再現し検討したところ安全とされる薬剤では高濃度においても不整脈が観察されなかったのに対し高リスクとされる薬剤では常用量の数倍で不整脈が発生するなどリスクを正確に予測することができた（図2）[10]．このように心臓を構成する細胞内の分子機能モデルを調整することで薬剤の効果を予測判定できるだけでなく，遺伝子の変異，多型に基づく個人差までをも再現できるモデルとなっている．

2 イノベーション創出のサイクルにおける心臓シミュレーション

図3に永井によって提唱されたライフサイエンス・臨床医学分野の研究開発推進のあり方を示す．ビッグデータの解析からは課題が抽出されるとともに仮説が提唱される．続く仮説の検証によってメカニズムが解明されるとそれに基づく新たな技術が実用化され小規模な実践によって確認された後に広く社会に還元されるというサイクルが完成する[11]．前述した薬剤の副作用に関しては自発報告に依存し，調査対象の医薬品の使用患者，不使用患者などの母集団の情報がないため，①医薬品間のリスクの比較ができない，②原疾患による有害事象との判別ができない，③自発報告の報告バイアスの影響を受けるなど，定量的かつ迅速，正確な副作用等の状況の把握が困難である．こうした現状を打開するため電子カルテ，レセプト情報などに基づくデータベース構築をめざした日本版センチネルプロジェクトが開始されている[12]．これにより不整脈を含むきわめて低い頻度で発生する特定の医薬品による重大なリスクの迅速な検出およびリスクの精密な比較評価が可能となることが期待される．特定の薬品について催不整脈性のリスクが検出された場合，注意喚起などの処置がなされると同時にメカニズムの解明に向けた仮説の提唱と検証が行われるが，不整脈の発生メカニズムは生体のミクロからマクロに至る複雑な相互作用の結果生じるものであり，その実証は技術的に容易では

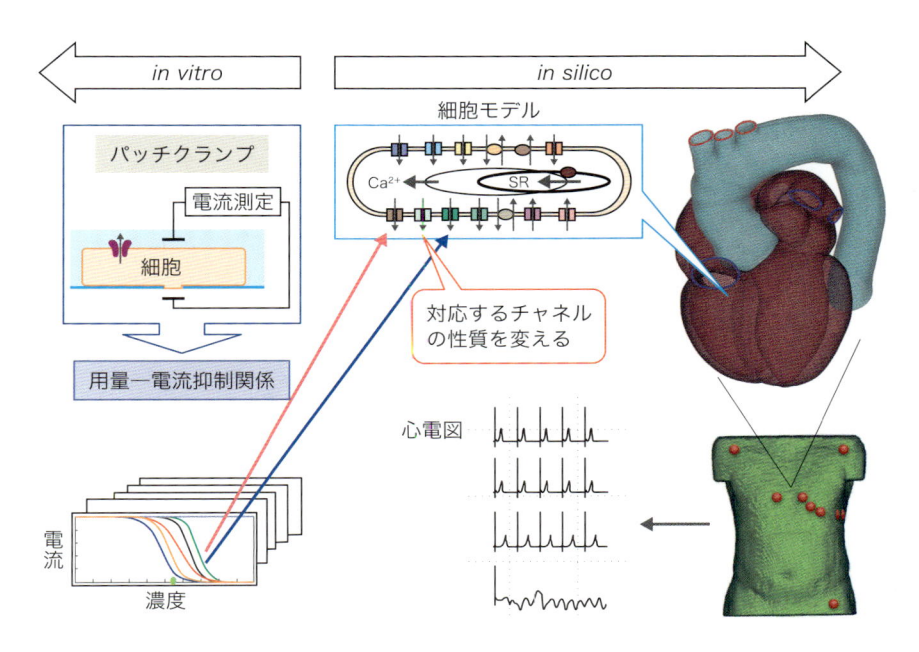

図2 UT-Heartによる不整脈リスクスクリーニング
文献10より改変して転載.

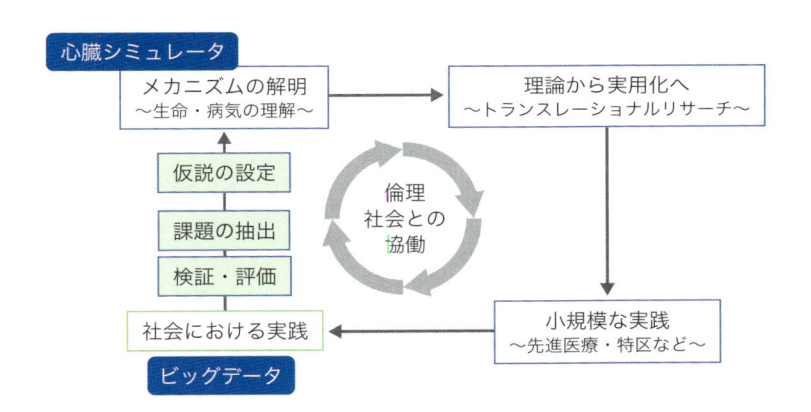

図3 イノベーション創出のサイクルにおける心臓シミュレータとビッグデータ
文献11より改変して転載.

ない．種差の影響は発現系やiPS由来心筋の活用によって克服できるが，確証を得るためにはヒトの心臓における不整脈発生の有無の確認が必要であり，もし臨床試験までを行うとすれば莫大な費用と時間を要するものとなる．UT-Heartによる不整脈シミュレーションを活用すれば最終目標であるヒト心臓における催不整脈性リスク評価を分子レベルのメカニズムと同時に関連させて行うことが可能であり，**図3**のサイクルを加速することが期待される．計算科学の進歩はこうした流れをさらに加速する．現在ポスト京プロジェクトとしてスーパーコンピューター「京」の100倍の処理能力をもつ計算機の開発が進んでいるが，そのアプリケーションの重点課題の一部としてUT-Heartシミュレーションと分子シミュレーションを融合した催不整脈性リスク評価システムの開発が計画されている．具体的にはチャネルのゲートのキネティクス（構造遷移

確率）を分子シミュレーションによって解析し化合物との結合によってどのように変化するかを明らかにすることで，現在パッチクランプを用いて行われている実験をすべて in silico に置き換えようとする試みである．阻害活性の評価にも分子シミュレーションを活用し薬剤のチャネルへの結合解離速度定数を計算する．このようにしてビッグデータの解析から浮かんだ特定の化合物の催不整脈リスク（仮説）をすべて in silico で解析しそのメカニズムを明らかにすることも近い将来可能となると考えられる．もちろんこの過程において別のビッグデータである化合物，イオンチャネル分子の構造に関するデータベースの整備が必要であることは言うまでもない．

ビッグデータの活用により in silico 催不整脈性リスク評価の応用がさらに拡大する可能性も考えられる．不整脈の発生には直接の刺激（trigger）に加えて先天的，後天的なさまざまな要因が関与していることが知られているが，現在創薬におけるスクリーニングとして実施されている Thorough QT 試験[※2]は健常成人を対象としており，このようなリスクを修飾する要因がない条件下での評価と考えられる．このことがスクリーニングを通過して製品化された薬剤による市販後の予期しない事故発生の一因となっている可能性があり，その解決は患者と製薬企業の両方にとって大きな利益になると思われる．さまざまな先天性の不整脈症候群において遺伝子異常に基づくイオンチャネルの活性の異常が致死性の不整脈の発生の原因となっていることが知られている．これらの症例では多くの場合に安静時の心電図に異常が認められ診断に基づく治療や服薬指導を含む生活指導が行われている．他方，活性の変化が軽度であるため診断には至らないが，正常例に比べ薬剤に対する感受性が高い症例において投薬が不整脈を引き起こしている場合が存在すると考えられ，UT-Heart シミュレーションでもこのような軽度の異常例に投薬を行うと低濃度で不整脈が誘発されることが示されている．次世代シークエンシングに基づくビッグデータからはこのような変異の分布情報が提供され，またカルテ情報からは併用薬などの情報も蓄積されると期待される．このような多彩な修飾要因の分布が明らかになれば，それらの組合わせによる一般人口における現実的なリスクを再現した心臓モデルの集団をバーチャルポピュレーションとして薬剤の市販後の催不整脈リスクを評価することも可能となる．またこのようなシミュレーションにおいては超並列計算機が大きな力を発揮することになる．

3 個別医療におけるビッグデータと心臓シミュレーション

将来にはゲノム情報だけでなくトランスクリプトーム，プロテオーム，メタボローム情報などの解析も簡便に行われる時代が到来しビッグデータを形成するとともにそこから導かれた法則に基づいて個々人の情報を解析し健康管理に役立てる時代が来ることが予想される．また健康管理には新しいデジタル化された画像情報や生理学パラメータも重要となるがこれらをすべて統合したものがマルチスケール，マルチフィジックス生体シミュレーションであり個別化されたシミュレータは全く新しい形態の個人の健康情報データベースにもなりうる．さらに情報を三次元の構造内に統合したシミュレータは単なるデータベースを越えて予測医療のツールとなるとともにビッグデータの統計解析から生まれた仮説の検証において実験に替わるものとして大きな役割を果たすことができる．一方，プロテオーム，メタボロームに関連したタンパク質相互作用，代謝の研究には現在もシミュレーションが活用されているが，細胞内における分子の分布，拡散や能動輸送による情報伝達などを考慮したものは少なく，その開発が期待されている．われわれは心臓シミュレータの開発と並行して細胞内微細構造を再現したうえで電気化学ポテンシャルや細胞の変形に起因する流れによって生じるイオン，分子の移動までを解析する心筋細胞のマルチフィジックスシミュレーションモデルの開発にも取り組んでおり，細胞内小器官の分布が円滑な細胞機能の維持に重要であることを確認している[13)～15)]．今後このような方面でもビッグデータとシミュレーションの融合によるシナジー効果が期待される．

※2 Thorough QT 試験
新薬の開発において催不整脈性リスクのスクリーニングのためにガイドラインで定められた臨床試験．健常成人を対象に投薬による心電図の QT 間隔の延長の有無を判定する．

おわりに

来たるべきビッグデータ時代におけるシミュレーションとの融合の可能性について心臓シミュレーションを例に考察した．シミュレーションはすでに基礎研究においては理論，実験と並ぶ第三の科学分野として認知されているが，計算科学とそれを支えるハードウェアの進歩によって今後循環器領域だけでなく広く医療の分野で応用されていくと思われる．同様に計算科学の成果であるビッグデータ解析との融合は基礎科学だけでなく医療全体に大きなインパクトをもたらすものと考えられる．

文献

1) ビッグデータとは何か．情報通信白書，総務省，2012
2) Sugiura S, et al：Prog Biophys Mol Biol, 110：380-389, 2012
3) Watanabe H, et al：Biophys J, 87：2074-2085, 2004
4) Washio T, et al：SIAM Rev, 52：717-743, 2010
5) Washio T, et al：Cell Mol Bioeng, 5：113-126, 2012
6) Washio T, et al：SIAM J Multiscale Model Simul, 11：965-999, 2013
7) Okada J, et al：Pacing Clin Electrophysiol, 36：309-321, 2013
8) Okada J, et al：Am J Physiol Heart Circ Physiol, 301：H200-H208, 2011
9) Okada J, et al：Phys Rev E Stat Nonlin Soft Matter Phys, 87：062701, 2013
10) Okada JI, et al：Sci Adv, 1：e1400142, 2015
11) 科学技術振興機構研究開発戦略センター 国：研究開発の俯瞰報告書 ライフサイエンス・臨床医学分野, ii-iii, 2015
12) 医薬品の安全対策等における医療関係データベースの活用方策に関する懇談会 医：電子化された医療情報データベースの活用による医薬品等の安全・安心に関する提言（日本のセンチネル・プロジェクト）概要, 2010
13) Hatano A, et al：Biophys J, 101：2601-2610, 2011
14) Hatano A, et al：Biophys J, 104：496-504, 2013
15) Hatano A, et al：Biophys J, 108：2732-2739, 2015

＜筆頭著者プロフィール＞

杉浦清了：東京大学工学部，東京大学医学部卒．1985年より'87年までジョンズホプキンス大学医学部医用生体工学科・佐川喜一教授の下で心臓力学の研究に従事．その後東京大学第二内科，循環器内科を経て現在心臓シミュレータUT-Heartの開発を行っている．医療機器開発，創薬，臨床への応用を進めている．

第1章 ビッグデータと生命科学

11. ビッグデータ時代の統計解析技術

北川源四郎

> ビッグデータの出現と研究目的自体の変化によって，第4の科学とも呼ばれるデータ科学が登場している．これに対応し，統計解析技術においても，従来の仮説検証型の解析技術よりもむしろ発見や知識創出をめざす方法が重要になっている．本稿ではそのような方法の代表として，時系列フィルタ，個別化，データ同化をとり上げたが，これらはすべて異種情報統合の一種とみなすことができる．したがって，この異種情報の統合を実現する統一的フレームワークであるベイズモデリングは新しい統計解析技術の切り札といえる．

はじめに

情報通信技術と計測技術の飛躍的発展によって学術研究分野でも人間社会においても精緻で網羅的なデジタルデータが産出され，人間をとり巻く環境は一変しつつある．18世紀に蒸気機関が産業革命を牽引し，人間の労働のみならず生活までも変えたように，ビッグデータの出現は人間の知的労働を一変し，人類はかつて経験したことがない新しい局面に突入しようとしている．

科学研究の世界では，研究の目的自体も変化している．20世紀までの科学研究は真理の探究を目的として実験，観測あるいは調査によって厳密に設計されたデータを取得し，仮説の検証あるいは未知のパラメータの推定が行われた．しかし，進化論以来，普遍の真理を探究するという科学の前提は揺らいできた．現在では，宇宙自体が進化の途上であり，むしろすべての現象は変化・発展の途上の一断面であると考えられている．このような状況における現代的な課題は，真理の探究よりはむしろ，知識の獲得さらには新しい価値の創出にあるといえる．

この基本的なパラダイムの変遷に対応してモデルの概念も変化するのはむしろ当然のことである．研究対象が生命，人間社会，地球環境さらにはCPS（cyber-physical systems）へと拡大・複雑化したことに伴って，従来のように第1原理モデル[※1]が仮定できない問題が主流になってきたのである．その結果，モデルは与えられたものあるいは発見や推定するものから，むしろ予測や合理的意思決定のために便宜的に導入され

[キーワード&略語]
第4の科学，情報統合，ベイズモデリング，粒子フィルタ，個別化，データ同化

CPS：cyber-physical systems
MCMC法：Markov chain Monte Carlo methods（マルコフ連鎖モンテカルロ法）

> ※1 第1原理モデル
> 運動量の保存など，実験結果によらない原理に基づいて自然現象を説明するモデル．

Statistical analysis technologies for big data era
Genshiro Kitagawa：Research Organization of Information and Systems（情報・システム研究機構）

た道具という位置づけになった．

1 第4の科学と統計学の現代的役割

このような研究対象の急速な拡大や研究目的の変容とモデルの概念の変化は科学的方法論にも大きな変革をもたらした．20世紀までの科学技術は，実験科学と理論科学と呼ばれる2つの科学的方法論に支えられて発展してきた．20世紀の後半には，複雑な非線形現象や大規模システムの理解と予測・設計を目的として複雑な現象を過度に簡略化することなく現実に近い形で取り扱うために，シミュレーションを主とする計算科学の方法が第3の科学的方法論として確立し，流体計算を伴う設計や複雑なシステムの挙動解析，分子動力学計算などにおいて飛躍的な発展を遂げた．そして21世紀の現在，ビッグデータの出現と複雑なシステムモデリングの必要性は，大規模データに基づき帰納的にモデルを構築する第4の科学すなわちデータ科学の確立を促している（図1）[1]．実験科学と理論科学が，優れた研究者の知識，経験と勘に依拠した帰納的方法と演繹的方法とすれば，計算科学は計算機が可能にした演繹的方法，データ科学は計算機とビッグデータが可能にする帰納的方法ということができるであろう．

20世紀の統計学がめざしたものが，少数データに基づく精密推論の実現であったのに対し，このような変化のなかで現在の統計学がめざすべきはビッグデータの活用である．ただし，ビッグデータといっても，データの大小は本質ではなく，複雑さの増大やデータ利用の目的自体が大きく変化していることが重要である．

1936年に行われたアメリカ大統領選挙では，ある雑誌出版社は実に230万人の世論調査を行って結果予測を行ったが，Rooseveltの地滑り的当選を言い当てたのは層化抽出で得られたわずか3,000人の調査を用いた（後の）Gallup社の方だった．この衝撃的な結果は，不確実性を伴う対象に関しては，むやみに大量データを使ってその変動誤差以上の推定精度をめざすのは無駄であり，むしろ推定の偏りを除去する方がはるかに有効であることを示している．

この例が示すように，ビッグデータを従来と同じようなモデルの推定精度向上のために使ってもコストに見合うメリットは少ない．複雑な現象のシステム的理解，個性をもった対象に対する個別化対応やレアイベントの発見など，計算機とデータの活用により従来はできなかったことを実現してこそビッグデータは価値を発揮できるといえる．

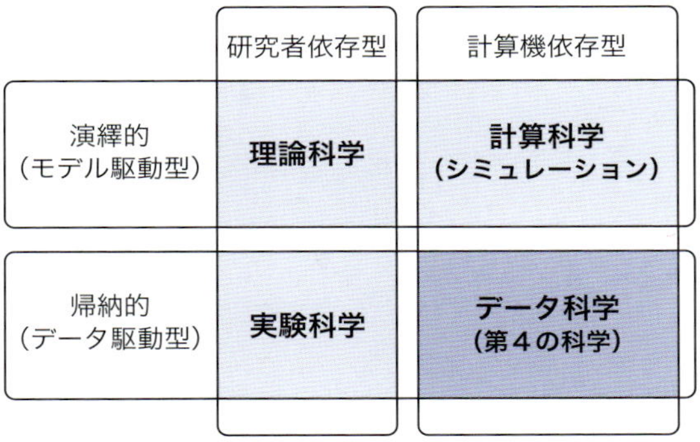

	研究者依存型	計算機依存型
演繹的（モデル駆動型）	理論科学	計算科学（シミュレーション）
帰納的（データ駆動型）	実験科学	データ科学（第4の科学）

図1　データ科学（第4の科学）の位置づけ
理論科学，実験科学，計算科学およびデータ科学はそれぞれ，推論の2つのタイプ（演繹型，帰納型）と推論の2つの主体（研究者と計算機）の交差点上に位置づけられる．

2 現代における統計解析技術

MGIリポートによればビッグデータ活用に不可欠な要素技術は，ビッグデータ処理技術，データ可視化技術，データ解析技術とされている[2]．ビッグデータ処理技術は大量の散在するデータを処理するための情報技術，データ可視化は膨大な高次元データや計算結果を人間が把握できるようにするための技術，データ解析技術はビッグデータからの深い知識獲得のための方法である．特にデータ解析技術としては，統計学，機械学習，自然言語処理および最適化法が重要とされている[2,3]．統計学はビッグデータ活用における主役の1つであるが，従来の統計解析技術だけでは現代的な要請に応えることはできない．以下では，いくつかの観点からビッグデータ解析に関連する統計解析法をとり上げておく．

1）計算統計学の方法：線形・正規性の制約からの解放

従来の統計解析手法の多くは線形性・正規性・定常性の仮定の下で解析的方法により導かれてきたが，近年の統計学の特徴は，計算機を活用して，これらの強い制約なしに実用的な解析法を開発してきたことにあ

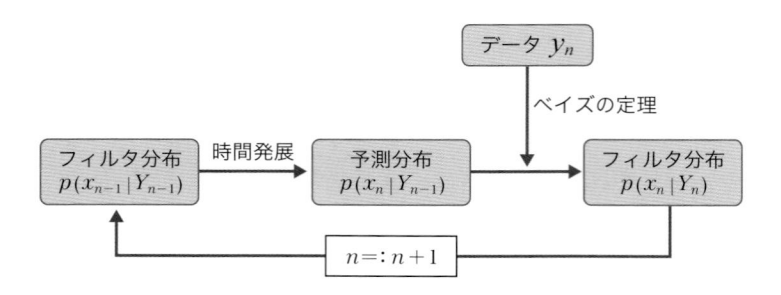

図2 時系列フィルタリングにおける逐次計算

時刻 n におけるシステムの状態を x_n，データを y_n，時刻 n までのデータから得られる情報を Y_n と表す．時刻 $n-1$ のフィルタ分布から時刻 n の予測分布が得られる．これを x_n の事前分布とみなして，ベイズの定理を適用すると新しいデータを統合したフィルタ分布が計算できる．次の時刻にはこれをくり返せばよい．

る．時系列解析においては，1960年以来，カルマンフィルタが動的システムの解析や予測に用いられてきたが（**図2**），この方法はシステムの線形性とノイズ分布の正規性を前提とした方法であった．1980年代後半になると，数値積分の利用により線形性，正規性を仮定することなく逐次的フィルタの計算ができるようになり，広範な時系列モデルの実用化が進んだ[4)5)]．ただし，数値積分を用いる方法を適用できるモデルの次元は限られているので，1990年代後半になると，モンテカルロ法に基づく粒子フィルタが開発され，さまざまな応用が可能となった[6)7)]．

ビッグデータ解析においては，高次元空間における条件付き分布が重要な役割を果たすが，高次元空間においては現実のデータはスパースでほとんどが欠測という状況も頻繁に生じる．ただし，状態空間モデルで表現される時系列の場合には，欠測値の補間はカルマンフィルタや粒子フィルタなどを使って比較的簡単に推定することができる[5)]．

時系列フィルタリングの特徴は，予測とフィルタをくり返し実行することにある．ベイズモデリングの立場でいえば予測は事前分布の計算，フィルタは観測データの統合による事後分布の計算に相当する．さらに，この事後分布を次の時刻の事前分布の計算に用いていることから，フィルタリングでは，分布を介在して知識発展のプロセスが自然に構築されることになる．

2）ベイズモデリングによる異種情報の統合

現在の統計学の重要な役割として異種情報の統合があるが，これを実現する統一的フレームワークがベイズモデルである．ベイズの定理は18世紀に発見され長い歴史をもつが，統計学においては近年までいわば異端としての地位に甘んじてきた．事前分布の利用に関する哲学的な問題に加え，線形・正規型の問題以外にはほとんど実用的な解を求めることができなかったからである．しかし，近年の計算機の飛躍的発展とさまざまなモンテカルロ計算法の開発，さらに大規模データの利用可能性によって，一躍ベイズモデルは統計解析の主役に躍り出たのである．

ベイズモデルの場合にも，線形性・正規性を仮定しない一般の場合は，通常その事後分布は，きわめて複雑な形になり解析的な解を求めることができない．しかし，MCMC法[※2 8)9)]などのモンテカルロ計算法の開発によって，現在では，きわめて複雑な高次元モデルに関しても，事後分布からのサンプリングができるようになっている．前節のベイズモデルの実用化は，この統計計算法の発展によって実現されたといっても過言ではない．

3）個別化対応：普遍的知識と個別情報の統合

伝統的な統計学は個々のデータの背後に母集団あるいは確率モデルを想定し，データを集団の一員とみなすことによって，汎化能力を獲得し，本質的な情報の取得や外挿・予測の実現という帰納的な推論を実現してきた．このような，ものごとを集団として捉えるという立場は，大量生産・大量消費をめざした20世紀の

> **※2 MCMC法**
> マルコフ連鎖モンテカルロ法の略．想定する確率分布を定常分布とするマルコフ連鎖を構成して，サンプリングを行う方法の総称．ベイズモデリングでは事後分布からのサンプルを得るために用いる．

工業生産社会にはよく適合していたといえるであろう．

しかし21世紀は個の時代である[10]〜[12]．効率追求の大量生産の時代にかわって，一人ひとりのニーズに応えるサービスの実現が求められている．マーケティングの分野では，一律大量のダイレクトメール送付は過去のものとなり，一人ひとりの購買履歴等の個人情報に基づいて，効果が期待できる特定顧客だけに向けてきめ細やかな情報提供が行われるようになっている．ネット販売においても，検索者の過去の検索・購買履歴や検索項目間の関連性分析から，それぞれの検索者や検索項目に対応して，検索者にとっても広告提供者にとっても適切で効率的な情報提供が行われるようになっている．

医薬品開発についていえば，従来は新開発の医薬品の効能と副作用を統計的に評価して発売が認可されてきた．これは，平均的な人間が多数存在するという均一な集団を想定していることに対応する．しかし，今や，ゲノム情報と特定疾患への効果や副作用の関係を利用して適切な条件付けによって，個人情報に基づいてその人向けに有効な医薬品を開発しようとする個別化創薬が始まろうとしている．同様な動きや可能性は，教育，展示，ロジスティックスなどのほか，気象情報や旅行・観光情報の提供などにおいてもみられる．

このように，ビッグデータ活用の典型である個別化は一般的知識に加えて，当該の対象に関する個別的情報を効率的に取り込むことによって可能となる．これを実現するためには，効果的な条件付けができる情報の発見と，その結果に基づき一般的知識と個別情報という異種情報の統合が必要である（**図3**）．

4）データ同化：シミュレーションモデルとデータの統合

計算科学の方法によって，複雑な現象に対する直接的アプローチが可能になったが，現実には第1原理だけから現実の現象を正確に表現できるモデルが得られることが少なく，初期条件，境界条件，モデルの不正確さ，対象自身の不確実性，多階層モデルなどのさまざまな要因によって，シミュレーションの正確さが失われる．このような場合に，シミュレーションモデルにデータから得られる情報を統合するデータ同化[13][14]によって，より正確かつ適応的なシミュレーションが実現でき，次世代のシミュレーション技術応用が進み

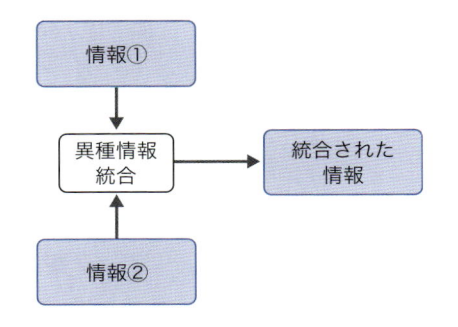

図3　異種情報の統合
ビッグデータ活用のための統計的推論の多くは，2つの異なる種類の情報を統合することによって実現する．情報①と②の例については**表**を参照．

つつある．データ同化は海洋学や気象学で生まれた方法であるが，感染症の拡散予測や拡散防止のための介入効果の検証[15]や観測画像に適合させた細胞分裂のシミュレーションなど，先験的に物理モデルが想定しにくい生命科学への応用もはじまっている．

データ同化ではシステムの時間発展を記述する非線形のシミュレーションモデルと観測モデルの統合が行われる．従来の仮説−検証型の統計推論では，演繹と帰納は意識的に峻別されてきたが，データ同化においては演繹と帰納をむしろ積極的に融合させているとも解釈できる．これは科学研究の目的が真理の探究から，価値創出にシフトしつつあることと無縁ではない．この新しいパラダイムの下ではもはや演繹と帰納プロセスを分離する必要はなく，むしろ2つの融合によって，知識発展のスパイラルをめざすことになる．データ同化はまさにこれを実現するアルゴリズムであるともいえる．

おわりに

ビッグデータの出現に伴って，科学研究も大きく変化し，やがてすべての科学研究はデータサイエンス化するとまでいわれている．これに対応して，新しい統計解析技術も発展してきているが，実はこれらはベイズモデリングによって情報統合を実現しているものと解釈できるものが多い．時系列のフィルタや個別化，データ同化がその一例であることはすでに示したが，ここでとりあげなかった多くの統計的方法も同様であ

表　異種情報統合のさまざまな形

	ベイズモデル	粒子フィルタ	個別化技術	データ同化	L_1-正則化	外挿・補間
情報①	事前分布	予測分布	一般的知識	シミュレーションモデル	観測モデル	空間モデル
情報②	観測データ	観測データ	個人情報	観測データ	正則化項	近接データ
統合情報	事後分布	フィルタ分布 平滑化分布	個人化知識	データ同化シミュレーション	スパース回帰	平滑化分布

る（**表**参照）．例えば，柔軟なモデリングを実現する正則化法はベイズモデリングと同値であることが知られている．特に，近年超高次元データのスパースモデリングにおいて利用されるLASSO[9)16)]は正則化法の一種といえるが，ペナルティ項として通常の二乗誤差に代わって絶対誤差を用いることが特徴である．これによって，変数選択によらずに多くの変数の寄与を0とすることができ，モデル選択[17)]とパラメータ推定を同時に実現できることからビッグデータ解析の有力な方法となっている．

最後に，近年必要性が指摘されているデータサイエンティストの育成について触れておきたい．現実の課題に対してビッグデータ活用を実現するためには，科学的な課題を定式化し，適切なデータを見出し，大規模データを処理して，統計解析を行って科学的発見や価値創造につなげていく必要がある．このような一連のプロセスを担える人としてデータサイエンティストが不可欠である．このような人材の要件や育成方法，その規模等に関しては報告書をご一読されたい[3)18)]．今後，すべての科学的研究がデータサイエンス化すると考えられることから，学術分野においても，このような人材を積極的に育成するとともに，そのキャリアパスの確立にも取り組む必要がある．

文献

1) 「The fourth paradigm: data-intensive scientific discovery」（Hey T, et al, eds），Microsoft Research, 2009
2) 「Big data: the next frontier for innovation, competition, and productivity」（Manyika J, et al），McKinsey Global Institute, 2011
3) 日本学術会議 情報学委員会 E-サイエンス・データ中心科学分科会提言「ビッグデータ時代に対応する人材の育成」，2014
4) Kitagawa G：J Am Stat Assoc, 82：1032-1063, 1987
5) 「時系列解析入門」（北川源四郎／著），岩波書店, 2005
6) 「Sequential Monte Carlo methods in practice」（Doucet A, et al, eds），Springer, 2001
7) Kitagawa G：J Comp Graph Stat, 5：1-25, 1996
8) 「計算統計学の方法—ブートストラップ，EMアルゴリズム，MCMC」（小西貞則ほか／著），朝倉書店, 2008
9) 「パターン認識と機械学習—ベイズ理論による統計的予測（上・下）」（C. M. ビショップ／著，元田 浩ほか／訳），丸善出版, 2012
10) 北川源四郎：統計, 59：18-19, 2008
11) 樋口知之：統計, 63：2-9, 2012
12) 「予測にいかす統計モデリングの基本—ベイズ統計入門から応用まで」（樋口知之／著），講談社, 2011
13) 「データ同化入門—次世代のシミュレーション技術」（樋口知之／編著），朝倉書店, 2011
14) 樋口知之：日本ロボット学会誌, 33：68-71, 2015
15) Saito MM, et al：PLoS One, 8：e72866, 2013
16) 「多変量解析入門—線形から非線形へ」（小西貞則／著），岩波書店, 2010
17) 「情報量規準」（小西貞則，北川源四郎／著），朝倉書店, 2004
18) ビッグデータの利活用に係る専門人材の育成に向けた産学官懇談会報告書「ビッグデータの利活用のための専門人材の育成について」，情報・システム研究機構, 2015

＜著者プロフィール＞
北川源四郎：東京大学理学部数学科卒，同大学院博士課程中退．統計数理研究所研究員，助教授，教授，所長を経て，2011年から情報・システム研究機構長．この間，タルサ大学助教授，合衆国商務省センサス局研究員，東京大学経済学部助教授などを歴任．専門は統計数理，特に時系列解析と統計的モデリング．理論・方法の研究とともに，地震波の自動処理，船舶のオートパイロット，経済時系列の季節調整法，列車安全のための強風予測法の開発などにも携わった．

第1章 ビッグデータと生命科学

12. コグニティブ・コンピューティングと医療の世界
─IBMワトソンを支える機械学習と自然言語処理

溝上敏文

2011年米国のクイズ番組で勝利したWatsonの医療分野への応用はがん研究の領域から開始され，最先端の医療機関との共同研究は2015年日本でも東京大学医科学研究所で開始されるに至った．次世代シークエンサー等の技術革新によってさらに加速する医療研究によって蓄積される膨大な医療研究データは，従来のコンピューター技術では有効に活用することが困難であり，自然言語処理や機械学習等の技術を駆使した「Cognitive Computing」によるブレークスルーに挑戦していくことが共同研究の目的である．本稿では，Cognitive Computingを支える主要な要素技術に焦点を当てて解説する．

はじめに：Cognitive Computing

IBMはコンピューティング技術の過去と未来を結ぶその歴史において，今が大きな転換点であると考えている．数を高速に数えることが革新的なことであった黎明期，プログラミングの技術が段階的に発達し良くも悪くもコーディングしたとおりにマシンが動いた数十年間の時を経て，これからのコンピューターが果たす役割が大きく変わろうとしている．医療の世界を含む多くの業界において，これまでコンピューターはデータ構造が定義された表計算は得意でも，自然言語で書かれた文章や画像の意味を捉えること，つまり「非構造化データの処理」は全く不得手だった．ビッグデータの時代となった今，その8割を占めるといわれる非構造化データを効率よく扱えるコンピューターWatsonの開発に着手したIBMは，2011年に米国のクイズ番組で人間のチャンピオンに勝利を収め，その技術をさらに磨いてCognitive Computingと呼ばれる技術の新時代を切り開こうとしている．

[キーワード&略語]
Cognitive Computing, Watson, 自然言語処理, 機械学習, コーパス

- **NLM**：National Library of Medicine
- **PPI**：protein to protein interaction
- **UIMA**：Unstructured Information Management Architecture
- **UMLS**：Unified Medical Language System
- **WDA**：Watson Discovery Advisor

1 Cognitive System：基礎技術としての自然言語処理と機械学習

IBMはWatsonを人工知能という言葉ではなく，

Cognitive computing for medical innovation – IBM Watson built on machine learning and natural language processing
Toshifumi Mizokami：IBM Japan Watson Health Business Development Executive（日本IBM株式会社ワトソン事業部ヘルスケア事業開発部）

Cognitive Systemという名称で呼んでいる．その大きな特徴は自然言語で記述された情報としての（場合によっては音声・画像も含む）非構造化データを大量に読み込み，コーパスと呼ばれる知識ベースを構築し，コンピューターが処理を得意とする構造化データへの変換を行うことにある．つまりビッグデータを効率よく扱うための「構造」をもったコーパスを作成することで，システムが自然言語で記述された文書を解析し，洞察を得られるようにする．それはあたかも人間が読み書きする文章を理解し，機械学習による分類・予測のアルゴリズムを使うことでラーニングカーブをもつかのようなふるまいを実現し，クイズ番組で人間に打ち勝つようなシステムWatsonをつくり上げるに至った．そのWatsonを起点とする新時代のシステムがCognitive Systemと呼ばれるものであり，医療，金融，法律，政府，製造といった多種多様で膨大なデータを扱う分野でのITのあり方を大きく変える可能性を秘めている．

2 コンピューターにとっての自然言語処理の難しさ

　人が苦もなく読み書きできる言語の取り扱いがコンピューターには極端に難しい．その理由は言語特有の柔軟性，曖昧性にあるといわれる．人でも理解が難しい高度な文学的表現はさておき，病院で医師が作成した電子カルテの情報は，例えば以下のような多くの「揺らぎ」をもっている．

- 単語レベル：名詞の単複，時制と動詞の語尾変化，スペルミス，ハイフン（–）等でのつなぎ言葉，大文字小文字の不規則な使用，長い単語の省略形
- 文レベル　：句点で終わらず!?で終わる，主語の省略，文法的に「係り受け」の関係が一意に定まらず人間が経験的に判断して意味をなすものがある（例：「美しいテーブルの上の花」の「美しい」がかかるのは「テーブル」か「花」か）

　このような曖昧さ，揺らぎのためにルールベースの判断では達成できない自然言語処理技術は長らくIBMのリサーチ部門やアカデミア領域での研究テーマの1つであった．そのなかでもIBMが米国防省の国防高等研究事業局（DARPA）と2001年から共同で研究開発を進めてきた，非構造化データを扱う技術フレームワークはUIMA（Unstructured Information Management Architecture）と呼ばれ，2006年にオープンソースコミュニティに移管された後，今でもApache UIMA projectとして進化を続けている．Watsonで使用されている自然言語処理の技術はUIMAフレームワークに立脚しつつ，システムとしての実装をIBMが独自に行ったものである．

3 自然言語処理に機械学習を適用し高度化

　前項で触れた自然言語特有の揺らぎの問題により，if-then-elseのルールベースの判断のみが実装された従来のコンピューターはその解釈に混乱をきたしてしまう．曖昧さをもって書かれた文章を人が読んで意味を解釈するときに，脳内で無意識に行っている修正・補正をコンピューターにやらせることは簡単ではない．そこで，WatsonではIBM/アカデミアの研究者が長年にわたり脈々と発展させてきた統計学的手法や機械学習の技術を使ってlanguage modelを構築し，揺らぎをもつ文章をいかに効率よく扱うかという課題に挑戦している．

　医学論文や電子カルテ等の言語情報を読み込み，Watsonのコーパスを作成していく過程での自然言語処理は，おおむね以下のような流れで実施される．

① tokenization（単語の切り出し）
② sentence boundary detection（文単位に分ける）
③ parsing（形態素解析で文の品詞構造を分析し，ツリー構造へ変換）
④ mention detection（重要な単語をカテゴリーに分類）
⑤ coreference detection（同じ対象を指す言葉を判別．heとかits等の代名詞の係り受け等の判別）
⑥ relation detection（mentionとして認識された言葉間の関係性の抽出）

　上記のおのおのステップでif-then-elseの記述に

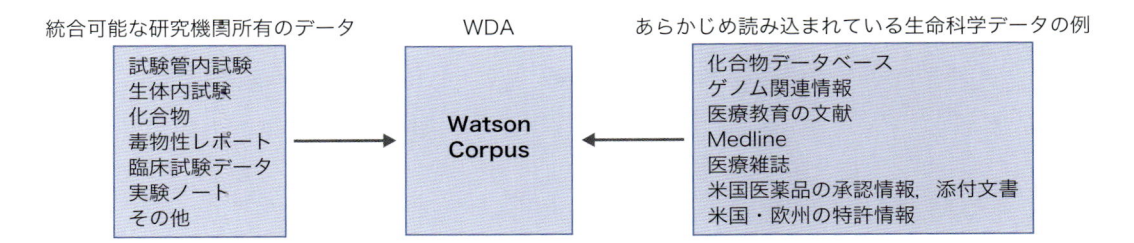

図1　Watson Discovery Advisor（WDA）のコーパス
あらかじめ多くの生命科学データをもとにしたコーパスが作成されており，加えて研究機関が保有するデータを統合可能．

よるルールベースの判断に頼ることはあまり効率的ではない．1番目のtokenizationでさえ，英単語のなかにスペースが誤って入ってしまっただけで混乱が起きてしまうからだ．2番目の文章をsentenceに分ける処理も，英語における．(period)を探せばよいかといったらそう単純なことではなく，Dr.（ドクター）や0.5 g（重さ）といった文中で使われるperiodを拾ってしまう．

堅牢な自然言語の処理システムをつくり上げるための技術は，入力された単語や文章に対して，確率計算を伴う統計的手法によるテクニックであり，単語→名詞/動詞/接続詞，単語→主語/述語/目的語，医療の場合だと単語→症状/器官/薬剤/遺伝子等といった「言葉の空間」のなかでの分類（classify）の処理である．その分類の処理が機械学習によるものであり，N-gram，Support Vector Machine，Maximum Entropy等といったアルゴリズムを組合わせて実装される．

自然言語を読んでいくうえで，揺らぎの量が少なければ少ないに越したことはなく，従来からテキストマイニングの技術で用いられてきた「辞書」「類義語（シソーラス）」といった知識ベースを使うことは，揺らぎ問題を軽減させることに大きく貢献し，重要で専門的な単語や関係性を文章から抽出していくうえで大きな助けとなる．医学の世界ではUMLS（Unified Medical Language System）と呼ばれる，研究や診療，創薬等の現場で使用される専門的な医学用語が網羅的に体系化されたデータベースが存在し，米国のNational Library of Medicine（略称NLM，国立医学図書館）により定期的に更新され，コンピューターによるバイオロジーやヘルスケアの言葉の理解の大きな助けとなっている．Watsonの医療ソリューションでもコーパスの作成時にUMLSが参照されており，そのため病気，遺伝子，タンパク質，薬剤等の専門性の高い言葉や，その関係性を論文のなかから抽出しやすくしている．

4 Watson Discovery Advisorにおけるコーパスの実装

ライフサイエンス・ヘルスケアにおけるWatson技術の応用分野は現時点で大きく分けて，研究開発，診断支援，顧客サポートの3つの業務分野である．そのなかの研究開発領域での活用を見据えて開発されたWatson Discovery Advisor（WDA）はすでに製薬企業での業務改革に活用され，米国ベイラー医科大学での成果としての「がん抑制遺伝子p53」に対するリン酸化酵素の発見等の実績があるが，そうした成果を出すための鍵となるのがWDA用コーパスであり，その特徴を3点以下にあげる．

1）医療研究関連データをコーパスとして統合

創薬研究や難治性疾患の発症メカニズムの研究等に関連するデータは気の遠くなるような膨大な量と多様性があり，研究者が知的に格闘してどうにかなるレベルをはるかに超えている．そこでWatsonの技術を使ってMedlineに収録された数千万件の医学論文，公的データベースとしてまとめられたomics情報，医学雑誌や特許情報などを包括的・統合的に扱えるデータ環境の構築をめざしたものがWDAであり，加えて研究機関が保有する内部データも統合したコーパスを作成する（**図1**）．

商標名：Valium　学術名：Diazepam
CAS番号：439-14-5, PubChem CID 3016, ChEBI 49575
その他の名前：Alboral, Aliseum, Alupram,
　　　　　　　Amiprol, Ansiolin, …

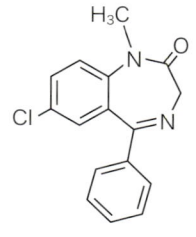

図2　化合物Valiumの多様な表記方法

…doxorubicin results in extracellular signal-regulated kinase (ERK)2 activation, which in turn phosphorylates p53 on a previously uncharacterized site, Thr55…

⬇

○ERK2 - ■phosphorylates - ○P53 on △The55

○ - タンパク質，■ - 動詞，△ - アミノ酸

図3　論文から抽出されるPPI（protein-protein interaction）の一例

2）化合物表記の識別子にみられる多様性への対応

医学系の論文や特許情報に多くみられる化合物情報は，1つの化合物をあらわす識別子が数多く存在し，例えば精神安定剤の1つであるバリウム（Valium）という物質は149種類もの表記方法があるといわれる（図2）．

こうした化合物がどういう表記をされていようとWatsonは混乱することなく物質を特定しコーパスに取り込むことができる．前述の自然言語処理におけるcoreferenceの抽出に似ているが，このケースでは低分子化合物のさまざまな表記方法を調べあげ，網羅性をもった化合物データベースを作成することで可能になっている．そのデータベースはIBMリサーチ部門が製薬企業の皆様と長い年月をかけて構築したもので，Watsonのクイズ番組出演以前からの努力である．

3）Triplet（X-interaction-Y）の抽出

WDAのコーパスを作成していくうえで抽出される重要なものがPPI（protein to protein interaction）等の，生物の体内で起きている生化学的な反応についての情報である．遺伝子→発現→タンパク質，リン酸化酵素A→リン酸化→リン酸化酵素B，アスピリン→効果→頭痛，等といった表現を自然言語処理の技術で数多くの論文から読みとることで，知識体系の全体像を形づくっていく．例えば細胞や組織内にみられるシグナル伝達経路を，すでに発見されて論文に書かれている知識の多くをつなぎあわせて構築することができる．それはつまり個々の研究者が研究対象領域で出した成果をつなぎあわせ，集合知として可視化していくことを意味する．今後はその発展系として，モデル生物や人体といった組織レベルを表すデータモデルを構築することにもつながっていく可能性を秘めているといえる．

PPIの例として，図3の例では，論文の情報からキナーゼERK2がp53に及ぼす作用を抽出している．

多くの研究者が多大な時間をかけて研究し，その成果として膨大な情報量の蓄積がみられる「がん研究」のような領域もあれば，希少疾患やneglected disease（顧みられない病気）のようにさほど多くのデータが存在しない領域もある．どんなに優秀な研究者でも，果てしなく広大な生命科学の知識空間を記憶することは不可能であるのに対し，Watsonは非構造化データから意味のある情報を抽出する能力をもち，その能力を数千万件の論文やジャーナル，特許情報，診療データ，電子カルテ等から形成される膨大なビッグデータ空間に対して適用することができる．それにより医学研究

や診療に従事する人々の能力がより高いレベルで発揮されるような支援を行うことを目的としている．

Medlineのような数千万にも及ぶ論文データによって形成される知識空間の全体を一望することは，Watsonのようなシステムを使ってはじめて可能となるといえ，米国ベイラー医科大学はまさにそうした手法でWatson Discovery Advisorを活用し，p53と呼ばれるがん抑制遺伝子を活性化するリン酸化酵素を短期間で新たに7つ発見することに成功した[1]．それはあたかも人間が発見することがきわめて困難な「p53とリン酸化酵素の関係」が，Watsonには膨大な知識空間のなかにおぼろげながら見えていて，それを仮説として提示し人間の注意を喚起したかのようだ．同様の手法によるdiscovery（探索的手法による新たな発見）の考え方そのものは昔からあったが，医療ビッグデータの時代になった今現在，その有効性が改めて見直されている．くり返しになるが，非構造化データとして存在する医療ビッグデータをコンピューターが有効に活用するためのコーパスを作成する自然言語処理，機械学習技術の進歩がその根底にある．

5 Watson Genomic Analytics (WGA)

もう1つの発展形がWatson Genomic Analyticsと呼ばれる，がんの個別化医療，いわゆるゲノム医療（genomic medicine）を支援するためのクラウドサービスだ．重篤な脳のがんである「悪性膠芽腫」に関するNew York Genome Centerとの共同研究が2014年3月に発表され，その研究が発展しサービスとしてクラウド上に実装され，今は北米の多くのがんセンターや大学病院で使用され，日本でも東京大学医科学研究所でのがん研究での使用がはじまった．

その背景にあるのは次世代シークエンサー技術が飛躍的に進歩し，遺伝子情報を読みとるコストがムーアの法則を上回るスピードで下がり，がん研究や診療の現場で腫瘍細胞から採取した遺伝子情報が疾患メカニズムの解明や創薬に用いられているということがある．遺伝子が存在する染色体は，人の場合30億段の塩基配列で構成されていて，腫瘍細胞にあってはそこに数千から数十万といわれる数の遺伝子変異（mutation）がみられる．そのすべての変異を一つひとつ調査して効果のある可能性の高い薬剤や治験プログラムの選定に結び付けていく作業はきわめて困難である反面，がん患者が待つことができる検査期間は一般的に2～3週間だといわれている．そこにWatsonの技術を応用し，医師や研究者を支援していくことを目的としてWGAは開発された．

WGAが提供する機能は，広い範囲のがんの種類に対して分子レベルでの疾患メカニズムの解析（molecular profiling），有効性がある（actionable）と思われる薬剤や，clinicalTrials.govに登録されている治験プログラムの情報等を導き出す．将来日本でもがんの個別化医療のための診療シークエンスが医療システムに実装されていくことを見据えて，そのときに医師の方々の診断を適切に支援することができるよう，WGAは国内外でトレーニングを受け，性能向上の努力を継続している．

おわりに

Cognitive Computing技術の医療分野での活用は米国のMD Anderson Cancer Center，Memorial Sloan-Kettering Cancer Center等の最先端のがん研究機関との共同研究ではじまり，大規模病院に存在する電子カルテや診療情報等の非構造化データを活用し，さらなる医療イノベーションにつなげていく挑戦は今も続いている．2015年には数千万人の患者の匿名化された電子カルテ情報をクラウドで管理するExplorys社が買収によって加わり，さらにその後7,000を超える医療機関で画像データを処理する技術を提供しているMerge Healthcare社の買収が発表された．つまり今後はテキスト情報だけでなく膨大な医療画像情報に対してWatsonの技術を開発し適用することをめざしている．医療の現場に携わる人々をイノベーションによって支援し，より正確でタイムリーな未来の医療を実現するための鍵となるのは，大量の医療情報データの有効活用，および科学的根拠に基づいた医療の推進であると捉え，IBM Watsonは医療分野のパートナーと協調した努力をこれからも継続していき，将来的に広い範囲の医療従事者の方々に利用いただけるようなしくみづくりをめざしたいと考えている．

文献

1) Spangler S, et al：Automated hypothesis generation based on mining scientific literature　http://dx.doi.org/10.1145/2623330.2623667

＜著者プロフィール＞

溝上敏文：1989年4月東京大学理学部情報科学科卒業後，日本IBMに入社，金融機関向けドル決済システムの開発，USへの長期赴任，PCサーバー製品の製品技術マネージャー，サーバー製品開発マネージャー，ゲーム機用半導体製品のセールスマネージャー等を経て，2010年よりクラウド・スマーターシティー等の成長戦略部門でビジネス開発を担当，'15年7月よりWatson事業部にてヘルスケア事業開発部長として国立研究機関，医療機関，製薬企業でのワトソンビジネスを担当し今に至る．

第1章 ビッグデータと生命科学

13. ビッグデータのライフサイエンスにおける活用

田中　譲

「ビッグデータ」をミッション先導型研究からデータ先導型研究への転換というパラダイム・シフトを象徴する言葉として捉え，その変化を与えた重要な契機と，期待される応用分野，特に生命科学と医療の分野における応用の研究開発動向を概観し，基盤技術の現状と応用との間に現時点で存在している大きなギャップを明らかにする．これを埋める1つの解として探索的可視化分析技術の必要性を述べ，がん治験の統合IT支援技術の確立をめざして遂行されたEUのFP7プロジェクトp-medicineのなかで筆者グループが開発したTOB（Trial Outline Builder）を例に，探索的可視化分析の個人化医療確立への応用について紹介する．

はじめに：ビッグデータ―ミッション先導型研究からデータ先導型研究へ

ビッグデータという言葉が市民権を得て久しいが，その定義にはいまだ決定版がない．筆者は，諸分野における課題解決において，ミッション先導型からデータ先導型への転換というパラダイム・シフトが起きて

[キーワード&略語]
データ先導型研究，探索的可視化分析，
個人化医療，がん臨床試験データ，個人情報保護

ACGT: Advancing Clinico-Genomic Trials on Cancer
EU FPnプログラム: 欧州共同体第n期フレイムワーク・プログラム
p-medicine: personalized medicine（個人化医療）
TOB: Trial Outline Builder

いることを象徴する言葉として「ビッグデータ」を捉えている．今日の社会にあって，われわれはさまざまな複雑かつ難解な課題の解決を迫られている．一次産業においては資源開発や収穫量の向上が，二次産業においてはコスト・パフォーマンスの向上が，三次産業においては新しい価値創生とそれに基づく新サービスの創生や既存サービスの質の向上が求められている．先端科学技術の研究開発においては革新的新知見の発見が求められ，生活においては安心安全で持続的な社会基盤の維持管理と最適化や，高齢化社会における健康管理と医療の変革が求められている．災害に対しては防災・減災と緊急対応，復興の迅速化が求められている．これらの課題の解決において，従来は，最初にミッションがあり，その遂行のために情報やデータが収集され分析されるという順序が成立していた．この関係が，今世紀に入ったころから大きく変わってきた．ウェブの発展や計測機器の発達により，取得可能な

Big data applications in life science
Yuzuru Tanaka：Graduate School of Information Science and Technology, Hokkaido University（北海道大学大学院情報科学研究科）

データを特定のミッションに関連付けることなく網羅的に自動的に獲得蓄積し，このうえで仮説検証可能なさまざまな新しい課題を設定しその解決を図っていこうというデータ先導型の考え方である．

この変化をもたらした象徴的な契機として，筆者は以下の5つが特に重要な役割を果たしたと考えている．
ⓐウェブの発展とサーチエンジン利用の広がりによるコンテンツと意図データの膨大な蓄積
ⓑDNAシークエンシング技術の急発展による自動データ取得と蓄積
ⓒスマート・フォンの普及によるモビリティ情報の自動取得と蓄積
ⓓ物のインターネット（IoT）の発達
ⓔIBM Watsonの成功（第1章-12参照．Watsonはその後，公表された論文とデータのみを用いて，機能性化合物や新薬の合成法を発見し，難病の新治療法を発見するという挑戦的課題の研究開発を刺激している）

1 期待される応用分野

現在，次のような分野の挑戦的課題に関するビッグデータ・アプローチに対して期待が高まっている．
①生命医療と健康管理
②持続性のある安心・安全で効率的な社会
③農業の生産性向上
④機能材料物性化学と創薬
⑤大型航空機や高性能超並列計算機などの大規模複雑系の設計
⑥先端科学論文データベースとウェブ情報からの知識発見

生命科学と医療の分野には，特に①，④，⑤，⑥が関係する．

「生命医療と健康管理」の分野では，臨床治験データやコホート・データに対するビッグデータ・アプローチに対して期待が高まっている．EUでは，臨床治験（日本の臨床試験）データや画像診断データがあらわす表現型と患者の遺伝子データをはじめとするオミックス・データ，さらには代謝パスウェイや疾病の原因遺伝子に関する普遍的知識を統合的に用い，がんや成人病の個人化医療を確立する試みが研究開発されている．

筆者が過去9年間にわたって参加してきたEUのFP6（第6期フレイムワーク・プログラム）の大規模統合プロジェクトACGT（Advancing Clinico-Genomic Trials on Cancer）[1]と，その後継プロジェクトであるFP7のp-medicine（personalized medicine）[2]はその例である．統計的に有意な分析結果を得るにはデータ数を増大させることが必須であり，病院や国境を越えて大規模に同一の治療を行う必要がある．そのためには，個人情報保護を法的，倫理的に遵守するために，システム全体をサンド・ボクシング化し，その内部ではセキュアに仮名化したデータを自在に共有アクセスし分析できる環境を構築する必要がある．p-medicineプロジェクトでは，サンド・ボクシング化のアーキテクチャと，運用の制度化，運用責任母体の法人化，この法人と利用機関の間の契約に基づく信頼のネットワークの構築の4点セットで，この問題に1つの解を与えている．これとは別に，日常の健康管理・医療サービスのなかで，診療，病歴，治療のデータに加え，患者の遺伝子データも取得蓄積し，仮名化されたデータを用いて，疾患と遺伝子との関連を解明しようとするコホート研究もはじまっている．国内では，こちらの研究がさかんである．

「機能材料物性化学と創薬」の分野では，既知化合物の構造的特徴と機能的特徴とを網羅的にデータベース化するとともに，シミュレーションにより既知化合物を仮想的に反応させ膨大な数の仮想化合物をその構造的特徴とともに求め大規模データベースを構築することが可能になってきた．このような特徴量集合を材料ゲノム（material genome）とか触媒ゲノム（catalyst genome）と呼び，バイオ情報学と同様のビッグデータ・アプローチを適用する試みがスタンフォード大学等ではじまっている[3]．特定機能をもった新材料の探索を行う際に，その機能と相関をもつ構造的特徴をもつ化合物や仮想化合物をこのデータベースから検索することで，探索の範囲を絞った研究開発が可能になる．構造的特徴と機能的特徴の相関は，機械学習やシミュレーションを用いて近似的に求められる．

創薬においては，リガンド候補の大規模データベースの構築に，前述と同様のシミュレーション手法が用いられる．リガンドとレセプターとのドッキングの可否は，ドッキング・シミュレータを用いて検定するの

ではなく，アミノ酸配列中に出現する多様な配列のパターンのくり返し出現回数などの特徴量を用いて前述の材料ゲノムを定義し，リガンドとレセプターのそれぞれをこの材料ゲノムで特徴づけて表現し，ドッキングの可否が既知の対を学習データとして用いて機械学習を行い，その結果を用いて，与えられたレセプターに対して，ドッキングする候補リガンドをデータベースから求める．JST CREST「ビッグデータ応用」の船津プロジェクトはこの手法の確立をめざしている[4]．

「先端科学論文データベースとウェブ情報からの知識発見」は，IBMのWatsonの発表によって一躍期待が高まっている研究分野である．Watsonを発展させたようなシステムを開発すれば，解決すべき課題ごとに，複雑に絡まり合う膨大な断片的知見のなかのいくつかを課題解決に向けてつなぎ合わせ，人の力ではとても見つけられないような連関経路に沿って新しい治療法などの解を発見することができるのではないかと期待される．このような深い推論はWatsonでもまだ十分には実現できていない挑戦的研究開発課題である．日本は1980年代に考え推論するコンピューターの開発をめざして第5世代計算機プロジェクトを遂行したが，今まさに，このような機能をもったシステムをスケールアップし，自然言語での質問応答インターフェイスをもたせることが望まれている．

2 基盤技術の現状と応用との間の大きなギャップ

この20年の間に，ビッグデータに対する基盤技術は，データ管理検索技術から分析/マイニング・アルゴリズム，クラウドベースの統合システム技術まで，著しい発展を示した．一方で，多くの研究者や実務家が，これらの基盤技術と応用の間に，大きなギャップが存在していることを認識している．実応用においてある課題が課せられたとき，どのような検索と分析をどのような順序で組合わせて対象データに適用すれば解決に至る知見を得られるのかという問いに対して，普遍的答えはいまだ得られていない．分析シナリオが定まれば，ワークフロー型ツール連携システムを用いて各種ツールを組合わせて実行させることは可能であるが，分析シナリオを見つけること自体がいまだ研究対象で

ある応用が現実には多く，データの可視化と分析を自在に連携させることにより，探索的な可視化分析過程を支援できる探索的可視化分析環境技術の開発が望まれている．筆者が参画したp-medicineの研究はそのような応用分野の例である．特定症状の患者に絞っても，臨床治験対象の候補治療法の間に患者の生存率に関して有意な差が出ることは少なく，腫瘍中の遺伝子発現や血清中および血液細胞中のマイクロRNAの発現パターンの違いなどを新たなバイオマーカーとして用いて患者をさらにセグメンテーションする必要性が指摘されている[5]．このようなバイオマーカーになりうるマイクロRNAの発現パターンのような指標をいかに見つけるかが重要な課題である．

3 探索的可視化分析技術と臨床治験データへの応用

前述の2つのEUのFPプロジェクトにおいて，筆者のグループはTOB（Trial Outline Builder）と名付けられたがん治験の統合支援ツールを開発した．がんの個人化医療をめざす分析では，数年にわたる臨床治験の結果として蓄積されたデータを分析するが，臨床治験において患者は症例に応じて異なる治療フローに割り当てられる．

TOBは3つのオペレーション・モードからなり，第1のモード（マスター・プラン編集モード）では，治験のマスタープランの作成をグラフィカル・エディターで支援する．図1Aに示すように，左欄のイベント・ライブラリから，患者登録イベント（太い縦棒），化学療法イベント，放射線治療イベント，手術イベント，ランダマイゼーション・イベント（両端に三角形が付いた縦棒）を直接操作で選んでコピーし，右側ウィンドウのなかにドロップして並べてマスタープランのフローを定義する．患者登録イベントは，患者の登録操作に対応し，症例に応じて，患者を複数の治療パスの1つに決定的に割り振る．ランダマイゼーション・イベントは，その後に続く複数の候補治療パスの1つに各患者をランダムに機械的に割り振る．フローの定義後，各イベントをクリックしてイベントの種類に応じた標準フォーマットのCRF（case report form）を開き，これを編集して，CRFの定義を完成することがで

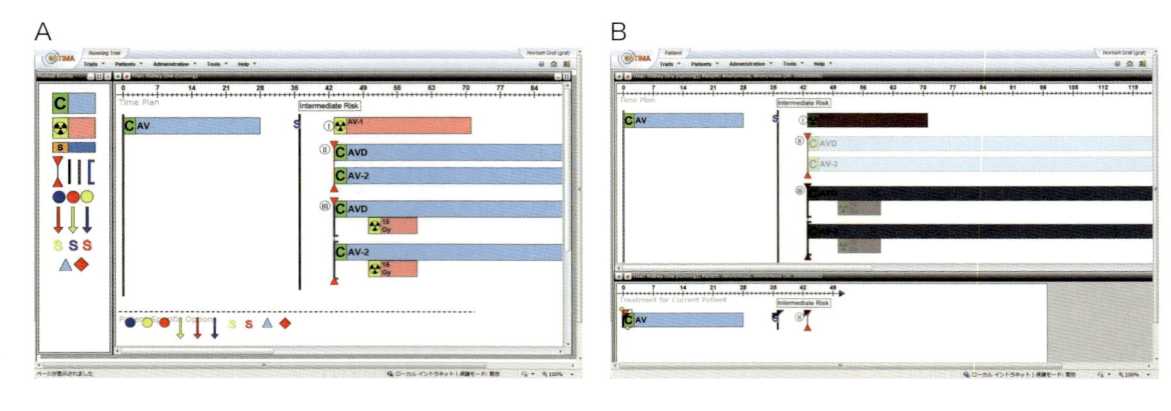

図1 TOBのマスター・プラン編集モードと患者治療モードの2つのモード
A) 治験マスター・プランのグラフィカル・エディティング．B) 患者治療モードが示すマスター・プラン（上方）と患者個人の治療フロー（下方）．

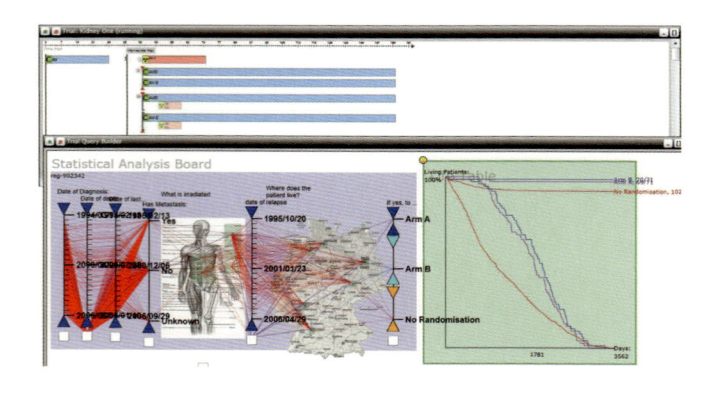

図2 TOBの可視化分析モード
相互連携動作する平行座標系とライフテーブル表示チャートを使用．

きる．フローの編集結果と各CRFの定義を用いて，システムが自動的にこの治験に対するデータベースのデータ格納形式であるスキーマを定義する．

図1Bに示す患者治療モードでは，患者の症例に応じて1つのパスが選ばれ，ランダマイゼーション・イベント後はランダムに1つの分岐が選ばれる．上方のウィンドウにマスタープランが表示され，下方に患者固有の治療フローが表示される．各イベントの治療開始時刻から計った相対的な開始時刻は，マスタープランからずれることもある．患者固有のフローは治療のガイドと，治療データ入力に用いられる．各イベントのデータ入力はCRFを開いて行われ，自動的にデータベースに格納される．

図2に示す第3のモード（可視化分析モード）は，治験終了後のデータ分析を支援する．マスタープランの特定のイベントを選ぶと，このイベントを通過する患者のいずれかがもつすべての属性が，全属性リストとして定義され，このリストを開いて，いくつかの属性を平行座標系の座標軸として選ぶことができる．n個の軸からなる平行座標系では，n次元のデータの分布を，これらを横切る折線の集合として表現することができる．個々の折線がn次元座標における1点に相当し，個々の患者をあらわすことになる．各軸は連続値ないし離散値をあらわし，各軸上では値の区間を複数指定することができる．平行座標系のほかに，生存率チャートや，患者の各属性値の分布をあらわすヒス

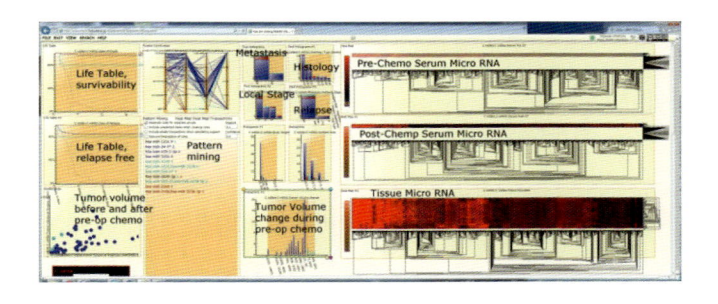

図3 TOBを用いた新バイオマーカーの創出
TOBの探索的可視化分析モードを用いて，手術前化学療法が効果的な小児腎臓がん患者に特有のバイオマーカーを，血清中のマイクロRNAの発現パターンの相違として見出す分析過程を支援．

トグラム等のチャートを同時に表示することが可能である．このモードでは，平行座標系やその他のチャートからなるすべての可視化が連携動作し，平行座標系中の個々の座標軸や各チャート上で直接操作にて行った選択が，平行座標系中の他のすべての座標軸とその他のすべてのチャートに即座に反映される．複数の選択を行った場合には，色を変えてこれらの選択がすべてのチャートに反映される．

このような相互に連携したデータベースの多重ビュー表示を用いた探索的可視化分析環境は，よく知られた連携多重ビュー・フレイムワーク（coordinated multiple views framework）と呼ばれる機構で実現することができる．このような機構は，診断から得られる患者の症状に関する種々の属性値をそのまま用いて患者グループを絞り込むのには有効であるが，クラスタリングやパターン・マイニングの結果として得られる各グループやパターンをバイオマーカーとして用いて，これらも併せ用いて適切な患者グループを絞り込むためには，クラスタリングやパターン・マイニング，さらには統計分析の結果の表示も一緒に用いて，それらのうえでのクラスターや外れ値，各パターンの選択も，他のあらゆる表示に即座に反映されるように，フレイムワークを拡張する必要がある．筆者らはこの拡張を行い，これを連携多重ビュー分析フレイムワーク（coordinated multiple views and analyses framework）と呼んでいる．詳細は参考文献[6]に譲るが，基本アイデアは，各分析結果に応じた関係表を基盤データベースに加えることにより，連携多重ビュー・フレイムワークをそのまま用いることができるという点にある．

図3は，このようにして拡張された探索的可視化分析環境を適用した例である．小児腎臓がんの治療において，欧州では米国と異なり，手術前の化学療法が試みられる．しかし，それにより腫瘍サイズが小さくなるか否かの判断を事前に行うことは難しい．そこで，化学療法前後の血清中と，腫瘍中のマイクロRNAの発現の違いをこの判断に用いることが考えられている．図では，これらのマイクロRNAの発現強度が右欄に上から順にヒートマップ表示されている．各ヒートマップでは，各行が患者を，各列が個々のマイクロRNAをあらわし，各マップの左側に示したカラーコードで発現強度が示されている．各ヒートマップの右と下には，発現の類似性に基づく患者とマイクロRNAの分類木がおのおの表示されている．ヒートマップに付随したカラーコード・バーには閾値の設定機能があり，これによって発現強度を2値化することができる．これにより，各患者をトランザクションと見なし，各マイクロRNAをアイテムと見なして，アイテムセットマイニングやアソシエーション・ルール・マイニングを適用することができる．強発現と低発現のそれぞれに別の閾値を設けて，マイクロRNAを，強発現を2値化したアイテムと低発現を2値化したアイテムの2つのアイテムのペアで表現して，これらにパターン・マイニングを適用することも可能である．図では，単純に強発現のみを扱い，アイテムセット・マイニングを行っている．アイテムセット・マイニングは，同時に強発現する頻度が高いマイクロRNAの組合わせパターンを見つけ出す．

そこで，手術前の化学療法に関して，化学療法前後

の腫瘍サイズの差の分布ヒストグラムを用いて，腫瘍サイズが減少した患者集合と増加した患者集合を赤と青で区別する．すべての可視化チャートは，この区別により，2つの患者グループに対応して即座に色分けがなされる．アイテムセット・マイニングの結果リストもこれに応じて，これらの2つのグループの個々にのみ現れる頻出パターンと両方に現れる頻出パターンの3種類に即座に色分けされる．その結果，前者の2つのグループに分類されるパターンは，バイオマーカーとして利用できる可能性があることになる．このようにして，分析の結果得られるクラスターやパターンをバイオマーカーとして用いることが可能になり，そのようなバイオマーカーを探索的に求める過程を支援することができる．現時点で筆者らが利用可能なデータの患者数は全体でも100人程度に過ぎず，そのなかで手術前化学療法が有効な患者で化学療法前の血清中のマイクロRNA発現のデータがとれている患者数となると10人程度になってしまう．このような探索的分析で求められるパターンがバイオマーカーとして統計的有意性をもつためには，患者数を大きく増やす必要がある．

おわりに：現状の課題と将来展望

個人化医療の確立のための分析においては，患者集合を適切に絞って分析を行う必要があり，分析結果が統計的に有意であるためには，絞った後の患者集合が十分な大きさである必要があり，全体の患者集合はさらに大きくなくてはならない．このようなことから，EUでは病院の壁を破り，国境の壁も破って，同一の臨床治験を多くの国の多くの病院で共同して行うことの重要性が指摘されており，これらの壁を越えて，治験データ，画像診断データ，遺伝子データなどを，法的にも倫理的にも個人情報保護に抵触しない形で共有し分析するためのしくみの開発が重視されている．個人情報保護の観点からは利用規制が必要だが，行き過ぎは当該分野の研究の発展に大きな障害となる．p-medicineプロジェクトでは，これらのデータ集合を個々に匿名化するのではなく，相互のリンクが保持できるように仮名化して扱う代わりに，そのアクセスと分析の実行をサンドボクシング化された安全な基盤システム内に限定するようなしくみを，セキュアな仮名化に基づく基盤システム技術と，運用の制度化，運用法人の設立，各機関と運用法人の間の契約に基づく信頼のネットワークの構築の4点セットで確立している．規制や新技術のみで解決を図ろうとするのではなく，法律家と技術者が協力して，法解釈，システム・アーキテクチャ，運用制度，責任母体の明確化などの工夫を組合わせて解決を図る姿勢はわが国も見習うべきであろう．

データ先導型といっても，ミッションを明確に設定することが重要であることは言うまでもない．その遂行のためのデータ分析過程に指針を与えるデータ・サイエンスの発展と人材育成は，今後の大きな課題である．

文献・URL

1) http://cordis.europa.eu/project/rcn/79480_en.html
2) http://p-medicine.eu/welcome/
3) Nørskov JK & Bligaard T：Angew Chem Int Ed Engl, 52：776-777, 2013
4) http://www.jst.go.jp/kisoken/crest/project/44/44_01.html
5) Wegert J, et al：Cancer Cell, 27：298-311, 2015
6) Tanaka Y：DASFAA Workshops 2014：3-17, 2014

＜著者プロフィール＞
田中　譲：1974年京都大学大学院工学研究科電子工学専攻修士課程修了．同年北海道大学工学部電気工学科助手．講師，助教授を経て'90年同教授．2004年同大学院情報科学研究科教授，現在に至る．'85年～'86年IBMワトソン研究所客員研究員．'96年～'13年北海道大学知識メディアラボラトリー長．'98年～'00年京都大学大学院情報学研究科併任教授．'04年より国立情報学研究所客員教授．'11年よりギリシャFORTH研究所特別サイエンティスト．'13年より情報・システム研究機構教育研究評議会委員，国立情報学研究所運営会議委員，JST CRESTプログラム「ビッグデータ応用」研究領域研究総括．工学博士（東京大学）．データベース理論，データベースマシン，知識メディア，知識フェデレーション，探索的可視化分析などの研究に従事．

第1章　ビッグデータと生命科学

14. ビッグデータ

喜連川 優

> 米国オバマ政権時に戦略的イニシアティブとしてビッグデータなる用語が生まれた時代背景を日米において述べるとともに，ビッグデータなる技術のめざす方向性について解説する．加えて，ヘルスケア分野，並びに，防災をはじめとする多様な分野において利用されているが，現時点でのビッグデータの利活用について実例を用いてその有効性を紹介する．

はじめに

2012年3月米国はBig Data Initiativeを立ち上げ，それを契機にビッグデータなる言葉が一気に広く利用されるに至り，とりわけ，IT研究開発者のみならず，一般市民もこの言葉が身近なものとなりつつある．きわめてわかりやすい単語を用いているということがその要因ともいえる．筆者らは，2004年に「情報爆発」という用語を用い，文部科学省科学研究費特定研究なる大型の研究プロジェクト「情報爆発時代に向けた新しいIT基盤技術の研究」を申請し，採択され，2005年から始動した．このプロジェクトは日々咀嚼不能なほど溢れんばかりの情報が生み出されるようになりつつある今日，あるいは近未来を情報爆発時代と称し，大量の情報をどう整理し利活用するか，大量情報からいかに価値を抽出するかについて大規模な研究活動を展開した．このプロジェクトに触発され，経済産業省では情報大航海なるプロジェクトも立ち上がった．当時，筆者の知る限りでは世界的にみて，情報の爆発に関する大きなプロジェクトは見当たらず，日本が先行したと考えている．

「ビッグデータ」と「情報爆発」は，大きな違いはない．ポイントは大量情報の積極的利用と，それによる価値創出に尽きる．ストレージのコストが大きく低下し，大量のデータを蓄積可能となったということも大きなドライビングフォースといえる．今世紀はage of observationともいわれ，多様なセンサー技術の発達により，種々の社会活動が，透き通るように見える時代となった．「見える化」という表現も過去なされてきたが，それをはるかに超える精緻な観測が可能となる時代となった．

1 ヘルスケアとビッグデータ

ヘルスという視点では，生まれてからの医療記録をすべて記録するプラットフォームは技術的にはもはやそれほど困難ではなく，制度が整えば実現可能である．病院での診断や投薬，検査に加え，生活におけるデータ

[キーワード]
ビッグデータ，情報爆発，データドリブン，データインテンシブ，データプラットフォーム

Big Data
Masaru Kitsuregawa：National Institute of Informatics/Insitute of Industrial Science, The University of Tokyo（国立情報学研究所／東京大学生産技術研究所）

戦略目標

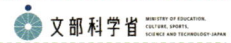

分野を超えたビッグデータ利活用により新たな知識や洞察を得るための革新的な情報技術およびそれらを支える数理的手法の創出・高度化・体系化

達成目標❶
各アプリケーション分野においてビッグデータの利活用を推進しつつさまざまな分野に展開することを想定した次世代アプリケーション基盤技術の創出・高度化

達成目標❷
さまざまな分野のビッグデータの統合解析を行うための次世代基盤技術の創出・高度化・体系化

研究領域1：ビッグデータ応用

CREST
科学的発見・社会的課題解決にむけた各分野のビッグデータ利活用推進のための次世代アプリケーション技術の創出・高度化

研究総括
田中　譲
北海道大学大学院情報科学研究科
特任教授

研究領域2：ビッグデータ基盤

CREST・さきがけ複合領域
ビッグデータ統合利活用のための次世代基盤技術の創出・体系化

研究総括
喜連川　優
国立情報学研究所 所長／
東京大学生産技術研究所 教授

副研究総括
柴山悦哉
東京大学情報基盤センター 教授

図1　JST ビッグデータプロジェクト

も採取可能となり，行動様態が病気とどのような関係にあるかも解析可能になることが期待される．ゲノムに比べ，後天的生活習慣の影響が大きいともいわれているが，定量的な捕捉が可能になる時代も遠くなかろう．

日本は国民皆保険制度というきわめて特徴的な医療システムを有しており，レセプトの解析により種々の知見を抽出可能である．1年間で約400億のレコードに達し，まさにビッグデータといえる．利活用基盤の整備が不可欠といえよう．

ヘルスと同様に重要なデータは教育データである．子どもの得手不得手をデータから補捉することにより，より効率的な教育が実現可能になろう．どのような才能が秀でているかも容易に解析可能になるかもしれない．少子化が進むなかで，才能の発掘は国力に結びつくと期待されよう．

2 医療現場におけるビッグデータ利用

医学におけるビッグデータの役割は計り知れない．胃ならびに大腸における内視鏡，レントゲン，CT，MRI等多様な画像データが膨大に蓄積されつつあることか

ら，教師付きデータとして利用することにより深層学習等により，専門家に匹敵する認識率を実現可能となろう．

多種類のセンサーからのリアルタイムデータの解析により，ICU，NICU などの環境も，機械認識によりアラートの機構は大きく改善されることとなろう．

加えて，多軸加速度センサーが広く利用可能となり，患者だけではなく看護師，医師の行動も捕捉可能となり，どのような医療活動に最も時間を投入しているかという傾向を定量的に把握することが可能となり，業務の改善に大きな指針が得られることとなる．筆者らの実験では，M2M（machine to machine）の発展により多大な作業の効率化が実現可能であることがすでにわかっている．

3 ビッグデータはあらゆる場面で活用される

イクイップメントヘルスという用語もある．これは，機器に付帯したセンサーからのデータを解析することにより，事前保守を狙うものであるが，多様な分野に

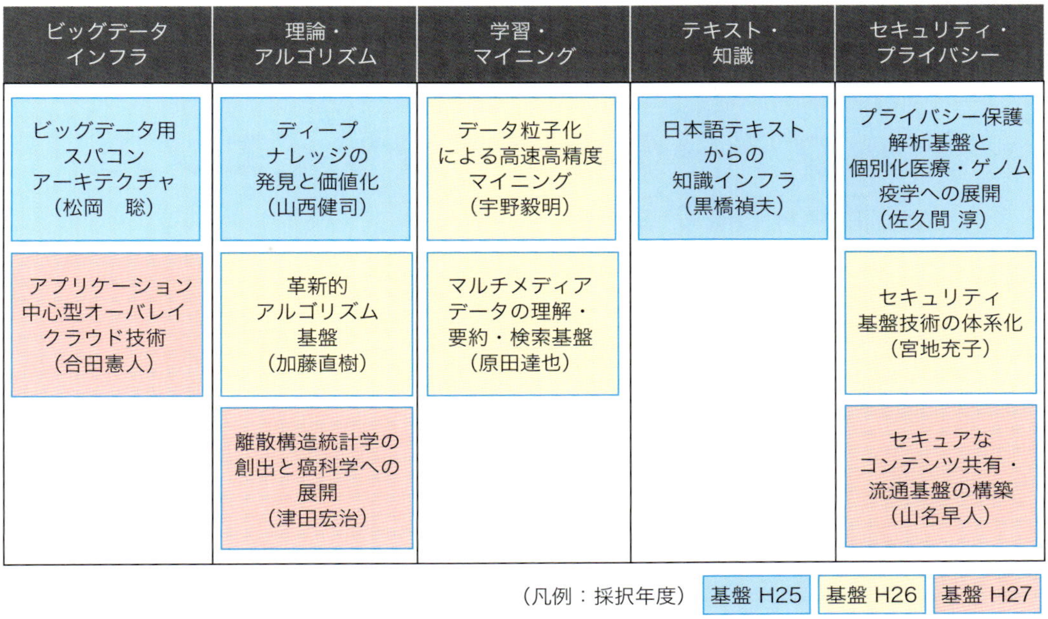

ビッグデータ インフラ	理論・ アルゴリズム	学習・ マイニング	テキスト・ 知識	セキュリティ・ プライバシー
ビッグデータ用 スパコン アーキテクチャ （松岡　聡）	ディープ ナレッジの 発見と価値化 （山西健司）	データ粒子化 による高速高精度 マイニング （宇野毅明）	日本語テキスト からの 知識インフラ （黒橋禎夫）	プライバシー保護 解析基盤と 個別化医療・ゲノム 疫学への展開 （佐久間 淳）
アプリケーション 中心型オーバレイ クラウド技術 （合田憲人）	革新的 アルゴリズム 基盤 （加藤直樹）	マルチメディア データの理解・ 要約・検索基盤 （原田達也）		セキュリティ 基盤技術の体系化 （宮地充子）
	離散構造統計学の 創出と癌科学への 展開 （津田宏治）			セキュアな コンテンツ共有・ 流通基盤の構築 （山名早人）

（凡例：採択年度）　基盤 H25　基盤 H26　基盤 H27

図2　ビッグデータ基盤（CREST）研究テーマ一覧
括弧内は各研究テーマの研究代表者．

おいてヘルスという用語が利用されるに至っている．巨大な工場や辺境で稼働する機器など，システムの継続的な運行が不可欠な場合，障害の予兆を検出し，事前に部品交換をするなどの対策はきわめて有効な策となる．

ビッグデータはその他多岐にわたって利用されている．近年，大規模な洪水や降雪など，極端事象の発生が過去に比べて多くなりつつある．地球温暖化がその一因とみなされているが，非常に多くの観測衛星の役割は地球の健康の監視とみなすこともできよう．Weather Company 社は最近IBM社に買収された．不確定要素の大きさは，ビジネスチャンスの大きさに比例すると考えるのはきわめて自然といえよう．北極海における莫大な資源をめぐる権利争奪の権利もまさにデータドリブンとなりつつある．ビッグデータは外交の素材にもなりつつある．

おわりに

このように，人類のありとあらゆる側面においてデータ・情報がきわめて重要な役割を果たすことが21世紀に入りとりわけクローズアップされてきたといえる．この動きは止まることはなく，上記以外にも，非常に多くの領域において，積極的にビッグデータが活用され，定量的な決定がなされ，また，データに基づいた新しいイノベーションが生まれつつある．筆者らはすでに述べた情報爆発プロジェクト，情報大航海プロジェクトに引き続き，内閣府最先端研究開発支援プロジェクトを推進するとともに，現在，JSTによるビッグデータプロジェクトCRESTならびにさきがけ「ビッグデータ統合利活用のための次世代基盤技術の創出・体系化」を推進しつつある（**図1, 2**）．日本が優位に立つ分野はITは多くない．今後の展開に期待したいものである．

＜著者プロフィール＞
喜連川　優：1983年東京大学大学院工学系研究科情報工学専攻博士課程修了，工学博士．東京大学生産技術研究所教授，2013年4月より国立情報学研究所所長．'13年6月〜'15年5月情報処理学会会長，日本学術会議情報学委員会委員長．データベース工学の研究に従事．ACM SIGMOD E.F Codd Innovations Award（2009），紫綬褒章（2013），全国発明表彰「21世紀発明賞」受賞（2015），C&C賞（2015）．ACM, IEEE, 電子情報通信学会ならびに情報処理学会フェロー．

第1章　ビッグデータと生命科学

15. ビッグデータとライフサイエンス
―行政の視点から

舘澤博子

近年のライフサイエンス分野におけるゲノム配列解析技術や質量分析技術，その他の技術革新により，配列情報はもちろん各種オミクス情報や画像情報等のデータも，大量に，高速に蓄積されてきている．しかしながら，蓄積されたビッグデータを活用し新たな価値を見出していくためには，まだその基盤整備が十分とはいえない．研究データのシェアリングを進め，それらデータをまとめて活用できるようにデータベースを整備，統合すること，さらにビッグデータを活用し，新たな知識発見を行うための人材育成を進めていくことが必要である．

はじめに

ライフサイエンス分野では，ビッグデータを解析することによるゲノム医療の実現，希少疾患の発症システムの解明，効率的な創薬研究，高効率な生産性をもつ植物の作出等，さまざまな可能性が示唆されており，その期待も大きい．しかしながら，ビッグデータを十分に活用するには，多くの課題が残されている．

筆者が所属する，科学技術振興機構（JST）バイオサイエンスデータベースセンター（NBDC）は，ライフサイエンス研究の発展にとって必須の基盤であるデータベースの整備，統合を担う機関として2011年に設立された．本稿では，ビッグデータ時代におけるライフサイエンス研究について，基盤整備という観点から課題を述べたい．

1 ビッグデータがもたらすライフサイエンス研究の変化

2003年，ヒトゲノムの塩基配列解読が完了した．今までにない大量のデータが提供されたことにより，これらのデータを理解し研究を発展させるためには，従来のライフサイエンス分野の研究アプローチのみでは十分でない状況がもたらされた[1]．その後の急速なゲノム解析技術や質量分析技術，さらに画像解析技術等の発達により，ゲノム配列や各種オミクスデータ，画像データ等の情報が速度を増して大量に蓄積されるようになった．また，それら技術は利用範囲が広く，疾患の解明に関するものや農作物育種に関するものなど幅広い研究に利用されており，蓄積されるデータは多様なものとなっている[2]．

[キーワード＆略語]
ビッグデータ，データ駆動型，研究データのシェアリング，データベース統合化，人材育成

DMP：Data Management Plan
（データ管理計画）
RDF：Resource Description Framework

Big data in life science — an administrative viewpoint
Hiroko Tatesawa：National Bioscience Database Center, Japan Science and Technology Agency（科学技術振興機構バイオサイエンスデータベースセンター）

このような状況のなか，ライフサイエンス研究は，人が考えた仮説に沿って実験を組み立て，それを検証するという従来の研究アプローチにかわって，今まで考え付かなかったようなデータを結び付けて解析をしたり，今まで扱うことがなかったほどの大量のデータを解析することによって規則性を見出したり新たな知識の発見を行うという，データ駆動型の研究アプローチがとられるようになってきている[3]．

2 ビッグデータの活用に関連する国内外の政策動向

機械学習，データマイニング等のプロジェクトについては，1970年代頃から各国で実施されてきてはいたが，ビッグデータの活用に関連するものとしては，2012年以降にその取り組みが活発になっている[4]．

1）海外の動向

米国では，2010年12月，大統領科学技術諮問委員会（President's Council of Advisors on Science and Technology：PCAST）により，ビッグデータに関する投資を増やすべきとの提言[5]がされた．これを受け，科学技術政策局（Office of Science and Technology Policy：OSTP）は2012年3月，Big Data Research and Development Initiative[6]として，6つの政府機関でビッグデータの体系化や知識発見をするために必要なツール開発や各種技術開発を行うこととし，新たに2億ドル以上の研究開発投資をすることを公表した．NIHではこの一環として，2012年からBD2K（Big Data to Knowledge）[7]を開始し，革新的な方法論やソフトウェア・ツール開発を行うビッグデータの研究拠点，コミュニティ主導による生物医学関連データのインデックス作成や人材育成等への研究投資を行うこととした．さらに，2015年1月，オバマ大統領よりPrecision Medicine Initiative[8]が発表され，ビッグデータの医療分野への応用の取り組みとして，100万人規模のコホート研究の実施により，特にがんと希少疾患を対象としたより的確な分類体系による適切な治療法や発症予防法の開発が2億ドル以上を投じて実施されている．

欧州では，2012年から第7次研究枠組計画（European Commission within the 7th Framework Program：FP7）のなかで，ビッグデータに関する技術トレンドのロードマップ作成，インパクトに応じた優先順位付け，後継プログラムであるHorizon 2020策定への貢献等を目的としてBIG（Big Data Public Private Forum）[9]が実施され，2014年からは，Horizon 2020として，ビッグデータ関連事業が実施されている．

2）日本の動向

日本では，総合科学技術会議で決定した2013年度重点施策パッケージ[10]に「ビッグデータにおける新産業・イノベーションの創出に向けた基盤整備」が組込まれたことにより，文部科学省，総務省や経済産業省によりビッグデータ利活用の促進等の事業が開始された．文部科学省は，2013年度の戦略目標として「分野を超えたビッグデータ利活用により新たな知識や洞察を得るための革新的な情報技術およびそれらを支える数理的手法の創出・高度化・体系化」[11]を掲げ，JSTの戦略的創造研究推進事業においてビッグデータ関連領域が発足した．なお，この戦略目標におけるライフサイエンス分野の達成ビジョンは，「診療情報と関連づけられた10万人規模の全ゲノムデータ（30億塩基対）を活用した，疾患関連遺伝子の効率的な探索技術等による，オーダーメイド医療や早期診断，効果的治療法の確立」とされている．また，2013年に策定された日本再興戦略[12]においても，ビッグデータの利活用の促進が謳われ，2015年の改定でも，ビッグデータは重要施策と位置付けられている．

なお，医療ビッグデータへの取り組みとしては，2013年より東北メディカル・メガバンク機構が宮城県で三世代コホート調査を開始し，医療情報の有効活用に向けたナショナルデータベースの構築等の取り組みを開始している（第2章-1参照）．また，理化学研究所では，オーダーメイド医療の実現プロジェクトが2003年から実施されており，2013年からの第3期においては，今まで構築したデータ，および新たに収集するデータを活用し，疾患関連遺伝子研究や薬剤関連遺伝子研究等をさらに進めることとなっている．

3 ビッグデータ活用における課題

データ駆動型研究では，さまざまなビッグデータに容易にアクセスして利用できることが必要であり，そ

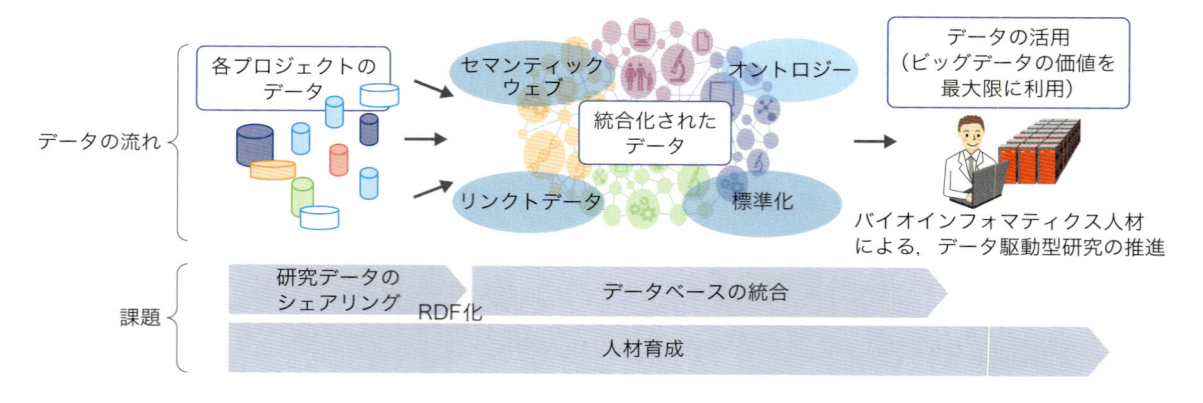

図 研究データがビッグデータとして活用されるまでの流れと解決すべき課題

れを可能とする研究基盤を整備することが，ビッグデータの価値を高めることにつながる．ここでは，研究基盤の整備という観点から，ビッグデータ活用における課題として，研究データのシェアリング，データベースの統合化，人材育成について考えることとする（図）．

1）研究データのシェアリング

大量のデータを解析することにより新たな知識発見等を行うデータ駆動型研究において，どれほどのビッグデータを利用して研究を実施できるかということは重要な問題であり，できるだけ多くの研究データがシェアリングされることが望まれる．また，研究データのシェアリングは研究活動の効率化につながり，透明性が確保されることによりデータの正確性の向上にもつながっていくことが期待されている．しかしながら，日本はまだデータシェアリングポリシーの策定に向けて検討をはじめた段階であり，すでにポリシーを定めデータの共有を進めている欧米と比べ，大きく遅れている状況にある[13]．

ⅰ）海外の動向

2006年12月，OECD加盟国において，OECD Principles and Guidelines for Access to Research Data from Public Funding[14]が承認され，公的資金による研究データへのアクセスと研究データのシェアリングが進められた．また，2013年6月，G8科学大臣およびアカデミー会長会合にて発せられた共同声明では，科学研究データのオープン化が表明されている[15]．

米国では，2003年10月，NIHがData Sharing Policyを策定し，研究助成申請時にデータ管理計画（Data Management Plan：DMP）※1の提出を義務付けた．NSFでも，2011年からDMPの提出を義務付けている．2013年2月には，OSTPが年間予算1億ドル以上の研究開発費をもつすべての政府機関に対し，公的研究費で実施された研究の成果（論文およびデータ）のパブリックアクセスを促進させるための計画書の提出を求めたことにより，研究データのシェアリングが推進された[16]．さらに，2014年には，NIHがGenomic Data Sharing Policy[17]を策定し，産出されるゲノム情報のデータタイプによる明確な公開基準を設け，研究データのシェアリングを推進している．なお，欧州においても，2013年にHorizon 2020におけるデータ管理ガイドラインが策定されたことにより，研究データのシェアリングが進みつつある[18]．

ⅱ）日本の動向

国内では，2015年3月，総合科学技術・イノベーション会議より，「公的研究資金による研究成果のうち，論文および論文のエビデンスとしての研究データは原則公開とし，その他研究開発成果としての研究データについても可能な範囲で公開することが望ましい」との方針が出された[19]．これを受け，関係省庁は具体的な実施計画についての議論を進めている．また，2015

**※1　データ管理計画
　　　（Data Management Plan：DMP）**

研究において取得するデータの種類やそれらデータをどのように共有，管理していくのかについての計画．海外の多くのファンディング機関では，研究費助成の申請時に提出を義務付けている．

表1　医療分野（研究）に関連する個人情報関連ガイドライン等（国内）

名称	所管府省
法律・条例	
個人情報の保護に関する法律 行政機関の保有する個人情報の保護に関する法律 独立行政法人等の保有する個人情報の保護に関する法律 各地方公共団体において制定される個人情報保護条例	
ガイドライン	
ヒトゲノム・遺伝子解析研究に関する倫理指針	文部科学省 厚生労働省 経済産業省
遺伝子治療臨床研究に関する指針 人を対象とする医学系研究に関する倫理指針	文部科学省 厚生労働省

http://www.pcc.go.jp/personal/legal/ をもとに作成．

年7月のゲノム医療実現推進協議会による中間取りまとめ[20]でも，研究における国際的なゲノム情報等のデータシェアリングに関する検討を求めており，今後，研究データのシェアリングが推進されると期待される．

ⅲ）研究データのシェアリングにおいて留意すべき点

研究データには，そのデータの性質により，取り扱いに注意を要するものがある．ライフサイエンス分野においては，ゲノム情報と臨床情報等との統合的な解析によってもたらされる医療，創薬分野の発展への期待が大きいが，個人情報保護の観点から，それらの情報の取り扱いには特段の配慮が必要である．ビッグデータ時代における個人情報の保護と利活用推進のため，2015年9月に個人情報保護法の改正案が可決・成立した．GA4GH（Global Alliance for Genomics & Health）（http://genomicsandhealth.org/）のような，国際的な枠組みでの活動が活発となっている状況も踏まえ，国内外の関連法律・政令等（**表1，表2**）にも留意しつつ，個人情報保護とのバランスをとりながら，研究データのシェアリングを進めていくことが重要である．

2）データベースの統合化

ビッグデータの価値を十分に引き出して活用するには，データを統合的に解析することが必要である．2006年の「我が国におけるライフサイエンス分野のデータベース整備戦略のあり方について」[21]では，データベースの問題点として，各プロジェクトでバラバラにデータベースがつくられていること，それらを関連付けて容易に使うことができないこと，データに十分な解析や解釈がなされていないことや臨床情報などの表現型データとの統合が十分でなく，医療や創薬その他の産業への応用が困難になっていること等があげられている．

それらの問題を解決すべく，2006年より，情報・システム研究機構ライフサイエンス統合データベースセンター（DBCLS）が中心となって，文部科学省による統合データベースプロジェクトが実施された．その後，NBDCとも協働しながら統合化に向けた取り組みを実施しており，ヒトゲノム，植物，微生物，タンパク質立体構造，糖鎖，プロテオーム等，広くライフサイエンス分野の研究基盤となるべきデータベースの統合化を，RDF（Resource Description Framework）[※2]というデータ形式を用いて進めているところである．今後，より広くさまざまなデータベースの統合が進むことを期待したい．

3）人材育成

ビッグデータの解析を進めるには，データの収集，作成，データベースの作成，管理，およびデータの解析ができる人材[22]，すなわち，キュレーター，アノテーター，システムエンジニアや解析ツールの開発者，さらにバイオインフォマティシャンなど，さまざまな

※2　RDF（Resource Description Framework）

コンピューターがデータの意味や他のデータとの関連性を解釈しやすいように記述するための国際的な標準形式として提案されている形式．

表2　医療分野（研究）に関連する個人情報関連ガイドライン等（海外）

国・機関	タイトル	URL
OECD	OECD Guidelines on the Protection of Privacy and Transborder Flows of Personal Data	http://www.oecd.org/sti/ieconomy/oecdguidelinesontheprotectionofprivacyandtransborderflowsofpersonaldata.htm
UNESCO	International Declaration on Human Genetic Data	http://portal.unesco.org/en/ev.php-URL_ID=17720&URL_DO=DO_TOPIC&URL_SECTION=201.html
EU	EU Data Protection Directive	http://eur-lex.europa.eu/LexUriServ/LexUriServ.do?uri=CELEX:31995L0046:EN:HTML
EU	Convention for the Protection of Individuals with Regard to Automatic Processing of Personal Data	http://www.privacycommission.be/sites/privacycommission/files/documents/convention_108_en.pdf
米国	Privacy Act of 1974	http://www.justice.gov/opcl/overview-privacy-act-1974-2015-edition
米国	U.S.-EU Safe Harbor Framework Documents	http://www.export.gov/safeharbor/eu/eg_main_018493.asp
米国	Health Insurance Portability and Accountability Act of 1996	https://www.cms.gov/Regulations-and-Guidance/HIPAA-Administrative-Simplification/HIPAAGenInfo/downloads/hipaalaw.pdf

人材の育成が必要となっている．2001年から科学技術振興調整費により人材養成プログラムが実施され，東京大学をはじめとする大学やその他研究機関においてバイオインフォマティクス人材が育成された．現在もいくつかの拠点では人材の育成を行っているが，その数は少なく，また学んだとしても，その後のキャリアパスが描けないことが要因となっており[23]，いまだ人材不足は解消されていない．

ライフサイエンス分野の研究がビッグデータを活用したデータ駆動型研究に変わりつつある今，この変化に対応した研究開発が必要となっていることは明らかである．海外のビッグデータを活用する取り組みは活発に行われており，蓄積されたデータを十分に活用できない状況では，日本のライフサイエンス研究が危うい．各種人材に応じたキャリアパスを設定し，早急に対処することが必要である．

おわりに

ビッグデータを十分に活用するには，まだ課題が残されているが，前述したゲノム医療実現推進協議会による中間取りまとめ[20]では，それら課題に対して具体的な取り組みを行う必要があることが記載されており，ビッグデータを活用し，ゲノム医療の実現につながる施策を推進していく動きが加速しようとしている．また，ビッグデータと人工知能を使っての創薬研究や予防医療の推進なども重要視されており，人工知能による研究開発にも大きな期待がもたれている．2015年5月，産業技術総合研究所に人工知能センターが設立されたが，2016年の文部科学省の科学技術関係予算（案）[24]においても，「人工知能/ビッグデータ/IoT/サイバーセキュリティ統合プロジェクト」があげられている．また，第5期科学技術基本計画[25]においても，「超スマート社会」に向けた基盤技術として，ビッグデータ解析，人工知能等の技術があげられており，今後，ビッグデータの十分な活用のために基盤が整備され，ビッグデータを活用したさまざまな研究開発が推進されることを期待したい．

文献・URL

1) 「ヒトゲノム完全解読から『ヒト』理解へ」（服部正平／著），東洋書店，2005
2) 「生命のビッグデータ利用の最前線」（植田充美／監修），シーエムシー出版，2014
3) 科学技術振興機構研究開発戦略センター：研究開発の俯瞰報告書 ライフサイエンス・臨床医学分野，2015　http://www.jst.go.jp/crds/pdf/2015/FR/CRDS-FY2015-FR-03.pdf

4）日本学術会議 情報学委員会 E-サイエンス・データ中心科学分科会：提言「ビッグデータ時代に対応する人材の育成」，2014　http://www.scj.go.jp/ja/info/kohyo/pdf/kohyo-22-t198-2.pdf
5）REPORT TO THE PRESIDENT AND CONGRESS DESIGNING A DIGITAL FUTURE : FEDERALLY FUNDED RESEARCH AND DEVELOPMENT IN NETWORKING AND INFORMATION TECHNOLOGY, 2010　https://www.whitehouse.gov/sites/default/files/microsites/ostp/pcast-nitrd-report-2010.pdf
6）OBAMA ADMINISTRATION UNVEILS "BIG DATA" INITIATIVE : ANNOUNCES $200 MILLION IN NEW R&D INVESTMENTS, 2012　https://www.whitehouse.gov/sites/default/files/microsites/ostp/big_data_press_release_final_2.pdf
7）NIH　https://datascience.nih.gov/bd2k/about
8）FACT SHEET : President Obama's Precision Medicine Initiative, 2015　https://www.whitehouse.gov/the-press-office/2015/01/30/fact-sheet-president-obama-s-precision-medicine-initiative
9）Big Data Public Private Forum（BIG）HP　http://big-project.eu/
10）平成25年度科学技術予算 重点施策パッケージの特定について　http://www8.cao.go.jp/cstp/budget/h25package.pdf
11）平成25年度戦略目標の決定について（科学技術振興機構（JST）戦略的創造研究推進事業（新技術シーズ創出））http://www.mext.go.jp/b_menu/houdou/25/03/attach/1331492.htm
12）日本再興戦略　https://www.kantei.go.jp/jp/singi/keizaisaisei/pdf/saikou_jpn.pdf
13）科学技術振興機構：我が国におけるデータシェアリングのあり方に関する提言　http://jipsti.jst.go.jp/information/board/?id=606
14）OECD Prianciples and Guidelines for Access to Research Data from Public Funding, 2007　http://www.oecd.org/sti/sci-tech/38500813.pdf
15）G8 science ministers endorse open access, 2013　https://www.gov.uk/government/uploads/system/uploads/attachment_data/file/206801/G8_Science_Meeting_Statement_12_June_2013.pdf
16）Increasing Access to the Results of Federally Funded Scientific Research, 2013　https://www.whitehouse.gov/sites/default/files/microsites/ostp/ostp_public_access_memo_2013.pdf
17）NIH Genomic Data Sharing Policy, 2014　https://gds.nih.gov/03policy2.html
18）Guidelines on Data Management in Horizon 2020, 2013　http://ec.europa.eu/research/participants/data/ref/h2020/grants_manual/hi/oa_pilot/h2020-hi-oa-data-mgt_en.pdf
19）国際的動向を踏まえたオープンサイエンスに関する検討会：我が国におけるオープンサイエンス推進のあり方について　http://www8.cao.go.jp/cstp/sonota/openscience/150330_openscience_summary.pdf
20）ゲノム医療実現推進協議会 中間とりまとめ，2015　https://www.kantei.go.jp/jp/singi/kenkouiryou/genome/pdf/h2707_torimatome.pdf
21）科学技術・学術審議会 研究計画・評価分科会 ライフサイエンス委員会 データベース整備戦略作業部会：我が国におけるライフサイエンス分野のデータベース整備戦略のあり方について，2006　http://www.lifescience.mext.go.jp/download/news/report_DB.pdf
22）科学技術振興機構研究開発戦略センター：ライフサイエンス・臨床医学分野におけるデータベースの統合の活用戦略，2012　http://www.jst.go.jp/crds/pdf/2012/SP/CRDS-FY2012-SP-06.pdf
23）佐藤恵子ほか：情報管理，56：782-789, 2013
24）文部科学省：平成28年度 科学技術関係予算（案）　http://www.mext.go.jp/component/b_menu/other/__icsFiles/afieldfile/2016/01/08/1365890_1.pdf
25）総合科学技術・イノベーション会議資料　http://www8.cao.go.jp/cstp/siryo/haihui014/siryo1-2.pdf

＜著者プロフィール＞
舘澤博子：1996年千葉大学大学院園芸学研究科卒，日本科学技術情報センター〔現・科学技術振興機構（JST）〕入団，ライフ系データベース整備，戦略的創造研究推進事業（CREST），男女共同参画関連業務等を経て，2013年よりNBDC（バイオサイエンスデータベースセンター）にて，ライフサイエンスデータベース統合推進事業を担当．データベースというライフサイエンス研究の基盤整備という観点から，少しでも日本のライフサイエンス研究に貢献することを願いながら，日々業務を進めている．

第1章　ビッグデータと生命科学

16. 仮想空間と実証フィールドのキャッチボールによる課題解決は可能か？
──代謝システム生物学を例として

末松　誠

代謝システムは，基質と酵素によって生成される多彩な代謝物により構成され，代謝物の一部は酵素のアロステリックな制御因子として働き思わぬ反応経路に制御をかけることが示されている．比較的単純な代謝システムをもつ赤血球にも低酸素を感知して瞬時に解糖系を活性化して変形能の維持に必要なATPやヘモグロビンの酸素乖離を促進する2,3-BPGを絶妙のバランスで生成するしくみが存在することが，代謝シミュレーションとメタボロミクスの融合研究で明らかにされた．

はじめに：仮想空間と実証フィールドとのキャッチボールは可能か？

科学技術の急速な進歩によって，ゲノム，エピゲノム，トランスクリプトーム，プロテオーム，メタボロームの各層において同一の実験系で包括的に情報を収集し，生物学的あるいは病態生理学的に意味のある情報を抽出することによって仮説を立て実証実験で検証することが当たり前のように可能となった．また医療現場におけるビッグデータを利活用し，社会の医療ニーズの変化や創薬マーケットなどの予測に基づいてR&Dを推進する動きも盛んである．

筆者らは2003年に開始された「細胞・生体機能シミュレーションプロジェクト」および2007年からの「グローバルCOE生命科学：In vivoヒト代謝システム生物学拠点」などの活動を通じて，バイオシミュレーション開発と実測実験データ収集による実験仮説の構築と検証や，差分的メタボロミクス解析による標的分子の絞り込みと新規代謝制御ループの同定などの基礎研究を推進してきた．前者に関しては，赤血球のような比較的単純な代謝系を有する細胞では大規模な代謝シミュレーションを活用することによって，実際の赤血球に存在する未知の低酸素感知機構が同定できたこと[1]，後者では急性肝障害モデル動物を用いて，肝臓

[キーワード&略語]
代謝システム生物学，メタボローム解析，バイオシミュレーション，ヘモグロビン，ATP

ALD：aldolase
2,3-BPG：2,3-bisphosphoglyceric acid
CE-MS：capillary electrophoresis mass spectrometry
HK：hexokinase
PFK：phosphofructokinase
PK：pyruvate kinase

Verification and prediction of the behavior of metabolic systems by metabolomics and large-scale biosimulation
Makoto Suematsu：Department of Biochemistry and Integrative Medical Biology, School of Medicine, Keio University
（慶應義塾大学医学部医化学教室）

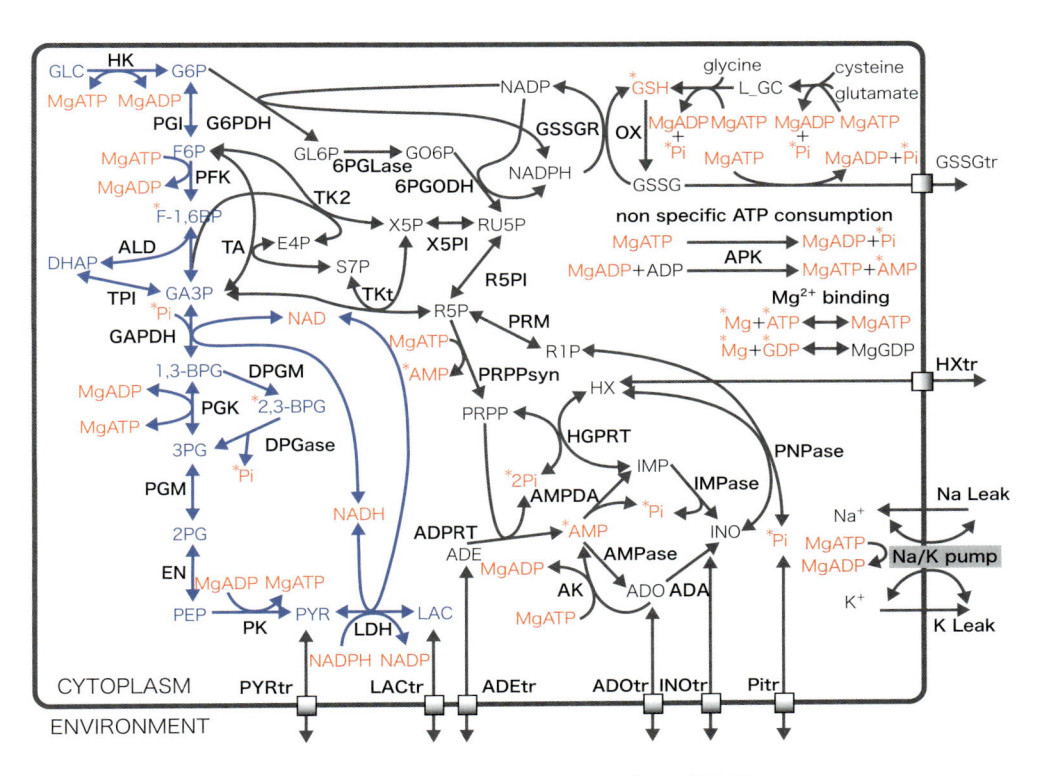

図1 E-Cell上に構築されたヒト赤血球代謝シミュレーションモデルの経路図

青：解糖系の中間代謝物質，赤：解糖系酵素のアロステリックエフェクター（アスタリスクを付記している）または基質として機能する代謝物質（アデニン核酸代謝物質，リン酸，グルタチオンなどを含む）をそれぞれ示している．このシミュレーションモデルは，46酵素反応と，11膜輸送機構，37結合反応（マグネシウムと代謝物質，ヘモグロビンと代謝物質）とヘモグロビン状態遷移をあらわす式から構成されている．また，61種類の中間代謝物質と，36種類のタンパク質－代謝物質またはタンパク質－タンパク質複合体を物質として定義している．文献1より引用．

における薬物毒性を反映するバイオマーカーを見出し[2)3)]，極小分子であるガス分子の1つである一酸化炭素（CO）の受容体探索に成功し[4)]，アミノ酸代謝経路の糖代謝制御への関与が解明されたこと，さらにそのような代謝経路の思わぬフィードバック経路が脳虚血時の微小血管拡張反応やがんにおける薬剤耐性などに関与することが示された[5)6)]．これらの成果を得るうえでは，網羅的データ収集の入力側を支える定量的な代謝物解析技術＝capillary electrophoresis mass spectrometry（CE-MS）が重要な役割を果たした．換言すれば入力データのばらつきや低い定量性は，作業仮説を立て，検証するための大きな阻害要因になるという教訓である．また代謝システムの全体像の挙動を把握し，生物学的摂動を加えた際にどの代謝経路に着目するかという，「木を見て森を見る」解析法は標的分子の絞り込みにきわめて重要である．しかしながら，

生体シミュレーションを用いた予測では「本物に近い粒度」のデータ収集が求められること，大胆な初期条件を設けないとシミュレーションが作動しないことなどの多くの課題があり，シミュレーションを実証データによって順次学習させ補強していくプロセスが求められる．本稿では特に，赤血球の代謝シミュレーションとメタボロミクスの実測実験データとの双方向性キャッチボールにより得られた知見と経験を中心に概説したい．

1 バイオシミュレーションによる赤血球代謝システムの理解と制御

赤血球はヘモグロビン（Hb）のアロステリを巧みに調節して組織への効率的な酸素運搬を実現していることは昔から知られていたが，低酸素に晒された赤血球

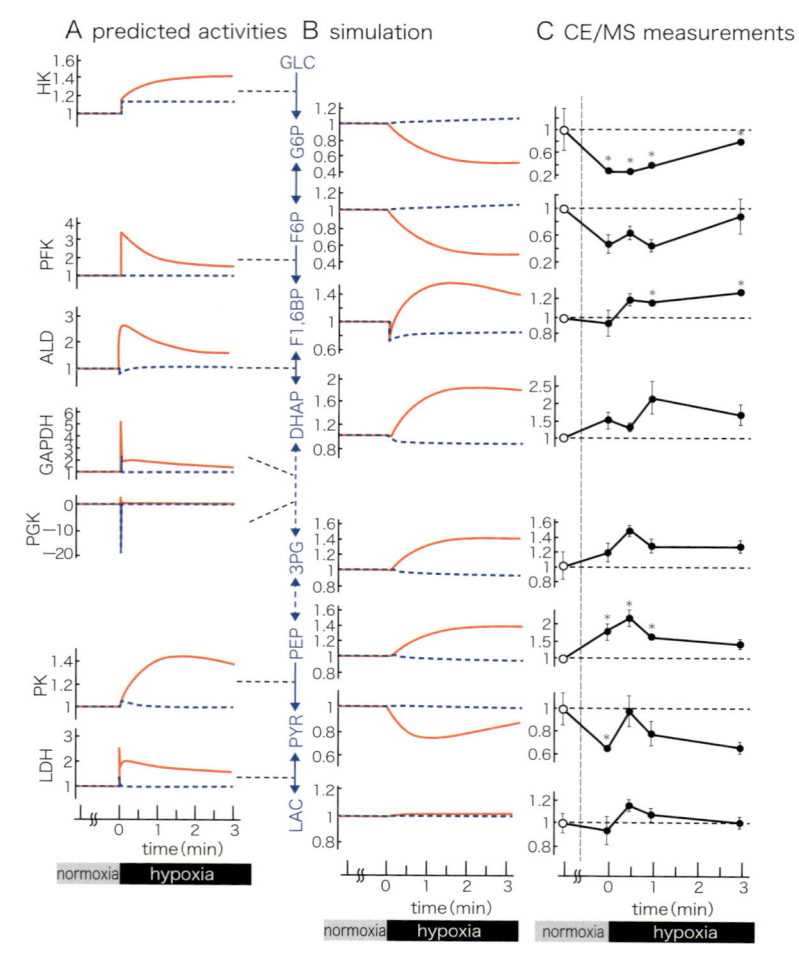

図2 PFK+aldolase+GAPDHが同時に低酸素で活性化される赤血球シミュレーションによる解糖系の低酸素応答の予測と，CE-MS解析によるその実証実験結果

このパターンが最も実測実験値に一致する．A) 解糖系酵素活性のシミュレーション，B) 解糖系中間代謝物質濃度のシミュレーション，C) CE-MSによるメタボローム実測における3分間の低酸素に応答した時系列変化を示した．CのCE-MS解析結果に関しては，〇は高酸素状態での定常濃度（Cの各グラフの最も左），●はその濃度からの比を示している．データは平均値±SEで示した．文献1より引用．

自身のエネルギー代謝が，実際にどのような機構で支えられているのかは不明であった．古くから知られるように解糖系のbranch metaboliteである2,3-bisphosphoglyceric acid（2,3-BPG）はHbに結合して酸素乖離度の高い構造（T-state）を安定化する．また赤血球は低酸素に曝露されると解糖系が活性化することが古くから示唆されているが，その分子機構は明らかにされていなかった．すなわち低酸素領域に到達した赤血球が局所の酸素要求度に応じて酸素を放出するメカニズムの存在は示唆されてはいるものの，そのメカニズムが明らかにされていなかった．また赤血球は毛細血管領域で酸素を放出する際に細胞の変形を起こすことにより血管壁との接触面積を増加させるが，細胞変形能を担保するためにはATPの維持が必要である．しかしながらATPや2,3-BPGは酸素分子が乖離したいわゆるT-state Hbに吸着されることから細胞内濃度は一時的に低下するはずであり，赤血球が酸素乖離をする条件下でどのように自身のATPを維持するか，あるいは上記のような高エネルギーリン酸化合物の有効濃度を細胞内で維持するメカニズムも不明で

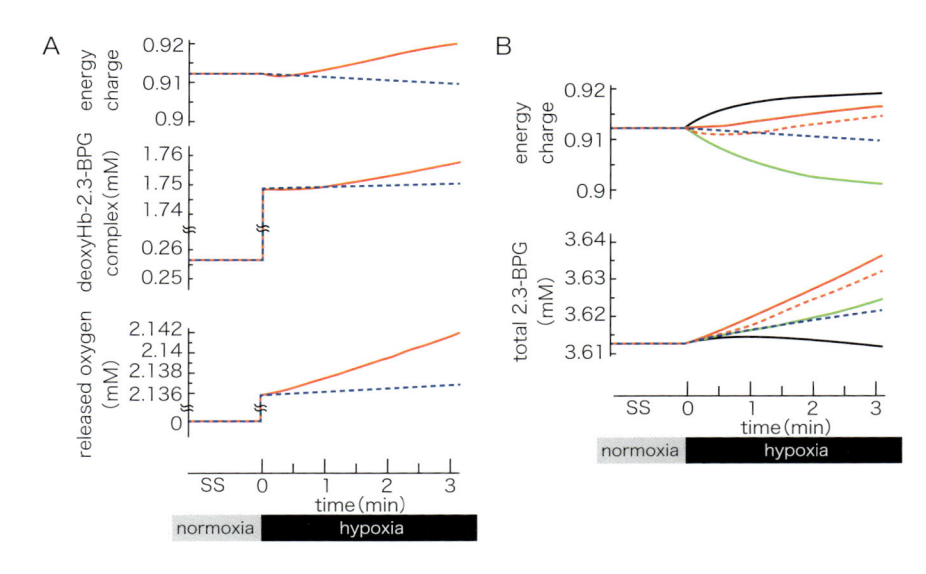

図3 赤血球代謝シミュレーションを用いた低酸素応答の仮想実験
赤実線：PFK＋aldolase＋GAPDHを同時に活性化させたモデルの結果，赤破線：PFKのみを活性化させたモデル，黒実線：pyruvate kinase（PK）を活性化させた場合の結果，緑実線：hexokinase（HK）を活性化させた場合，青破線：低酸素スイッチのないモデルでの予測データ．赤実線と赤破線のように解糖系の中盤を活性化させたときのみ，赤血球は低酸素時にATPと2,3-BPGを同時に維持し，増加させてHbからの酸素の乖離と赤血球変形能に必要なATPを維持することができることが，シミュレーション実験から推測できる．文献1より引用．

あった．

われわれはT-state Hbが細胞膜上のBand 3に結合すること，および赤血球の複数の解糖系酵素が膜上のBand 3タンパク質に結合し，低酸素によって膜から乖離することを示したCampanellaらの知見に着目し[7)8)]，低酸素状態でのHbのBand 3への結合が解糖系酵素を活性化するのではないかとの仮説を立て，慶應義塾大学先端生命科学研究所の冨田勝博士らが開発したE-Cell System version 3上に構築した赤血球代謝のシミュレーションモデルを用いて，低酸素曝露時の赤血球における解糖系の代謝変動を予測し，同条件で低酸素曝露したヒト赤血球においてCE-MSで測定したメタボロームデータの変動と合致するモデルを探索し，そのモデルから予測される生化学的裏づけを実測実験で収集することにより求めたい未知の分子機構を探索した．**図1**にその際に用いた赤血球代謝シミュレーションを示す．構成要素となる酵素反応群のうち，解糖系を青で示す．解糖系の10の反応のうち，どの反応（あるいはその複数の組合わせ）が低酸素で活性化（あるいは阻害）されるかを初期条件に実装し，仮想空間で低酸素曝露をした際の細胞内の代謝物の変動を多数の組合わせでシミュレーションを行った．それらの結果と，ヒト赤血球を用いた実測実験のメタボローム解析の代謝変動とがよく一致した組合わせを抽出した．そのような解析の結果，HbがT-stateになることにより解糖系の10ステップの酵素反応のうち中間に属するphosphofructokinase（PFK），Glyceroaldehyde dehydrogenase（GAPDH），aldolase（ALD）が同時に活性化するモデルを構築すると実際のヒト赤血球のCE-MSによる代謝物測定パターンとよく一致することが確認された（**図2**）．

構築した多数のモデルのうち，Hbのスイッチ機能により活性化される酵素が解糖系の最上流に位置するhexokinase（HK）や最下流のpyruvate kinase（PK）の場合には代謝物パターンが実際に一致せず，ATPと2,3-BPGが低酸素により同時に上昇しないことが示された．解糖系の活性化でATP合成の活性化と2,3-BPGの増加を両立するためには「なぜ解糖系の中盤の酵素反応が活性化される必要があるのか？」の理解にもつながった（**図3**）．シミュレーションの実験と実測実験の比較では，現実に起きているシステム制御が理に叶っているかどうかを仮想空間上で推論できることも大き

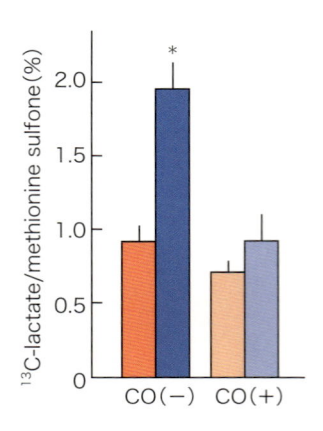

図4 ¹³C-グルコース-¹³C-乳酸を利用したpulse-chase実験による，低酸素応答としての解糖系流束の増加と，COによる抑制効果

¹³C-グルコース5 mM溶液に置換後，1分後に生成された¹³C-乳酸量の相対値を，それぞれ赤：高酸素，青：低酸素で示した．CO（－）は通常赤血球，CO（＋）はCOで処理した赤血球を示す．データは平均値＋SEで示した．*P＜0.05で高酸素，通常赤血球CO（－）に対する有意差を示す．文献1より引用．

なメリットである．また解糖系の活性化スイッチとして実際にHbが働いているかどうかは，Hbの構造をR-stateで安定化させることのできる一酸化炭素（CO）でヒト赤血球を処理した際に，低酸素性の解糖系活性化が抑制できることを示すことによって実証された（**図4**）[1]．

2 ヒト赤血球の低温保存時のエネルギー代謝変動のシミュレーションと実測実験のマッチング

　赤血球代謝シミュレーションでの知見を利用して，ヒト赤血球の代謝システムが低温保存下で変動し，エネルギー代謝が低下するプロセスを予測し，実測実験で検証した例を示す．救急医療において輸血の利用は不可欠であるが，献血後42日間という使用期限があるため，血液保存の長期化に関する研究開発は今なお盛んに行われている．しかし，血液保存期間の基準は赤血球のATP，2,3-BPG濃度を保存血液の有効期限の指標とした経験則に基づいて行われており，保存期限を決定する本質的な要因とされる赤血球代謝不全のメカ

ニズムに立脚した保存法の開発はこれまでなされていなかった．ヒト赤血球保存液に浮遊させた赤血球が4℃で保存した場合に何日間で高エネルギーリン酸化合物が枯渇するかを予測し，これまで報告のある保存期間との整合性を確認するとともに，保存方法を変更した場合にどのような改善が得られるかを予測することを目的としてシミュレーション実験を行った[9)10)]．その結果，低温によりR型Hbが安定化し，Hbに結合した2,3-BPGが遊離型として乖離することが保存中に高エネルギーリン酸化合物の枯渇につながることが示唆されること，保存液を弱アルカリ性にすることで2,3-BPGの維持がよくなることなどが予測され，予測実験結果の検証は現在メタボローム解析によっても実証された．

3 赤血球代謝シミュレーションを仮想循環系に乗せる

　完成させた赤血球代謝モデルを用いて赤血球が動脈から毛細血管を経て静脈へ還流し，再度動脈に流入して再循環した際の赤血球代謝変動をシミュレーションした．赤血球が経験する酸素濃度変動は既報のデータでリン光消退速度法により脳，肝臓などで計測した実測実験値を参考に「酸素変動循環モデル」を構築し，何サイクルの循環で，低酸素性解糖系活性化メカニズムを実装した仮想赤血球と実装していない仮想赤血球で代謝の違いが現れるかを検討した．赤血球は血流に乗って体内を絶えず循環しており，1つの赤血球が受ける酸素分圧は，肺－動脈－組織－静脈，とダイナミックかつ周期的に変動していると考えられる．そこで，循環血液中の赤血球が受ける酸素分圧を反映するようシミュレーション内のパラメータ（PO_2，単位mmHg）を変動させたシミュレーションを行った．**図5**に，Band 3の代謝制御効果を考慮したモデルを赤で，考慮しないモデルを緑の線で示した．シミュレーションの結果によれば，長時間の循環を経た定常状態において動脈血におけるoxyHbの割合には両者で差異は認めないが，静脈血では低酸素性解糖系活性化機構が作動している赤血球で有意に低値を示すようになった．仮想動脈相のoxyHbのピーク濃度に変化がないことから，Band 3の代謝調節効果により，1サイクル循環するごとに，1つの赤血球あたり約0.7 mMヘモグロビ

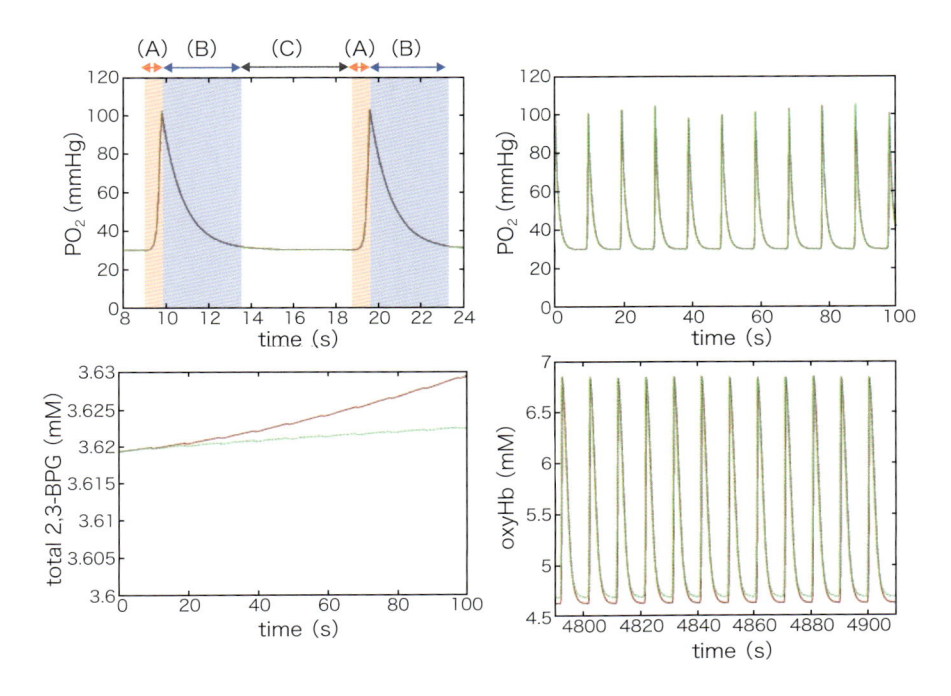

図5　循環赤血球のシミュレーションで設定した酸素分圧変化

シミュレーションモデルにおいては，高酸素状態から低酸素状態へ移行した際の，オキシヘモグロビン（oxyHb）の減少量によって，組織に運搬された酸素の量を推し量ることが可能である．仮想動脈相を赤，静脈相を青で示す（図左上）．100秒（10サイクル：図右上）程度の，短時間での循環シミュレーションでは，Band 3効果の有無による酸素供給能力の大きな違いはみられなかったが（図左下），約5,000秒が経過すると（図右下），赤の線で示すHbのスイッチ機能を有する仮想赤血球のoxyHbのレベルが顕著に下がっている．一方，仮想動脈相ではoxyHbのピーク濃度に変化がないことから，Band 3の代謝調節効果により，1サイクル循環するごとに，1つの赤血球あたり約0.7 mMヘモグロビン分の酸素が効率よく低酸素組織に運搬されることが予測された．これを赤血球体積（10^{-13} L）から分子数に換算すると，1 circulationで約4.2×10^7酸素分子の差がつくことになり，経時的には大きな効果をもたらすものと予測できる．

ン分の酸素が効率よく低酸素組織に運搬されることが予測された．

このようなT-state Hbの代謝スイッチ効果を *in vivo* で検証するため，われわれはHbの構造を安定的にT-stateにする方法としてYonetaniらが考案した脱酸素状態でNOをalpha-Hbに配位させT-state Hbを精製する技術を用い[11)12)]，恒常的に酸素乖離能の高いHbの投与効果を検討した．その際対照として正常のHb，およびCO化してR-stateを安定化させたHbをもつ赤血球の投与効果を比較検討した[12)]．モデルとして低酸素血の循環を受ける肝臓の虚血モデルを用いて効果を比較検討すると，alpha-NO化したヒト赤血球（α-NOhRBC）を虚血後に投与した群では，肝虚血後の全身血圧低下や代謝性アシドーシスが改善し，胆汁分泌量の回復が顕著に認められた（図6）．このような赤血球修飾体でのNOの寿命は体内で約1時間に留まったが，急性期の肝臓の酸素化には有効な方法であることが見出された．

おわりに

現在は，本稿で示したような網羅的代謝解析のレベルをはるかに超えた大量データ集積による有用情報の抽出が基礎研究のみならず臨床の現場でも実施されている．シミュレーションの応用はタンパク質の構造機能相関の研究などでは多くの実績が積まれてはいる．しかしながら細胞や臓器機能の理解と制御を推進するためのシミュレーション技術はまだ途上にあり，実証フィールドの実測実験による学習と強化が現在でも課題であると考える．

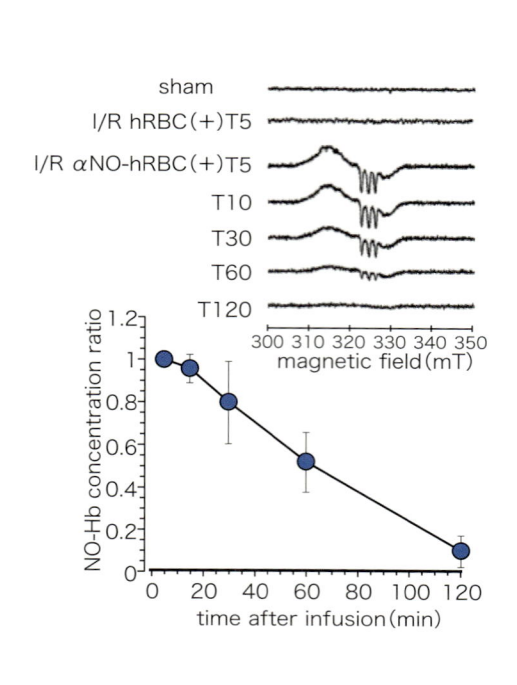

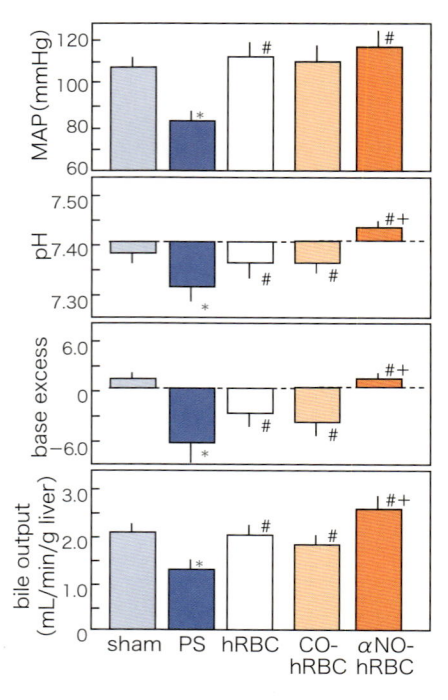

図6　αNO-hRBCの投与による虚血肝臓機能障害と代謝性アシドーシスの改善効果
　　　左：体内に投与されたαNO型Hbの半減期．EPR信号で確認できるNO-hemeの寿命は体内では約60分であった．
　　　右：虚血・再灌流後のαNO-hRBC投与による血圧（MAP），動脈血pH，base excess，胆汁分泌量の改善．
　　　hRBC：ヒト赤血球，CO-hRBC：ヒトCO飽和赤血球．文献12より引用．

本研究で献身的にシミュレーションを構築してくださった谷内江（木下）綾子博士，冨田勝教授，赤血球の低温保存実験に取り組まれた西野泰子博士，メタボローム解析を一貫してご指導いただいた曽我朋義教授に深謝いたします．

文献

1) Kinoshita A, et al：J Biol Chem, 282：10731-10741, 2007
2) Soga T, et al：J Biol Chem, 281：16768-16776, 2006
3) Soga T, et al：J Hepatol, 55：896-905, 2011
4) Shintani T, et al：Hepatology, 49：141-150, 2009
5) Morikawa T, et al：Proc Natl Acad Sci U S A, 109：1293-1298, 2012
6) Yamamoto T, et al：Nat Commun, 5：3480, 2014
7) Tsuneshige A, et al：J Biochem, 101：695-704, 1987
8) Campanella ME, et al：Proc Natl Acad Sci U S A, 102：2402-2407, 2005
9) Nishino T, et al：J Biotechnol, 144：212-223, 2009
10) Nishino T, et al：PLoS One, 8：e71060, 2013
11) Yonetani T, et al：J Biol Chem, 277：34508-34520, 2002
12) Suganuma K, et al：Antioxid Redox Signal, 8：1847-1855, 2006

＜著者プロフィール＞

末松　誠：1983年，慶應義塾大学医学部卒業．'88年，慶應義塾大学医学部助手（内科学教室）．'91年，カリフォルニア大学サンディエゴ校応用生体医工学部留学．2001年，慶應義塾大学医学部教授（医化学教室），'07年，文部科学省グローバルCOE生命科学「In vivo ヒト代謝システム生物学拠点」拠点代表者（'12年3月まで）．'07年，慶應義塾大学医学部長（'15年3月まで）．'09年，JST ERATO「末松ガスバイオロジープロジェクト」研究統括．'15年4月より国立研究開発法人日本医療研究開発機構・理事長．趣味：天体観測．

羊土社のオススメ書籍

実験医学増刊 Vol.32 No.20
今日から使える！データベース・ウェブツール
達人になるための実践ガイド100

内藤雄樹／編

多くの研究者にとって，必要な情報を的確に，そして効率的に引き出すことは重要です．本書では，100以上の汎用的に役立つツールをユーザー視点の簡潔な記事で紹介します．この1冊で今日からあなたも達人に！

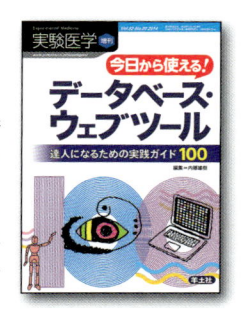

- 定価（本体5,400円＋税） ■ B5判
- 248頁　ISBN 978-4-7581-0343-5

次世代シークエンス解析スタンダード
NGSのポテンシャルを活かしきるWET&DRY

二階堂 愛／編

エピゲノム研究はもとより，医療現場から非モデル生物，生物資源まで各分野の「NGSの現場」が詰まった1冊．コツや条件検討方法などWET実験のポイントが，データ解析の具体的なコマンド例が，わかる！

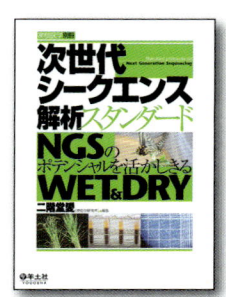

- 定価（本体5,500円＋税） ■ B5判
- 404頁　ISBN 978-4-7581-0191-2

よくわかるゲノム医学 改訂第2版
ヒトゲノムの基本から個別化医療まで

服部成介，水島-菅野純子／著，菅野純夫／監

ゲノム創薬・バイオ医薬品などが当たり前になりつつある時代に知っておくべき知識を凝縮．これからの医療従事者に必要な内容が効率よく学べる．次世代シークエンサーやゲノム編集技術による新たな潮流も加筆．

- 定価（本体3,700円＋税） ■ B5判
- 230頁　ISBN 978-4-7581-2066-1

Dr.北野のゼロから始めるシステムバイオロジー

北野宏明／企画・執筆

注目高まる「システムバイオロジー」とは，一体どのようなものなのでしょうか？ 分野の提唱者・北野博士が，医学や創薬の話題とともに"真のシステムバイオロジー"を解説します．「実験医学」好評連載を書籍化．

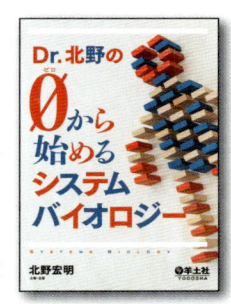

- 定価（本体3,400円＋税） ■ A5判
- 191頁　ISBN 978-4-7581-2054-8

発行 羊土社 YODOSHA

〒101-0052　東京都千代田区神田小川町2-5-1　TEL 03(5282)1211　FAX 03(5282)1212
E-mail：eigyo@yodosha.co.jp
URL：http://www.yodosha.co.jp

ご注文は最寄りの書店，または小社営業部まで

第2章
ビッグデータと医療

第2章 ビッグデータと医療

概論

医療医学研究におけるビッグデータの現状と課題

大江和彦

医療医学研究においてデータベースを活用した研究が増えている．医学的エビデンスをデータベース研究により得る各種手法が整ってきたことや電子カルテ普及などによる医療データベースの整備がその要因であろう．医療におけるビッグデータとして，汎用的で全数網羅的なデータ資源，臨床データ資源や多施設からの収集データ資源，これからの臨床データとゲノム統合データ資源などが，それぞれの利用目的に応じてハイブリッドに構築され活用されていく時代が来ようとしている．そのなかで個人情報の取扱いと公益的，学術的利用のあり方が課題である．

はじめに

データベースを活用した臨床研究，観察研究がここ数年増えている．**図1**は医学文献検索システム Pubmed で title/abstract に database を含み publication type が clinical research である論文数を年次別にグラフ化したもので2012年頃から急に増えていることがわかる．

確かな臨床医学上の知見（clinical evidence）を得る最良の手法はランダム化比較試験（Randomized Controlled Trial：RCT）であり，これは2つの治療に割り当てられる患者のさまざまな背景条件（性別や年齢，重症度や合併症の差異など）を2群間で統計学的に均質にしたうえで解析し治療要因以外の要因の影響を未知要因も含めて無視できるようにする手法である．しかし，臨床現場で発生するさまざまな知りたいすべての課題についてRCTをデザインして実施することは現実には困難である[1]．このような場合にデータベースを活用した事後解析（retrospective analysis）が有用になる．例えば既存治療Aと新治療Bのどちらの治療でも適用対象となるような急性期病状の患者について，両治療の効果の差に関する知見を得ようとして，ランダムに治療Aまたは新治療Bに振り分け，6カ月後の死亡率を比較するとしよう．治療Aは

[キーワード&略語]
医療ビッグデータ，レセプトデータベース，臨床症例データベース，個人情報保護法
IPTW：inverse probability of treatment weighting
NDB：National Claims Database
RCT：Randomized Controlled Trial（ランダム化比較試験）

Present status and the problems on big data for medical and healthcare research
Kazuhiko Ohe：Graduate School of Medicine, The University of Tokyo（東京大学大学院医学系研究科）

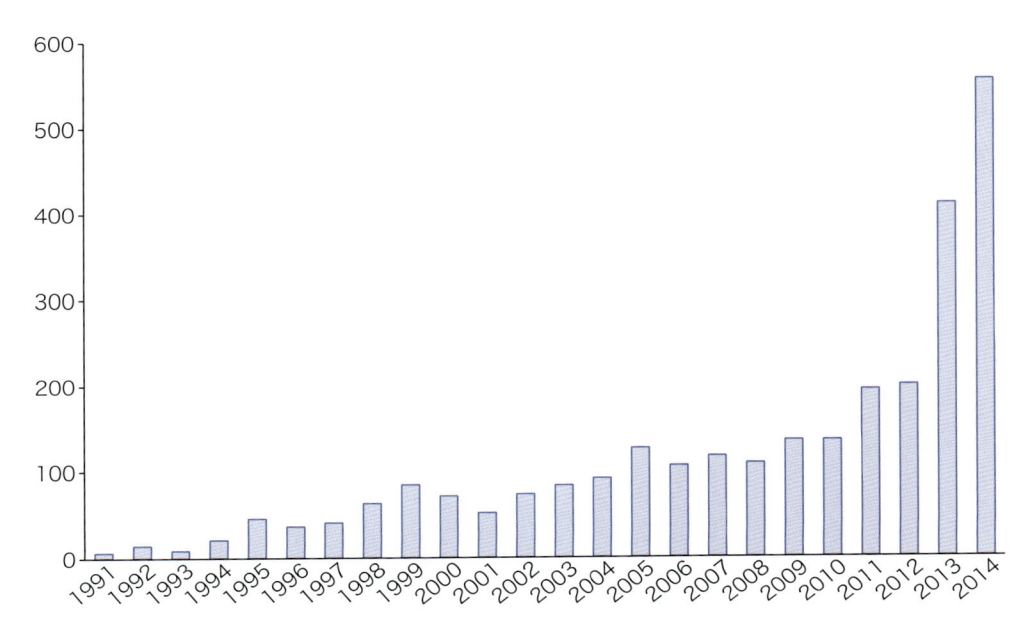

図1 Pubmedにおけるデータベースを活用した臨床研究論文の件数の推移

　標準治療として保険診療が可能であり，新治療Bは標準治療Aより成績がよい可能性が示唆されているが確証はなく保険も効かないとする．6カ月後死亡率の高い疾患である場合には，患者にランダムに2つの治療を振り分けることは倫理的にできないし患者も同意しないだろう．このような場合には，標準治療Aを適用できない状況の患者にだけ新治療Bを割り当てる，あるいは標準治療Aを適用後に，その治療効果がない場合にだけ新治療Bを追加するといった診療を行うことになる．その場合の治療Aと治療Bの効果比較研究では，治療経過をデータベースに蓄積しておき，十分な症例件数が蓄積されたのちに，そのデータベースを過去に遡って解析することになる．こうした臨床上の課題は大変多く，データベース研究が盛んになってきた理由の1つであろう．

　このようなデータベース研究では，治療A群と治療B群とでは患者の背景情報に大きな違いがあり効果を直接比較できないため，両群の多くの背景要因の影響を調整するために多重ロジスティック回帰などの多変量解析手法が用いられるが．しかし，そもそも治療Aと治療Bの選択自体に把握が困難な背景要因が影響していると考えられるため，この手法だけでは十分な偏り（選択バイアス）の統計学的調整ができない．この問題を少しでも解決する手法として傾向スコア（propensity score）を用いた統計解析手法 propensity score matching 法[2] や，その逆数を利用する inverse probability of treatment weighting（IPTW）法などの統計的にデータベース解析を支援する手法が確立しつつあり，それらを統計ソフトウエアで比較的容易に実施できる環境が整ってきたことも良質のデータベース研究が増えてきた理由であろう．

　さらに当然のことながら，多くの医療研究機関において電子カルテに代表されるIT環境の整備が進み，データベース構築が容易になってきたことが最大の要因である．

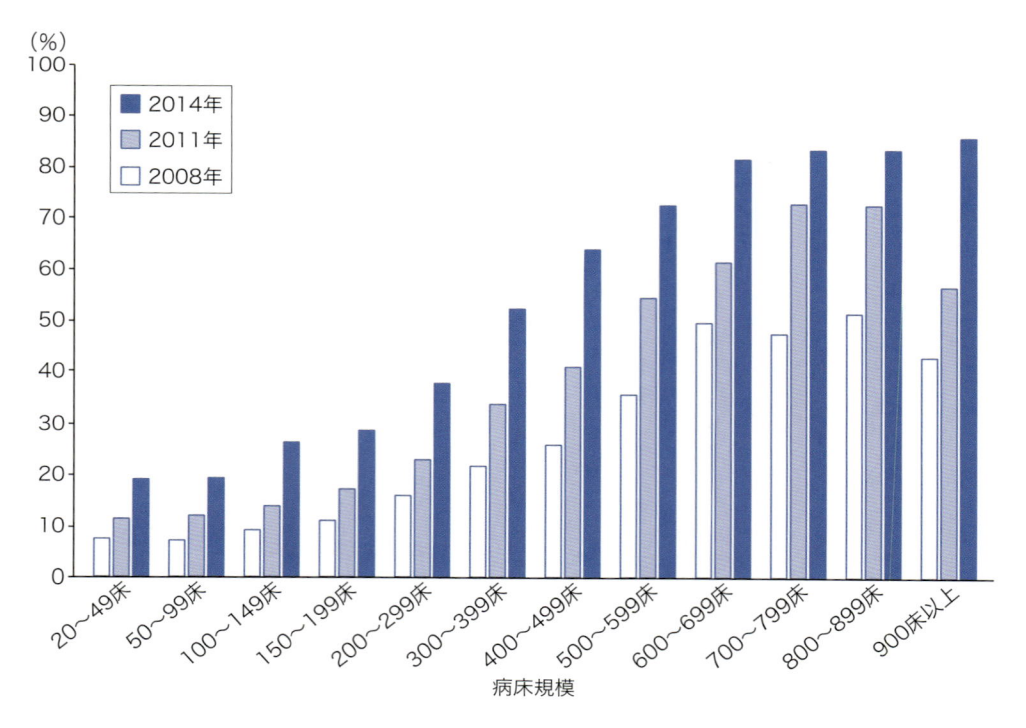

図2　日本の全病院の規模別電子カルテ導入率の推移
3年ごとの厚生労働省医療施設静態調査（病院）の公表結果から筆者らが作図．

1. 医療データベース

1）電子カルテの普及状況

　医療データベース構築のデータソースとなる電子カルテの導入状況については，日本では**図2**で示すように600ベッド以上の病院での電子カルテ導入率は80％以上である一方，全病院の75％を占める200ベッド以下の小規模病院での導入率はまだ20～30％程度であり，全体としては病院や診療所での導入率は約35％程度である．しかし，2015年6月に閣議決定された「日本再興戦略改訂2015」では「2020年度までに400床以上の一般病院における電子カルテの全国普及率を90％まで引き上げ，中小病院や診療所における電子カルテ導入を促進するための環境整備を図る」ことが掲げられており[3]，今後は中規模・大規模病院での電子カルテ化が一層進むことが期待されている．

　米国では2009年にHITEC Actと呼ばれる法令ができ，急性期医療を行う基準を満たす医療機関が一定基準を満たす認定電子カルテシステムを導入してその機能を使っている場合には，2011年から経済的インセンティブが与えられ，非導入病院にはメディケア（高齢者および障害者向け公的医療保険制度）による医療費支払いが1％減額されるというペナルティが2016年以降に課せられることになった．そのため2009年に12％程度であった電子カルテ導入率は2014年には74％以上に達している[4]．

2）電子レセプトデータベースNDB

　電子カルテデータベースとは別のデータ資源として重要なのは，わが国でレセプトデータと

呼ばれている診療報酬請求書データの電子データである．英語でreceipt data（領収書データ）と言っては当然意味が通じず，health insurance claims data，あるいは単にclaims dataというが，本稿では日本語でレセプトデータと呼ぶことにする．レセプトデータは1ヵ月に1回，その月に診療した患者に実施した医療行為（検査，治療，投薬，疾患管理指導など）を個々の行為ごとに付番された標準コード番号とその量に関するデータを，定められた形式で1患者ごとに1件として作表したデータであり，保険診療した医療機関は原則としてこれをすべて電子的に作成しオンラインか電子メディアで保険者（保険組合）に月ごとに提出して医療費の7割請求を行う（日本では医療機関は高齢者などを除き医療費の原則3割は患者から，7割は保険者から受けとる保険制度である）．また医療機関外の調剤薬局でも同様に電子データで保険請求をしており，現在電子データ率はほぼ97～99.9％である．このデータは2009年度分から匿名化されて厚生労働省が管理する一元化データベースNDB（National Claims Database）に集積されており，その件数は約90億レコードに達している．日本では国民皆保険制度が導入されているので，自費診療の美容形成医療，歯科医療の一部，治験や臨床試験を除き通常の保険診療で実施されたすべての医療行為データはこのNDBに蓄積されていることになる．ただ，電子カルテから構築されるデータベースと違って検査結果そのものは含まれておらず，疾患の重症度や細かい合併症の状況，喫煙の有無や飲酒歴など生活習慣情報なども入っていないため，その特性や限界をうまく理解して使用することが求められる．

なおNDBの研究者による利用は申請にもとづく有識者会議による審査制で解析に必要なデータサブセットの提供を受ける制度となっているため，申請からデータ受領まで早くても4～6ヵ月程度かかる状況である．

2．個人情報保護法の改正とそれにもとづく対応の動向

個人情報保護法は「個人情報の保護に関する法律」として2003年に成立した．同法では氏名，住所，性別，生年月日などの個人識別情報を含む生存者の情報は，収集段階で収集目的を明示し，目的外の利用や第三者への提供は個別に同意を必要とすることとなった．そのため医療機関が診療データを外部の多施設データベースに登録する場合には，事前に収集目的のなかにそうした利用目的を明示しておくこと，および個人識別情報を削除するか別名化（両者をここでは匿名化と書く）することが必要になっている．もちろん個別に患者の同意をとるならば匿名化は不要であるが，その手間は膨大となるため，一般には匿名化されて登録される．この現状では，患者が複数の医療機関や調剤薬局で医療サービスを受け，そのデータをそれぞれの機関が多施設データベースに登録する場合，それぞれの機関において匿名化されるため，多施設データベース側では登録された異なる施設からの個別データが，同一個人由来のものであるか別人由来のものであるかを判定することができず，個人レベルで結合して1レコードとすることができないのが大きな課題となっている．

この課題をクリアするには，各機関が患者各人固有の個人識別情報から一方向性生成関数（ハッシュ関数）という特殊な関数で変換値（ハッシュ値と呼ぶ）を計算し，それをデータベースに登録する手法が考えられる．例えば患者の性別，生年月日，氏名カナ表記などを組合わせそこからハッシュ値を算出して登録することにより，同時期に他の施設から登録されてもこのハッシュ値は同一であるため，個人結合が「一定程度可能」であるというものである．ハッシュ値は一方向性関数により生成されているため，ハッシュ値から元となった性別，生年月日，氏

名カナ表記の組合わせ値を知ることができず，元の個人を特定することはできない．なお，「一定程度可能」と書いた理由は，同一の性別，生年月日，氏名カナ表記であるような別人患者が同時期に多施設で登録される可能性がゼロではないため，ハッシュ値が一致していても異なる患者であるという可能性は捨てきれないからである．

さて，2003年に成立した個人情報保護法は2015年9月にはじめて改正され，2年以内（おそらく2017年初頭頃）に施行される．この改正個人情報保護法では，氏名，住所，性別，生年月日などの従来個人識別情報とされていた情報以外に，特定の個人の身体的特徴を変換したものであって個人を1対1で特定でき，生涯ほとんど変化しないものを特定の個人を識別できる情報ととらえ，新たに「個人識別符号」として位置づけることで，これを含む情報を個人情報として明確化した．個人識別符号としては例えば指紋特徴データや顔認識データなどが該当すると想定されている．また，人種，信条，社会的身分，病歴，犯罪の経歴，犯罪により害を被った事実その他本人に対する不当な差別，偏見その他の不利益が生じないようにその取扱いに特に配慮を要するものとして「要配慮個人情報」を定義し，この情報は第三者提供のたびに本人同意を必要とすることとされた．

ここで重要なのは，「個人識別符号」としてゲノム配列データが含まれるかどうかという点，および「要配慮個人情報」に病歴という曖昧な定義の情報種別が含まれた点である．これらは今後の医療データベース構築とその取扱いに非常に大きな論点を提供するものであり，前者については「ゲノム情報を用いた医療等の実用化推進タスクフォース」が厚生労働省に設置され2015年11月から12月にかけて3回の有識者会議が開催されて議論されている．2015年12月25日の第3回会議では「改正個人情報保護法におけるゲノムデータ等の取扱いについて（意見とりまとめ案）」が提示され，同タスクフォースのホームページで公開されている．ゲノムデータ，臨床データベースの取扱いの方向性に大きな影響を与える可能性があり，注視すべきであろう．

一方，多施設から登録される病歴情報を含む医療データを法的にどのように個人連結可能な形で収集し，それをどのように個人データとして連結した後に匿名化して研究や二次的利用に供するかについても，今回の改正個人情報保護法の成立を受けて新たな制度設計が進められている．これについては，2015年4月に内閣官房の健康・医療戦略推進本部に設置された次世代医療ICT基盤協議会において第2回会議が2015年12月に開催され，そこで提示された特定医療情報取扱事業者（代理機関・仮称）の制度導入が今後重要な方向となっていくと考えられており，この動向にも注視が必要である．

おわりに

医療におけるビッグデータは，悉皆性つまり全数性の高いレセプトデータベースのような多目的に活用できる汎用的なデータ資源，悉皆性は高くないが研究目的ごとに検査結果などの情報も含めた電子カルテデータや臨床症例登録データ資源，それをさらに多施設で集積したがん登録や外科手術登録のようなその領域では悉皆性のある件数の大きなデータ資源，そしてクリニカルシークエンスのように患者個別の精確医療のために収集されたパーソナルゲノムデータとその患者の臨床データの集積体のようなこれからの臨床ゲノム統合データ資源などが，それぞれの利用目的に応じてハイブリッドに構築され活用されていく時代が来ようとしている．また同時に，そのなかで構築される医療医学ビッグデータを公益的な情報資源として管理して活

用していくという国民的意識形成も必要になりつつある．医療を変えるビッグデータの活用においては，個人のプライバシー保護と，それに対して公益的，学術的な価値を見出すための研究や解析とをどうバランスをとるか，そのバランスのとり方と制度的な考え方の整理が強く求められる時代に入ろうとしているといえるだろう．

文献

1) Kanda Y：Int J Hematol, 103：1-2, 2016
2) Connors AF Jr, et al：JAMA, 276：889-897, 1996
3) 日本経済再生本部：「日本再興戦略」改訂2015－未来への投資・生産性革命－（平成27年6月30日）本文（第二部及び第三部） https://www.kantei.go.jp/jp/singi/keizaisaisei/
4) Charles D, et al：ONC Data Brief, No. 23, April 2015 https://www.healthit.gov/sites/default/files/data-brief/2014HospitalAdoptionDataBrief.pdf

＜著者プロフィール＞
大江和彦：1984年東京大学医学部医学科卒，東大病院外科および新潟県佐渡の病院で外科系研修の後，東京大学大学院医学系研究科博士課程で医療情報学を専攻．東大病院中央医療情報部（当時）助教授を経て'97年より現職（社会医学専攻医療情報経済学分野教授）．臨床医学概念関係をデータベース化したオントロジーと臨床ビッグデータとを統合的に活用した人工知能による診療支援情報システムの研究開発に挑戦している．

第2章 ビッグデータと医療

1. ゲノムコホートとビッグデータ
―東北メディカル・メガバンク計画

安田　純，山本雅之

2011年3月の東日本大震災で東北地方の太平洋側は甚大な被害を受けた．同地域は従来から医療過疎地域であり，医療の復興には核となる先進的な取り組みが必要である．東北メディカル・メガバンク計画は，ゲノム情報に基づく先進的個別化医療を震災被災地で実現することを目的として開始した．同計画では，総計15万人の前向きコホートを構築し，さらにゲノム解析および多層オミクス解析を実施して複合バイオバンクを形成する．また，それらを通じて疾病発症の遺伝的要因や環境的要因の相互作用を探索する．現在，海外での国家規模のゲノム解析プロジェクトが進行しているが，本稿では本機構（以下ToMMo）での取り組みを紹介しながら，ゲノムビッグデータの展望について概説する．

はじめに：前向きコホートとメガバンクの目標

疾病発症の要因には，外的要因（＝環境因子）と内的要因（＝遺伝的素因）とがある．ゲノム解析は内的要因を明らかにするアプローチである．健常なヒトが現代社会において生まれ，育ち，社会生活を営みながら老い，ついには死に至る過程を俯瞰すると，容易に一人ひとり様々異なる過程を経ることに気がつく．このような状況で，どのような条件が整った場合に疾病を発症するのかを正確に認識することには大きな意義があるが，それを認識するためには発症前からヒト集団を対象とした研究を実施する必要がある．このよう

[キーワード]
個別化医療，ゲノム解読，日本人標準ゲノムパネル，前向きコホート，ゲノムワイド関連解析

な健常人集団を対象とし，発症前に各人の様々な環境刺激への曝露について調査し，一定時間観察することで環境刺激の疾患発症への影響を解析する研究のことを前向きまたは住民コホート研究と呼んでいる．

一方，病院を訪れる患者を集めて，疾患に関する何らかの共通性を探る患者コホートもあるが，その場合には年齢や性別などを対応させた健常者を比較対照とする必要がある．この手法を症例対照研究と呼ぶが，この場合には多施設共同研究などによって，統計学的に有意差を出せる症例数を容易に集めることが可能である．一方，症例対照研究では環境因子の正確な把握は困難である．

多くの成人がよく遭遇する疾病は，環境因子と遺伝的因子の相互作用によって発症するものが多く，このような疾患の病因解明に取り組むためには，環境因子のより正確な把握の目的で前向きコホート研究を構築することが望ましい．さらに，近年の進歩を活用して，

Big data science of genome cohort ― Tohoku Medical Megabank Project
Jun Yasuda/Masayuki Yamamoto：Tohoku Medical Megabank Organization, Tohoku University（東北大学東北メディカル・メガバンク機構ゲノム解析部門）

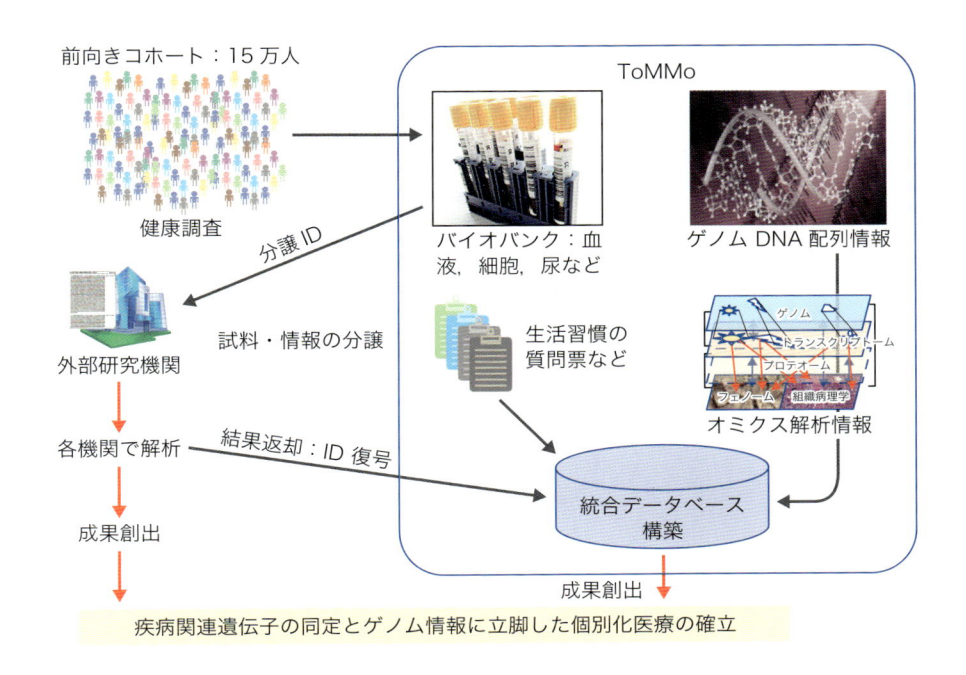

図1　ToMMoゲノムコホートのあらまし
ToMMoでは宮城県，岩手県で実施する前向きコホート参加者のゲノム情報を収集し，日本人全ゲノム参照パネルを構築した．パネルを構成する各検体は様々な属性情報や試料と紐づけられている．試料の解析が進むにつれて統合解析の複雑性が増し，ゲノム情報の意味づけが可能になる．公的バイオバンクとして試料を分譲し，その解析結果の返却を受けることでさらにバンクが充実し，外部研究機関の成果にもつながる．これら内外の成果を集約して個別化医療の実現をめざす．

全ゲノムを解析する計画をもち，合わせて，より正確な環境因子測定が可能なゲノムコホートを構築することは，個々人の病態解明と疾病発症予防のためにほぼ唯一の方法論ともいえる．

米国でも2015年初頭にPrecision Medicine Initiative[1]としてゲノムに基づく個別化予防をめざすプロジェクトが開始した．わが国もバイオバンクを併設したゲノムコホートを推進し，全国の医学研究者を支援し，ゲノム情報に基づく個別化予防の実現をめざす必要がある．

1 東北メディカル・メガバンク計画の概要

東北メディカル・メガバンク機構（ToMMo）は，東日本大震災からの創造的復興を成し遂げることに貢献する目的で，2012年2月に設立された．震災被害による慢性的な健康被害についての健康調査に加えて，血液やゲノムDNAなど生体試料を収集してバイオバンクを構築し，さらにそれらの試料の解析を通して，先進的医療を被災地に実現することがそのミッションである（**図1**：栗山ら，投稿中）．

健康調査は2つの大規模前向きコホートによって実施される．1つは地域住民コホートで，東北大学・岩手医科大学がそれぞれ宮城県，岩手県を担当する．自治体実施の特定検診受診者（74歳まで）に参加を呼び掛け，リクルートする．2013年度からスタートし，今年度末までに宮城・岩手両県で総計8万人の成人男女の参加をめざす．

もう1つは三世代コホートで，これは東北大学が担当している．妊婦一人ひとりに産科クリニックで参加を呼び掛ける方式で実施されており，生まれてくる子どもに加えて，参加に同意した妊婦から紹介していただく形で，夫や，母方および父方の祖父母に参加を呼び掛け，宮城県全体で2万家系，総計7万人のリクルー

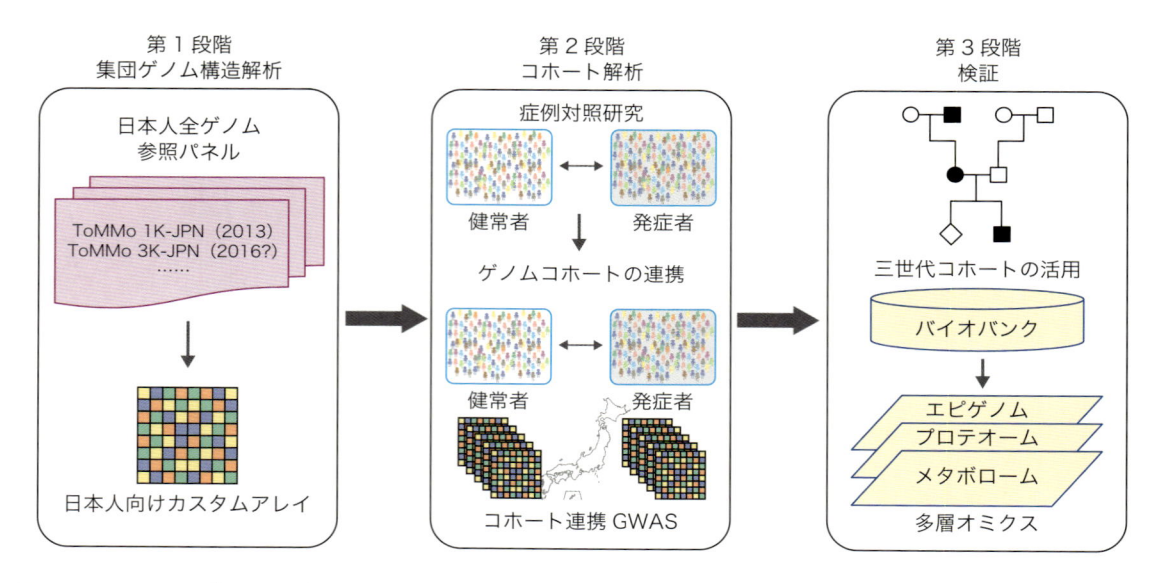

図2　ToMMoのゲノム解析戦略
第1段階は追跡対象となるコホート集団のゲノム構造の解明であり，大規模な全ゲノム解読と希少多型の収集，これら情報をもとにしたカスタムアレイの設計を実施する．第2段階はコホート内でのゲノムワイド関連解析などの疾病に関係する多型候補の探索・同定を実施する．第3段階として，メガバンクコホートの特色の1つである三世代コホートの検体解析を通じて各疾病と候補多型の共分離やオミクス解析の適用による最終的なリスク診断モデルの構築とそれに基づく個別化予防の実現をめざす．

トをめざしている．この三世代コホートの妊婦の家族や地域住民コホートの対象となりうる成人のうち希望する参加者は，地域支援センター（宮城県）またはサテライトセンター（岩手県）を自ら受診し，参加することも可能である．三世代家族をリクルートするコホートは国際的にもユニークな取り組みであり，オランダのLifeLines研究が有名であるが[2)3)]，本コホートのように出生からはじまる三世代コホートはより困難であり，国際的な注目を集めている．

なお，前述のように東北メディカル・メガバンク計画のコホート調査全体には，ゼロ歳児から80歳を超える日本人15万人が参加する予定である．ToMMoコホートの特色は，こうした多様な年齢層の参加者，それも家系情報に基づいて遺伝継承性を確認できることである．

コホートでのアンケートは東日本大震災での被災地域であることが念頭に置かれており，被災体験の程度や心的外傷の程度などについても詳細に確認する一方，日常生活や睡眠の質，抑うつなど心の状態を確認するK6検査も盛り込まれている．また食生活や疾病の既往

歴，家族歴，服用薬剤などについては多枝問選択式＋自己記入によって詳細に調査される．これら質問票は国内で先行する前向きコホート（JMICCやJPHCなど）のものとすり合わせを実施したので，これら先行コホートとの統合的な解析も可能である．さらに地域支援センターなど，訪問型のリクルートの場合，呼吸機能検査や，頸動脈エコーなどの生理学的検査，認知機能検査や脳と大腿のMRI撮像なども実施される．

さらに参加者から得られた生体試料のゲノム・オミクス解析のために複合型バイオバンクが設置されていることもToMMoの特色である．生体試料については血漿，全血に加えてDNA抽出用全血，および細胞保存液によって凍結させた末梢血単核球，検診で収集される尿などを収集する．特に分解しやすいタンパク質や代謝産物はバイオバンクによって検体の品質管理を実施することが必須である．また，末梢血単核球からは後日EBウイルスによる不死化リンパ球を樹立・バンキングし，ゲノム情報と細胞生物学とを組合わせた研究を可能にする．

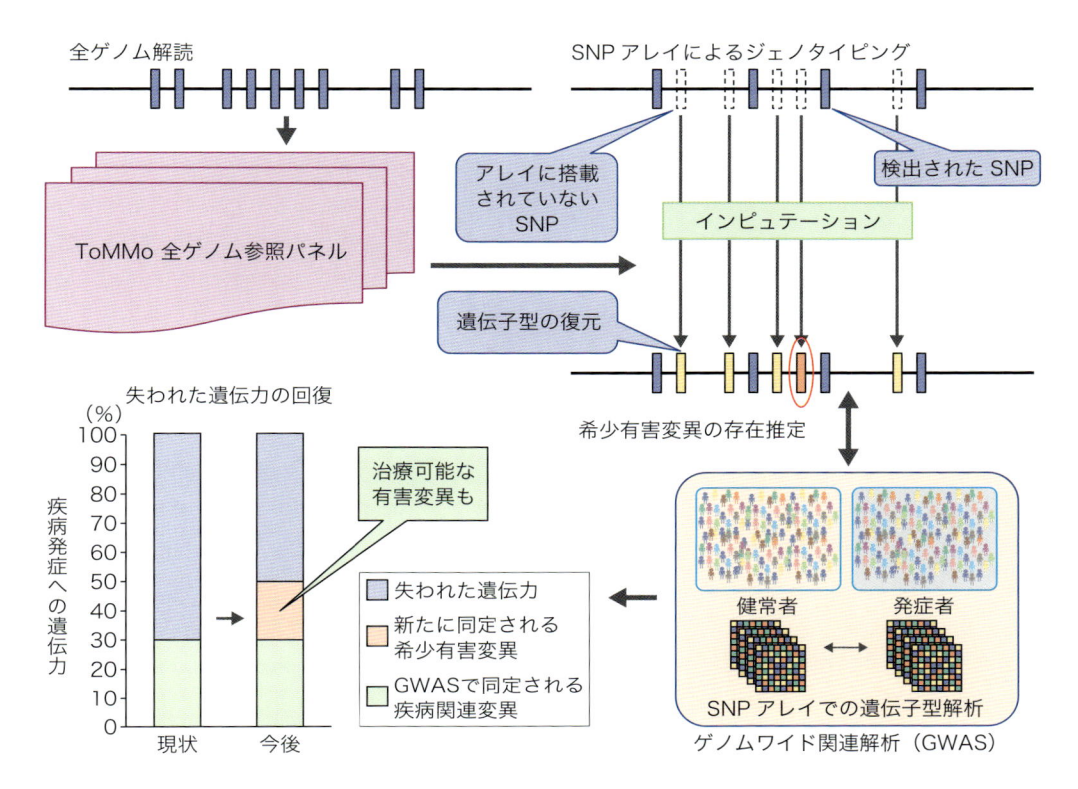

図3　遺伝子型推定とGWASの関連
遺伝子型推定（インピュテーション）は，集団全ゲノム解読情報に依拠して実施される．多くの多型はそれぞれ近隣の多型と連鎖不平衡（linkage disequilibrium）をなし，その並び（ハプロタイプ）は一定の頻度をとる．ある程度の大規模集団で観察すると家系がなくともその並びを推定し，統計学的に未観測の遺伝的多型の存在を推定することができる．GWASで検出されるタグSNPと連鎖不平衡をなす真の希少責任変異をこのインピュテーションで同定することで，失われた遺伝力がある程度説明可能になると期待される．

2　ToMMoバイオバンクでのゲノム解析戦略

これまでもゲノムワイド関連解析によって多数の疾病関連多型が同定されている．しかし，その疾病発症に与える影響は小さく（多くの場合オッズ比で1.5程度），いわゆる失われた遺伝力（missing heritability）が問題となっている[4]．ゲノムワイド関連解析は高頻度の疾病は高頻度の責任多型が関与する（common-disease-common-variant）という仮説にもとづいて実施されるが，近年，高頻度の疾病にも希少多型が関係する（common-disease-rare-variant）という仮説[5]が着目されている．

集団ゲノム解析において，近年の次世代シークエンサーの進歩は疾病発症に直結しうる希少多型を集団中から同定することを可能にした．図2は当機構におけるゲノム解析戦略のスキームである．ToMMoでは多集団のゲノム解析に際して，様々な技術的な検討を実施し[6)7)]，効率的かつ正確なゲノム解読を実施する技術基盤を構築した．例えば検体の自動処理や次世代シークエンサー運用における実務担当者からのボトムアップ型のSOPなどもその特徴である．また，全ゲノム解読前に，SNPアレイによる解析で，近親者を排除し，できるだけ構造をもたない集団をパネル対象として選抜することも以後の解析のためには重要である．次世代シークエンサーの出力の配列情報解析においても様々な創意工夫がなされている．特に大規模全ゲノム解読のデータをもとにした未観測の遺伝子型推定（インピュテーション：図3）が威力を発揮することが期待される．

3 日本人標準ゲノムパネルとジャポニカアレイ

一般にゲノムワイド関連解析には非常に多数の検体が必要である[8,9]．ToMMoには15万人の参加者がいるが，できるだけ多数のゲノム解析を実施するには安価なSNPアレイを設計・作成することが効率的である．特に疾病発症に強く相関しうるマイナーアレル頻度（MAF）0.5％未満の希少多型は民族特異的に分布する傾向があり[10]，大規模な集団ゲノム解読によってのみ捕捉可能である．実際，アイスランドのdeCODEプロジェクトで実施された全ゲノム解読とその後同定された疾病関連遺伝子はMAFが小さく，分布もアイスランド人と周辺国とでは異なることが報告されている[11]．

2015年には当機構で1,070人分の日本人全ゲノム解読を実施し，その成果を報告済である[12]．東アジア人としては最大規模であり，均質性の高い国民の，単一の技術，単一の研究機関によってなされた集団ゲノム解読としても世界に類を見ない規模である．この研究によって構築されたのが日本人標準ゲノムパネル the integrative Japanese Genome Variation Database（iJGVD：http://ijgvd.megabank.tohoku.ac.jp/）である．ハプロタイプ推定とインピュテーションの性能は，この標準ゲノムパネルの情報量と精度に依存するが，同一の方式で解読された別の日本人130人のゲノム情報に基づいたインピュテーションの結果は国際1,000人ゲノムのデータによるインピュテーション精度をはるかに上回った[11]．今後三世代コホート参加者などの追加ゲノム解析によってこれらの推定精度はさらに向上することが期待される．

これら知見をもとに，日本人集団に特化した安価なSNP解析プラットフォームとして，ジャポニカアレイ®を設計した[13]．ジャポニカアレイ®は67万個のSNPプローブを搭載し，日本人集団に対しては99.6％のコールレートを示す．当然ながら同程度の規模の商用SNPアレイよりも利用できるSNPは多く，インピュテーション後の推定可能な多型の規模は4倍程度のサイズのSNPアレイ（250万SNP搭載）と同程度である．今後，これらのゲノム情報基盤を活用して疾病関連遺伝子探索を推進する．

4 オミクス解析

ゲノム情報のみで個別化医療が実現できるであろうか．ゲノム情報は究極の発症前マーカーだが，実際に発症しつつあるのかなど，詳細な情報はゲノム解読情報から読みとることはほぼ不可能である．疾病の前兆となるバイオマーカーの検出など，ゲノム以外の生体情報の入手がこうした問題の解決の唯一の方法である．そこでToMMoではゲノムのみならずオミクス解析も実施し，参加者の血液中にある様々な生体物質を網羅的に解析することで個別化医療の実現に資する予定である．また，環境因子の影響を客観的に評価するのにもオミクス解析は有望である．ToMMoでは2015年8月に先の1,070人からランダムに選抜された500人の血漿プロテオーム，メタボロームのデータを日本人多層オミクス参照パネルデータベース（jMorp）として公開した（https://jmorp.megabank.tohoku.ac.jp/）．今後，これらのデータとゲノム情報，疾病発症の関連性も追及される予定である．

おわりに：個別化医療に必要な研究とは

これまでゲノムワイド関連解析によって多数の疾病に関連する多型が同定されてきたが，これらの発症への影響は臨床応用可能な程度ではなかった．今後は疾病発症により強く影響する希少多型保有者に対するランダム化介入試験で，ゲノム情報の利用による個別化予防が可能なのか検証する必要がある．欧米では肥満やⅡ型糖尿病の予防などの臨床治験が複数報告されている[14]〜[16]．ToMMoでも遺伝子解析の結果の返却をめざした検討が進められている．今後，国民医療費の抑制に向けてゲノム情報の活用が望まれるが，それに向けて国民全体の理解を得る必要がある．そのためにはゲノム情報の特性などについてのより一層の啓発活動も必須である．ToMMoではそうした啓発活動についても積極的に推進し，被災地にゲノムに基づく先進的医療を確立したい．

文献

1) Collins FS & Varmus H：N Engl J Med, 372：793-795, 2015
2) Scholtens S, et al：Int J Epidemiol, 44：1172-1180, 2015
3) Stolk RP, et al：Eur J Epidemiol, 23：67-74, 2008
4) Manolio TA, et al：Nature, 461：747-753, 2009
5) Bodmer W & Tomlinson I：Curr Opin Genet Dev, 20：262-267, 2010
6) Katsuoka F, et al：Anal Biochem, 466：27-29, 2014
7) Motoike IN, et al：BMC Genomics, 15：673, 2014
8) Goldstein DB, et al：Nat Rev Genet, 14：460-470, 2013
9) Zuk O, et al：Proc Natl Acad Sci U S A, 111：E455-E464, 2014
10) The 1000 Genomes Project Consortium：Nature, 491：56-65, 2012
11) Gudbjartsson DF, et al：Nat Genet, 47：435-444, 2015
12) Nagasaki M, et al：Nat Commun, 6：8018, 2015
13) Kawai Y, et al：J Hum Genet, 60：581-587, 2015
14) Voils CI, et al：Trials, 13：121, 2012
15) Wang C, et al：Clin Trials, 11：102-113, 2014
16) Grant RW, et al：Diabetes Care, 36：13-19, 2013

＜筆頭著者プロフィール＞

安田　純：東北大学東北メディカル・メガバンク機構ゲノム解析部門分子ネットワーク解析分野教授．1989年東北大学医学部卒．脳神経外科で研修後，国立がんセンター研究所腫瘍遺伝子研究部（関谷剛男部長）にてヒトがんのゲノム解析を研究．マサチューセッツ大学医学部Roger J. Davis研究室で細胞内シグナル伝達系の生化学や機能性RNAの研究にも着手．2006年より理化学研究所オミックス基盤研究領域（旧フロンティア研究システム）チームリーダ．'12年より現職．

第2章 ビッグデータと医療

2. 電子カルテからの医療ビッグデータベース構築

大江和彦

> 電子カルテは多様な患者状態に対して医学的見地から実施された医療行為とそれに対する患者反応の記録を集積したものである．多施設の電子カルテデータを統合解析することにより，医療行為と結果の関係について新たな知見を得られ，新しい病態類型の発見の可能性もある．また特定の臨床的表現型を有する患者集団を正確に抽出するe-Phenotyping手法が成熟すれば，臨床情報とゲノム情報の関係解析の材料を効率よく得ることができる．しかし，このために必要な標準化された診療データベースの生成と言語処理や研究利用志向の電子カルテ開発などを進めていく必要がある．

はじめに

診療の場では，診療記録を紙に記載するカルテ（紙カルテ）に替わり，コンピューターシステムに記録する電子カルテシステムの導入が進んでいる．電子カルテは多様な患者状態に対して医学的見地から実施された医療行為とそれに対する患者反応の記録を集積したものであり，一義的には患者の診療に役立てるための記録であるが，集積したデータベースは医療全体の分析や病態の類型化などに重要な知識源となりうる．したがって，これを多施設で集約しビッグデータとして活用しようと考えるのは当然の流れであろう．本稿では関連のいくつかのプロジェクト，そしてそれらに共通する課題と動向を紹介する．

1 多施設電子カルテデータの利用

1）医療情報データベース基盤整備事業

医療情報データベース基盤整備事業（MID-NET）は，医薬品の市販後の副作用の早期検出や医薬品のリスク・ベネフィット評価などの安全対策目的に利用できるビッグデータベース基盤を整備するもので，2011年度に厚生労働省と独立行政法人医薬品医療機器総合機構（PMDA）により開始された[1]．厚生労働省が公募により選定した協力医療機関（7国立大学病院，3病院グループの計10組織の計23病院）を拠点とし，各病院の電子カルテやレセプトなどの医療情報を専用のデータベースに変換し，各病院が解析テーマごとに同

[キーワード＆略語]
電子カルテ，SS-MIX2標準ストレージ，臨床症例データベース，e-Phenotypingアルゴリズム

MCDRS：Multi-purpose Clinical Data Repository System（多目的臨床症例登録システム）

Constructing big database on healthcare research from EHR data
Kazuhiko Ohe：Graduate School of Medicine, The University of Tokyo（東京大学大学院医学系研究科）

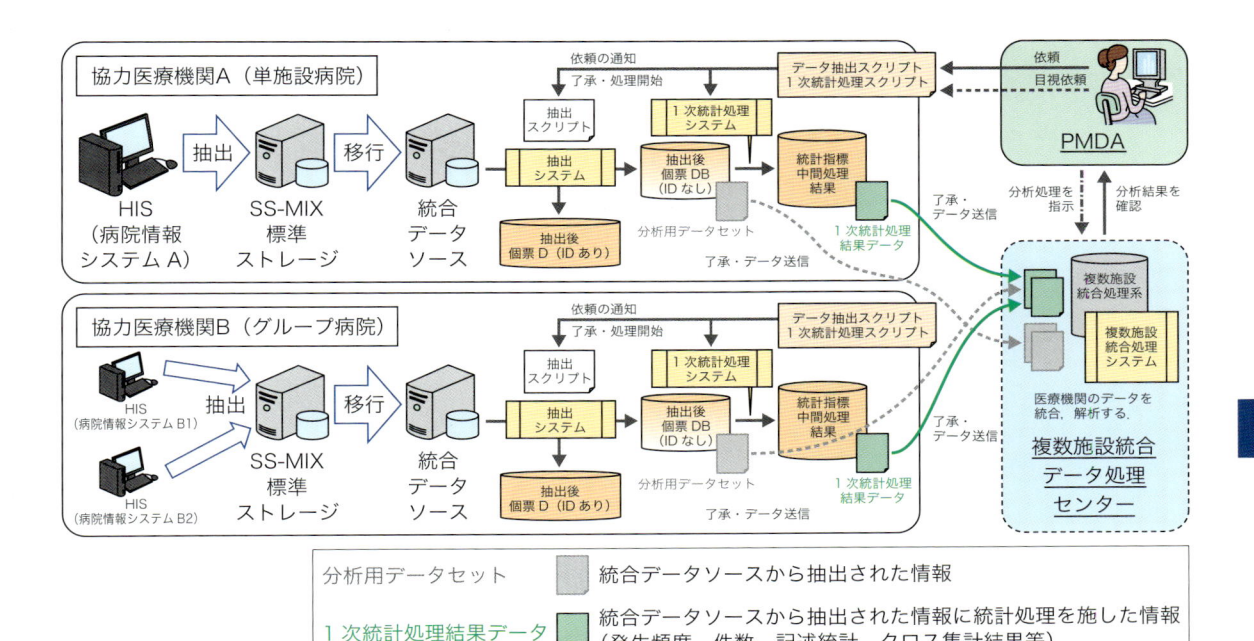

図1　MID-NETのシステム概要
協力医療機関の電子カルテシステム（HIS：病院情報システム）からデータを抽出し，統合データソースより右側はどの医療機関でも共通のシステムを導入することができる．各病院からの処理結果を複数施設統合データ処理センターに集約し解析する．PMDA（独立行政法人医薬品医療機器総合機構）のホームページ（http://www.pmda.go.jp/files/000206488.pdf）より引用．

一の解析プログラムを走らせることができる．図1に示すように，各病院の電子カルテシステム〔図では左端のHIS（Hospital Information System）〕の患者基本情報，処方や注射データ，傷病名データ，検体検査結果などが2-3）で説明するSS-MIX2標準化ストレージに出力される．そのデータは本事業固有の統合データソースに変換され，研究利用者は副作用検出や医薬品リスク・ベネフィット評価を行いたい目的ごとにデータ抽出・統計処理プログラム（スクリプト）を専用のツールを用いて制作し，各病院に転送する．各病院の担当者はこれを実行することで必要なデータの抽出と匿名化を行い，抽出後個票DBに出力する．このデータをさらに上記で作成した1次統計処理スクリプトで処理することにより統計指標を含む中間処理結果を生成する．この結果は，送信承認を経てPMDAが運用管理する複数施設統合データ処理センターに転送され，ここで多施設統合され，SASなどの統計処理ソフトにより統合解析が行われる．

このシステムは約300万人分の患者の電子カルテデータベースを過去5年分遡求蓄積して解析対象とするもので，本邦初の多施設の電子カルテデータベース統合解析環境といえる．現在は参加病院，厚生労働省，PMDAによる試行とシステム点検が行われている段階であり，一般研究者には解放されていない．2018年度から民間企業を含めた研究者による利用ができるように，種々の利用方針の整備に向けた検討が2015年度後半以降から行われている．

表は，このシステムに格納される主要なデータ項目である．この表でわかるように，電子カルテデータといっても診療経過のような文章記載された情報や，画像データ，病理診断，放射線検査，内視鏡検査，超音波検査などの死んだレポート情報は含まれない．こうした情報は，文章によりまちまちの表現方法で記述されており，計算機処理可能な形で定型的に情報を取り出しデータベースに精度よく格納することは現在の技術では必ずしも容易ではないためである．これについ

表　MID-NETで扱われる主要データ項目

情報ソース	情報の種別
SS-MIX2 （電子カルテ）	傷病情報（傷病名コード，傷病名，日付）
	来院等情報（日付，種別）
	処方・注射情報（医薬品名，使用量，使用日）
	検体検査情報 　尿・糞便等検査（日時，検査結果，単位等） 　血液学的検査（日時，検査結果，単位等） 　生化学的検査（日時，検査結果，単位等） 　免疫学的検査（日時，検査結果，単位等） 　微生物学的検査（日時，検査結果，単位等） 　生化学的検査（日時，検査結果，単位等）
	放射線検査情報（実施日時と検査種別）
	生理検査情報（実施日時と検査種別）
レセプト	傷病情報
	医学管理料情報
	医薬品情報
	手術情報
	診療行為情報
	診療材料情報
	傷病情報
	入退院情報

電子カルテデータとレセプトデータ（診療報酬請求データ）とからこの表のデータ項目が抽出され標準変換されて格納され利用することができる．電子カルテデータは**2**-3）で説明されるSS-MIX2ストレージ形式にいったん変換されたのちに利用される．

ては後述する．

2）臨床症例データベース構築

　ここ数年，循環器疾患，糖尿病，難病など特定の疾患の症例情報を多施設から登録してビッグデータベースを構築し，それを解析することで少数例のデータベースではわからなかった知見を得ようという複数の研究プロジェクトがはじまっている．こうしたプロジェクトを支援する国の研究事業として，2013年度予算から開始された厚生労働省の臨床効果データベース構築事業がある[2]．また国立国際医療研究センターは日本糖尿病学会と共同で2015年度から糖尿病症例データベース登録事業J-DREAMSを開始した．これらの症例データベース登録では，1患者につき数十項目から100項目以上，多いものでは200項目以上のデータ項目をWebベースなどのシステムで各病院から登録する．そのうち数十項目は実は電子カルテにすでに登録

されている患者基本情報や臨床検査データ，処方データであることが多い．これまでの多くの症例データ登録システムでは，データ登録者はカルテを横目で見ながらWebシステムにデータを転記入力することを強いられており，1症例の登録に大変な手間がかかるうえ，転記ミスなども一定の割合で発生し，データ品質の低下の原因でもあった．

　筆者らは多目的臨床症例登録システム（MCDRS：マックドクターズ）という電子カルテからデータを自動転記できる症例登録システムを開発し研究者に提供をしている（**図2**）[3]．このシステムはSS-MIX2標準化ストレージから転記したいデータを取得し手で入力する代わりに自動入力してくれる機能を有し，入力者がデータを確認したうえで症例登録することができる．

2　大規模電子カルテデータ活用の課題と動向

1）Phenotypingアルゴリズムの開発

　電子カルテに記録されるデータには，計算機処理が比較的容易で構造化された**表**に示されるデータ項目，画像，波形，文章（言語という）で書かれた記録などがあり，それぞれのデータ種別ごとに計算機処理の方法が異なる．電子カルテのデータを活用する場合，関心のある臨床所見特性をもった患者集団を抽出することが求められる．臨床所見特性とは，2型糖尿病，心筋梗塞といった病名，高血圧で降圧薬を3カ月以上服用，高尿酸血症のような検査値と治療の特性やヨード過敏アレルギーや高身長のような先天的特性，1日10本以上の喫煙者で家族歴に糖尿病があるといった生活習慣や家族歴などの特性などのことで，これら1つ以上の組合わせによって決定される臨床所見特性を医療情報処理の領域では表現型（phenotype）と呼んでいる．電子カルテのデータ解析では特定のphenotypeをもつ患者集団を抽出すること，あるいはある患者が特定のphenotypeを有するかを判定することが最も重要である．例えば40歳未満の尿酸値≧10.0の高尿酸血症をもつ患者で痛風発作（関節炎）歴のある患者（表現型A）とない患者（表現型B）を各100名抽出し，それぞれの患者集団についてゲノム解析を行い塩基多型の違いを研究したいという場合，電子カルテデータベー

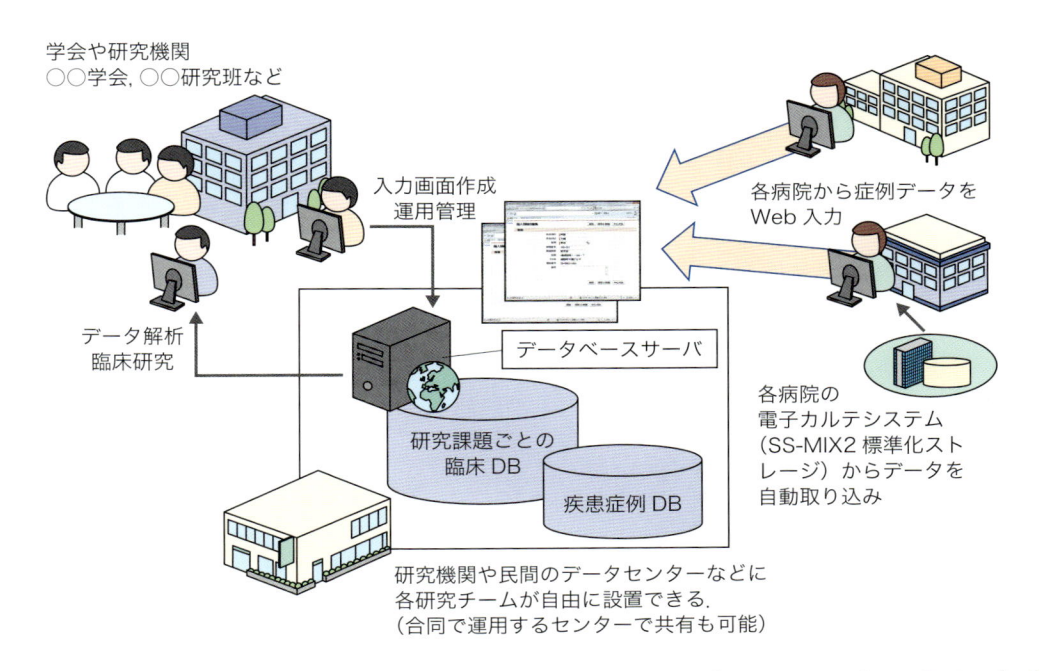

図2　多目的臨床データ登録システム：MCDRS（Multi-purpose Clinical Data Repository System）の概略
MCDRSはマックドクターズと読む．研究チームや研究機関はデータ入力画面をWeb上で設定し，医師は各病院から症例データをWeb登録できる．その際，病院にSS-MIX2標準化ストレージがあれば自動的に電子カルテデータを取り込むことができる．

スから表現型AとBをできる限り正確に判定する手法が必要であり，このタスクのことをe-PhenotypingあるいはComputable Phenotypingと呼ぶ．すなわちe-Phenotypingは，カルテを臨床医がレビューしたり判定したりせずに，電子カルテデータベースだけから計算機処理により臨床的特性やその組合わせを決定することと定義される[4]．e-Phenotypingのためのアルゴリズムには，どの医療機関の電子カルテにも存在する変数だけを利用し多施設で適用でき性能のよいことが求められるが，一度性能のよいアルゴリズムを開発すれば，多くの施設の電子カルテデータに適用するだけで効率的に一定の定義にもとづくphenotypeを有する患者集団とその臨床データセットを多施設から得ることができる．**図3**は2型糖尿病を検出するアルゴリズムの例である．こうしたアルゴリズムが必要になる理由は，電子カルテに2型糖尿病と記載があってもそうでない症例，逆に2型糖尿病と記載がなくても2型糖尿病である症例があり，いろいろなデータを組合わせて判定することでノイズ症例を減少させたり抽出漏れ症例を補ったりする必要があるからである．アルゴ

リズムの性能は利用目的にもよるが，そのアルゴリズムによって抽出された患者集団のうち真にそのphenotypeを有する患者の割合（陽性的中率）により評価され，これを限りなく100%に近づけることが行われる．わが国ではe-Phenotypingアルゴリズムの開発は筆者らの研究グループなどではじまったばかりであるが，米国ではeMERGEプロジェクトに10の医療研究機関が参加して相互利用可能なアルゴリズムを開発し，これまでに40以上のアルゴリズムがPheKBというデータベースに登録されている．

2）医用言語処理と電子カルテ

臨床経過や診断レポートはさまざまな文章表現で記述されており，これらの情報から計算機処理のみでphenotypeを抽出することは容易ではない．このような文章表現データを処理する技術を自然言語処理と呼び，特に臨床的な文章を解析する方法を医用言語処理と呼んでいる．一般に，日本語では単語間に区切りがないため，まず形態素解析という処理により文章を分かち書きに変換する．次に単語間のかかり受け解析などを行い，意味関係を処理する．これらの一連の処理

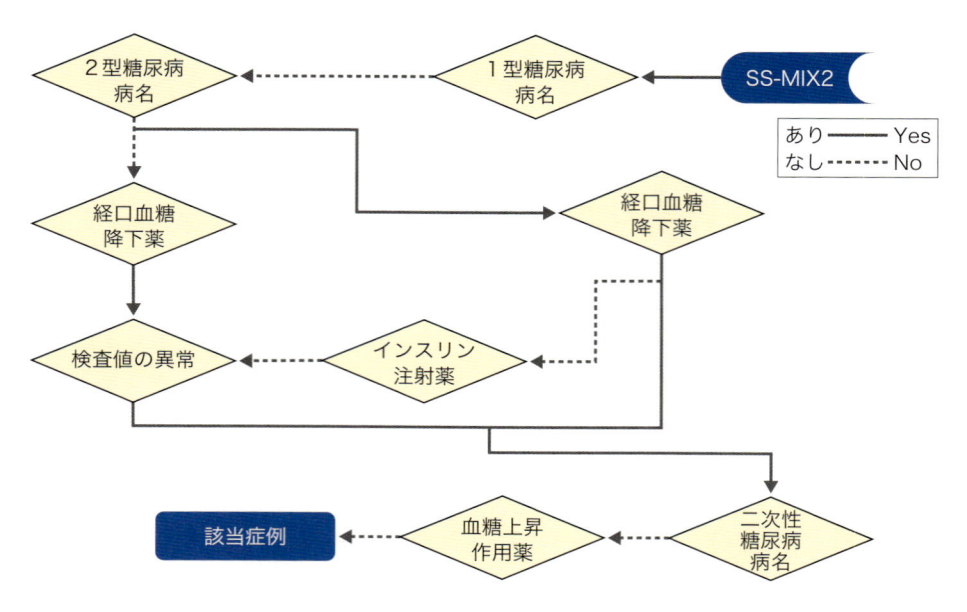

図3　2型糖尿病を検出するe-Phenotypingアルゴリズムの例
香川璃奈氏（東京大学）提供．

により，臨床所見の抽出や有無の判断を行うのであるが，病名や臨床所見をあらわす語が多岐多様で同義語と表現の多様性が多いうえ，一般的に使われる語を交えた表現も多いため，膨大な医学用語表現辞書を装備しても，適切に単語に区切る形態素解析すらうまくいかないこともある．このため，多くの電子カルテデータ活用プロジェクトではこうした言語表現データは十分に活用されていない．

現在の電子カルテが診療を効率よく記録するという目的に重点が置かれてきたため，**図4右**のテンプレート入力と呼ばれる定型的データの入力方法は用意されているものの使用される頻度が低く，**図4左**のように医師任せの自由な記載が可能となっている．しかし電子カルテデータを研究目的に使用すること，特にe-Phenotypingの情報リソースとするには，医師任せの自由記載は極力減らし，テンプレート入力を積極的に利用できるようにする必要があるだろう．

3）データベースの標準形式化

電子カルテデータベースに医療機関ごとに採用しているベンダー企業や施設固有の識別コードが使われていることは，e-Phenotypingアルゴリズムの適用や多施設データベース統合を実現する際には大きな問題となる．そこでこうしたデータ形式の違いを吸収し標準化することが医療情報分野では早くから精力的に行われており，さまざまな国際標準や国内標準が存在し普及が推進されている．しかし，常に最新の技術的なシステムを導入する傾向が強い医療現場では，導入されるシステムそのものを標準化した共通性の高いシステムとすることはあまりできていない．そこで，各医療機関に電子カルテデータを標準形式に変換したデータ格納システムを追加整備しようという考え方でわが国で導入が進められているのがSS-MIX2標準化ストレージ（以下，SS-MIX2STR）である[5]．SS-MIX2STRは，**図5**のように既存の電子カルテシステムのデータを国際標準ISO 27931（HL7 v2.x）に準拠したデータ形式で，厚生労働省標準のデータ項目識別コード（例：標準検査項目コード）を採用したデータに変換出力し電子ファイルシステムとして格納するデータ保管庫のようなものである．2015年3月時点で全国約850の病院に整備されており，電子カルテ導入病院が約2,700だと仮定すると普及率は約3割といえる．国内すべての電子カルテ導入病院がSS-MIX2STRを整備するようになれば，電子カルテデータを利用する情報システムやe-PhenotypingアルゴリズムはSS-MIX2STRを利用す

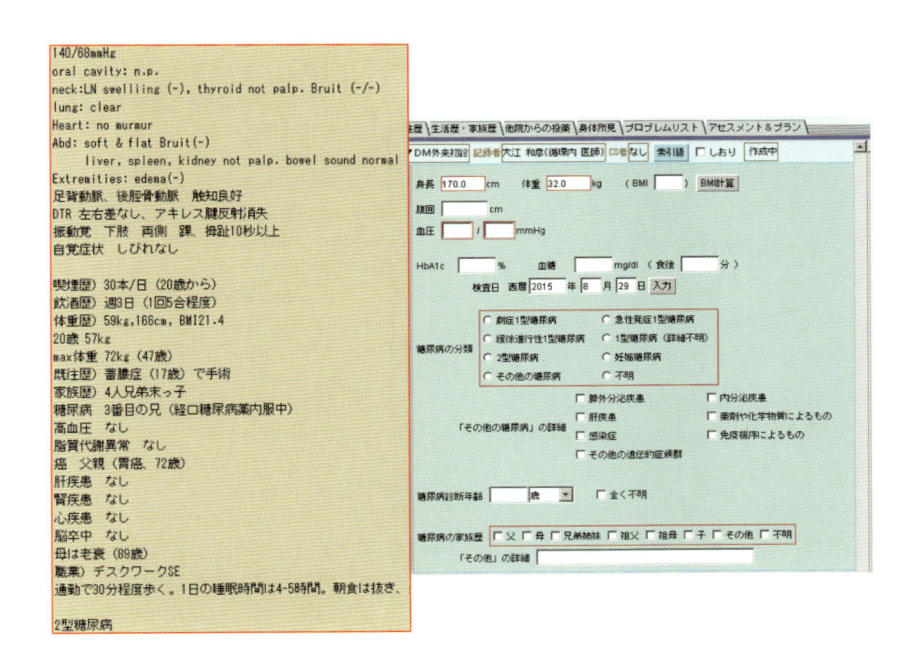

図4 電子カルテでの自由入力とテンプレート入力の例
図の左側は診察時に医師の自由裁量で入力する文章で記述された例．右側はあらかじめ入力に必要な項目をテンプレートという形式で準備しておき，そこに入力させる方法．テンプレートの場合にはあらかじめ種々の疾患や病状用にこのような画面を作成しておく必要がある．

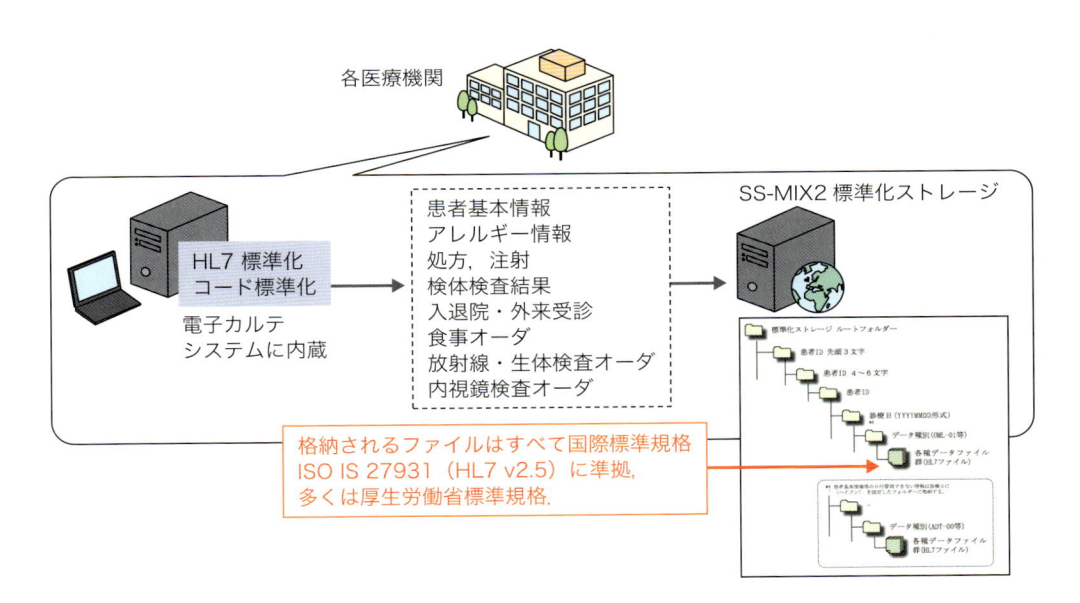

図5 SS-MIX2標準化ストレージ
さまざまな規格の各社電子カルテのデータを国際標準形式に変換し多目的に利用するための標準化データ格納装置である．

ることだけを前提に開発することができ，すべての病院で利用することができるようになるだろう．

おわりに

研究教育機関や一定規模の病院での電子カルテの普及率は順調にいけば90％に達するであろう．これらの病院の電子カルテデータを統合したビッグデータは患者母集団として1,000万人規模を超える．このビッグデータを解析し，性能のよいe-Phenotypingアルゴリズムを適用することで効率よく求めたい特性をもった患者集団を抽出できるようになれば，その集団のゲノム情報と組合わせて解析することによって新たな医学的知見が効率よく得られるようになるだろう．もちろんこうした臨床データベースの活用にあたっては，個人情報保護と研究倫理の観点からの丁寧な手続きによるデータ利用が必要であることはいうまでもない．また本稿で解説したような医用言語処理技術の研究開発やデータを研究利用するための電子カルテシステムの新たな機能開発の必要性が増しており，こうした発展を期待したい．

文献・URL

1) 独立行政法人医薬品医療機器総合機構（PMDA）：医療情報データベース基盤整備事業について　http://www.pmda.go.jp/safety/surveillance-analysis/0018.html
2) 厚生労働省臨床効果データベース整備事業　http://www.mhlw.go.jp/seisakunitsuite/bunya/kenkou_iryou/iryou/topics/tp140326-1.html
3) 多目的臨床データ登録システム（MCDRS：マックドクターズ）　http://mcdrs.jp/
4) Richesson R & Smerek M：Electronic Health Records-Based Phenotyping　http://sites.duke.edu/rethinkingclinicaltrials/ehr-phenotyping/
5) SS-MIX普及推進コンソーシアム　http://www.ss-mix.org/cons/ssmix_about.html

＜著者プロフィール＞
大江和彦：1984年東京大学医学部医学科卒，東大病院外科および新潟県佐渡の病院で外科系研修の後，東京大学大学院医学系研究科博士課程で医療情報学を専攻．東大病院中央医療情報部（当時）助教授を経て'97年より現職（社会医学専攻医療情報経済学分野教授）．臨床医学概念関係をデータベース化したオントロジーと臨床ビッグデータとを統合的に活用した人工知能による診療支援情報システムの研究開発に挑戦している．

第2章 ビッグデータと医療

3. レセプトビッグデータ解析の現状と将来

満武巨裕

健康と医療の問題はいつの時代にも大きな関心が払われてきた．少子高齢化を迎えるわが国の人口は，社会保障費用の負担が増すことが予想されるなか，医療は最も効率化が求められている分野である．近年，政府機関も文字通りビッグデータと呼ばれる膨大な量の情報を保有するようになった．その1つに，厚生労働省が2009年から収集を開始した全日本国民の医療保険データを格納するレセプト情報・特定健診等データベース（NDB）がある．本稿では，このNDBを使った分析の現状，諸外国の動向，今後の課題について解説する．

はじめに

インターネットが普及した結果として，検索ワードや購買履歴等の膨大なデータが蓄積されている．これらは「ビッグデータ」と呼ばれ，その利活用によって経済活動や社会活動に変革をもたらせると大きな期待が寄せられている注1．インターネットの世界だけでなく，交通，防災，エネルギー管理，医療・介護といった実世界での活動状況が現れたデータを獲得する技術（センシリング）も発達し，これらのデータに対して新たな価値づくりのための種々の処理を行うビッグデータ処理も開発されている[1]．

近年は，日本の政府機関も文字通りビッグデータと呼ばれる膨大な量の情報を保有するようになった．その1つに，厚生労働省が2009年から収集を開始した全日本国民の医療保険データを格納するレセプト情報・特定健診等データベース（以下，NDB）があり，ヘルスケア分野における最大規模のデータベースである[2]．本稿では，このNDBを使った分析の現状，諸外国の動向，今後の課題について解説する．

1 レセプト情報・特定健診等データベース（NDB）

1）レセプト（診療報酬明細書）

2008年度の第5次医療制度改革の「高齢者の医療の確保に関する法律」のなかに「都道府県の医療費適正化計画の作成，検討のための資料を作成することを目的に国（担当部局：厚生労働省・保険局・保険システム高度化推進室）に必要な情報を提供しなければならない（第16条2）」，とする一文が盛り込まれたこと

[キーワード]
レセプト情報・特定健診等データベース（NDB），診療報酬明細書，医療費適正化，特定健診，特定保健指導

注1 ビッグは主観的に「大きい」という意味であるために，ここでは定量的な基準の定義はしない．

Present and future analysis of the national medical claims database in Japan
Naohiro Mitsutake：Institute for Health Economics and Policy（一般財団法人医療経済研究・社会保険福祉協会医療経済研究機構）

```
2,1,0,MN,910000162,東京都港区新橋,13142405910000162,,,
1,2,0,IR,1,13,1,9999913,,,AAAAAAA 医科クリニック,42405,00,03-9999-9999
1,3,0,RE,5,1112,42404,サンプル　5,2,3450227,,,,,,sample-ika-005,,,,,,,,,,,,,,,,,
1,4,0,HO,06132013,1 2 3 4 5 6 7,5,5,1130,,,,,,,,
1,5,0,SY,0000999,4180307,1,,うつ状態,,
1,6,0,SY,0000999,4210311,1,,頸腕症候群,,
1,7,0,SY,8839792,4210515,1,,,,
1,8,0,SY,8839596,4220201,1,,,,
1,9,0,SY,7833001,4220215,1,,,,
1,10,0,SY,2809009,4220421,1,,,,
1,11,0,SY,4779004,4221008,1,,,,
1,12,0,SY,5301002,4230422,1,,,,
1,13,0,SY,3000004,4230506,1,,,,
1,14,0,SY,8844095,4230506,1,,,,
1,15,0,SY,6929365,4231203,1,,,,
1,16,0,SY,6918002,4231213,1,,,,
1,17,0,SY,7840024,4240120,1,,,,
1,18,0,SY,5319009,4240201,1,,,,
1,19,0,SY,8842865,4240221,1,,,,
1,20,0,SI,12,1,112007410,,69,4,,,,,,,1,,,1,,,,1,1,,,,,,,,,,
1,21,0,SI,12,1,112011010,,52,5,,,,,,,1,,,1,,,,1,1,,,,1,,,,,,
1,22,0,SI,12,1,112007410,,69,1,,,,,,,,,,,,,,,1,,,,,,,,,,,
1,23,0,SI,,1,112001110,,65,1,,,,,,,,,,,,,,,,,1,,,,,,,,
1,24,0,SI,33,1,130009310,,47,5,,,,,,,1,,,1,,,,1,1,,,,,,,,,,
1,25,0,IY,,1,620007328,1,,5,,,,,,,,1,,,1,,,,1,1,,,,,,,,,,
1,26,0,IY,,1,640454022,1,24,5,,,,,,,1,,,1,,,,1,1,,,,,1,,,,,,
1,27,0,SI,80,1,120002710,,40,1,,,,,,,,,,,1,,,,,,,,,,,,,
1,28,0,SI,80,1,120003270,,65,1,,,,,,,,,,,,,,,,,,,,,,,,
2,29,0,HO,06132013,1 2 3 4 5 6 7,5,5,1060,,,,,,,,
2,30,0,IY,,1,640454022,1,10,5,,,,,,,,,,,1,,,,1,1,,,,,1,,,,,,
2,31,0,JY,2,4,0,,,29,0,
2,32,0,JY,3,25,0,,A,,
2,33,0,JY,2,26,0,,,30,0,
2,1,0,MN,910000164,東京都港区 XXXXXX,13142405910000164,,,
1,2,0,IR,1,13,1,9999913,,,AAAAA 医科クリニック,42405,00,03-9999-9999
1,3,0,RE,7,1112,42404,サンプル　7,2,3240506,,,,,,sample-ika-007,,,,,,,,,,,,,,,,,
1,4,0,HO,06132013,1 2 3 4 5 6 7,7,4,898,,,,,,,,
1,5,0,SY,3545003,4131225,1,,,,
1,6,0,SY,0000999,4131225,1,,不眠,,
1,7,0,SY,0000999,4140213,1,,うつ状態,,
```

図1　電子レセプトの例

電子レセプトのデータ形式はCSV（comma separated values）となっており，記号・数字とコンマの羅列である．研究・分析に用いるためには，別途，利用者において加工する必要がある．

で，国（厚生労働省）は法的にレセプトや特定健診等のデータを収集・蓄積できるようになった．

　レセプトは診療報酬請求の際に発生する業務データであり，医療保険の適用を受けている手術や注射などの約7千種類の診療行為，医薬品は約2万種類のなかから提供された保険診療行為について，患者ごとにいつ（何月），どこで（医療機関）等の情報が病名とともに記録されている．

　2014年度，この保険診療行為の総額（国民医療費）が，40兆610億円まで上昇し，国内総生産（GDP）の約8.3％を占めるまでになった．国民医療費は，公的な医療保険が適用された医療費であり，日本に国民皆保険が導入された1961年から50年以上が過ぎ，国民医療費は一貫して増え続けている[3]．したがって，法律施行前（2009年4月以前）のデータがNDBに存在しないのは，残念なことである[注2]．

　日本の医療制度を改革するうえで，エビデンスに基づく策定ができなかった大きな原因の1つがデータベースの不在であったため，NDBには大きな期待がかかっている．例えば，「社会保障制度改革国民会議報告書」[4] では，ICTを活用してレセプト等データを分析した疾病予防の促進，地域の将来的な医療ニーズの客観的なデータに基づく見通しを踏まえた地域医療ビジョンの策定，医療行為の費用対効果等検証のための継続的なデータ収集などのしくみの構築等の提言が行われており，医療費適正化の切り札ともいわれている．

注2　レセプトは，当初は紙であったため，電子化されるまでに大変に長い年月を要した．例えば，1983年に旧厚生省が電子化を導入しようとした際，日本医師会等の反対があり頓挫した経緯もある．

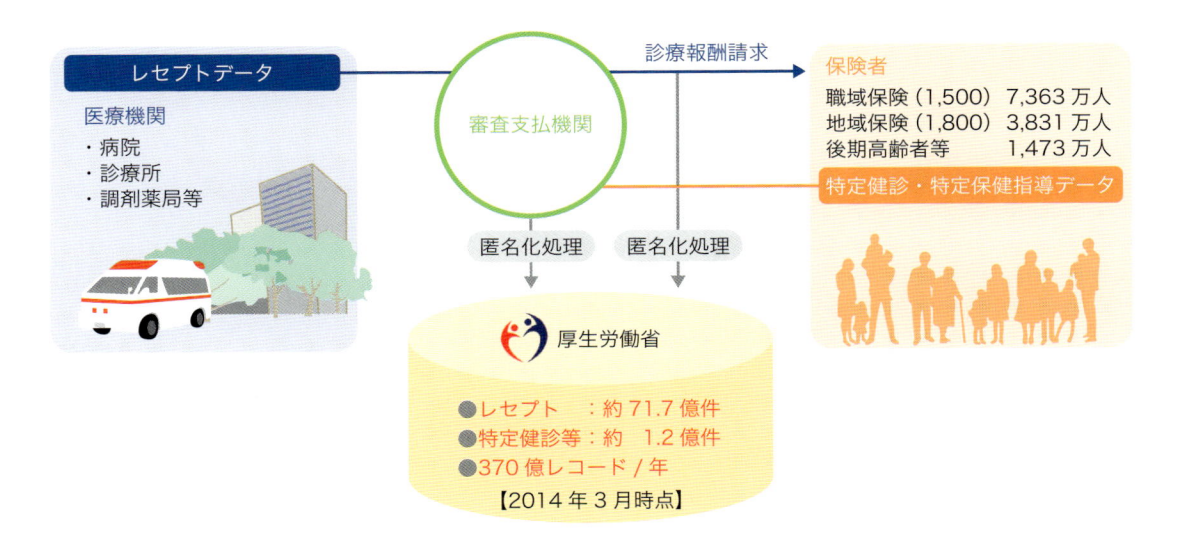

図2　レセプトと特定健診・特定保健指導データ
われわれは病気になった際，患者（被保険者）として，医療機関（診療所，病院）を受診し，診療・処置・投薬といった医療サービスを受ける．その後，医療費の自己負担分を支払う．自己負担分以外については，医療機関が月に一度，保険者に対して提供した医療保険で行われた診療行為サービスの一覧と価格を患者ごとに記載したレセプト（診療報酬明細書）を送り，請求する．

2）特定健診等データ

2008年4月に特定健診・特定保健指導制度が導入された（一般に「メタボ健診」といわれている）．メタボ健診では，40〜74歳までの全国民を対象として，腹囲やBMI，血圧，問診票から喫煙に関する生活習慣，血液検査から血糖や脂質（中性脂肪およびHDLコレステロール）を測定する．例えば，腹囲が男性85 cm，女性は90 cm以上となると基準値超えとなり，加えて高血圧や糖尿病などのリスクを一定以上有する場合は，健康的な生活に改善できるように特定保健指導を受けなければならない．NDBは，このメタボ健診のデータも収集している．

現時点では，特定健診・特定保健指導を受けると医療費が低下するというエビデンスは存在しないが，NDBデータを中長期的に分析することで医療費適正（抑制）効果が得られるのではないかという期待がある．

3）データ形式と量

レセプトは業務データであり，医療機関から保険者に送付される形式は，保険診療行為の情報が羅列されたCSVファイルであり，分析しやすい形式ではない（**図1**）．NDBではこのCSV形式の電子レセプトを，複数のレコードに分割して保管している．レセプトは，主に医科（入院および入院外），DPC，調剤，歯科の4つであり年間71.7億件が発生するがさらに複数のレコードに分割され年間370億件となる．特定健診・特定保健指導データは2008年度からの約1.2億件分が蓄積されている（**図2**）．

2　NDB利用状況

1）利用者

NDBデータの利用者は，第一が厚生労働省の担当部局と都道府県であり，医療費適正化の分析やエビデンスを作成することになっている．厚生労働省や関係省庁・自治体に属さない研究者等への第三者利用も可能となっているが，医療サービスの質の向上を目的とする公益性の高い研究であることが前提であり，有識者会議（レセプト情報などの提供に関する有識者会議）において承諾を得なければならない[5]．この承諾の敷居は高く，研究者等への第三者提供を検討した第1回は，43件の申出に対して承諾件数は6件であった．2012年度は9件，2013年度は3件であり，これまでの提供実績は，36件である．

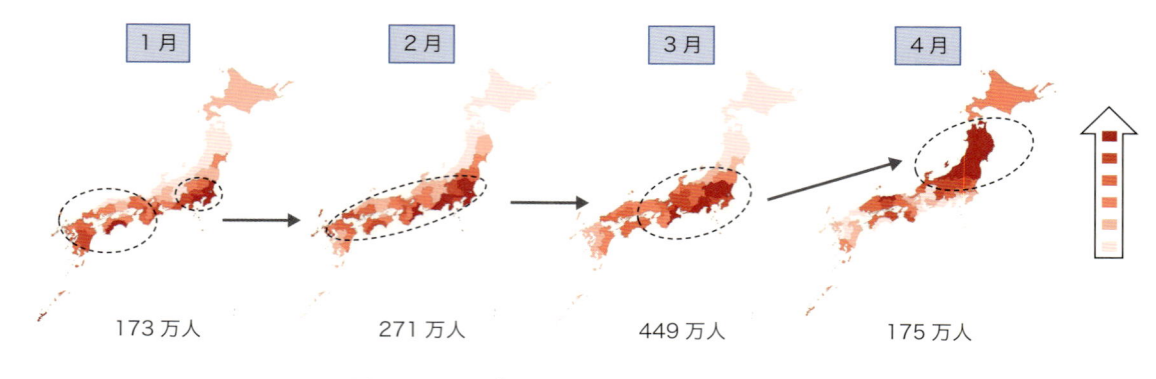

1月	2月	3月	4月
173万人	271万人	449万人	175万人

図3　アレルギー性鼻炎（外来）の月別患者数

2）少ない利用件数

この承諾件数が低い原因として，次の点を有識者会議は指摘している．①申出者が求めるデータ項目が実際に格納されているデータでは実現困難であった申請が存在した，②データ提供にあたっての各種要件や必要な事項を申出者が十分に把握していない申請が存在した，③提供側の情報提供が不十分であった等である．

しかし筆者は，上記以外にNDBデータの利用規約に原因があると考える．第一に，利用者の申請した範囲の調査・分析が限定されてしまうことである．つまり，探索的にあれこれと自由に研究することができず，限定されたデータ項目および期間しか提供されない．また，成果の公表前に，厚生労働省の承認が必要であり，承認を得なければ発表することができない．加えて，データベースへの複写回数は原則1回，利用場所の施錠と入退室状況の管理，データの持ち出しは原則不可などの規約を守らなければならず，利用場所への外部検査官の立ち入り検査にも応じなければならない．実際に承諾を得た大学や研究所では，大半の研究機関では利用規定を満たすために新たな物理的場所を確保し，入退室記録等の装置を導入しているケースが多い．したがって，予算等の問題もあって申請を見合わせる研究者も多い．

ここまで厳格な管理が求められるのも，NDBは医療機関から提供された医療関連情報であるため，現時点では個人情報に準ずる取り扱いをするということになっているからである．ただし，レセプトに記載されている氏名や住所等の個人情報はすべてハッシュ関数による暗号化が施されており，個人を特定することはまず不可能といえる．

3 研究の事例

筆者は，内閣府最先端研究開発支援プログラム（FIRST）の協力を得て，NDBの2010年度の全データを扱う機会を得た[6]．利用目的が「研究用途における汎用性の高いレセプト基本データセットの設計と作成を行う」ことであったために，自由な分析はできなかったが，いくつかの成果を得ることができた[7]．

これまで日本における患者数については「患者調査（厚生労働省）」が該当の基幹統計であるが，"入院及び外来患者については，10月中旬の3日間のうち医療施設ごとに定める1日"の調査データをもとに推計を行っているサンプリング調査であるために，例えば冬の時期に流行するインフルエンザや春先の花粉症などの患者は測定できなかった．

一方，全レセプトデータを有するNDBは，年単位および月単位で患者数を集計できる．例えば，アレルギー性鼻炎（入院外）での患者数は，1月に173万人が発生しており，2月は271万人，3月は449万人とピークを迎える．しかし，4月には175万人にまで落ち込む．また，都道府県でみると九州から関東，東北に疾患の発生状況が移動しているのが見てとれる（**図3**）．

2012年度のデータから，電子レセプトに日計表が義務付けられた．したがって，今後は月ごとよりも細かい日々の患者の発生状況や投薬実態についての分析が進むであろう．また，NDBは，病名だけではなく，診療行為データを含むため，例えばインフルエンザ治療

薬がどの時期にどの地域の医療機関でどれだけの量が処方されたか（使用量）も判別可能である．

おわりに：NDBの課題

NDBの利用が進むにつれて，保有するデータの精度についても検証の必要性があることがわかってきた（これまで，全NDBデータの精度検証は公表されていない）．

筆者は2010年度のデータを使って，以下の3点を公表している．第一に，診療所の入院外レセプトと突合できない調剤レセプトが存在するため，外来の医療費が実際よりも少なく推計される可能性があること．第二に，特定健診データとレセプトデータを突合できない保険者が存在する（レセプトと特定健診データに関するリンケージ率の低さを指摘した論文は近年公表された）．第三として，NDBのIDには欠点があり，ユニークな番号が日本国民の人数を超えてしまう点などがある．

さらに，レセプトだけでは，死亡情報が正確に把握できない．この解決策としては，各保険者が保険料の徴収や加入者の確認のために日々更新している被保険者台帳といわれるマスタを収集すればよい．被保険者台帳には，保険者の異動（例えば透析を受けることになり生活保護へ保険者が変更になった）などの情報も含まれている．

特定健診・特定保健指導データについても同様の課題があり，受診した被保険者のみのデータしか収集していないため，未受診者の分析ができない．特定健診・特定保健指導の対象となった集団の被保険者台帳も各保険者が保有しているので，レセプトと同様の改善が期待できる．

上記にあげたような課題が存在するものの，NDBは世界でも類のない貴重なデータベースである．その理由としては，日本は国民皆保険制度が導入されているために，日本全国の医療機関（病院，診療所，院外薬局等）で行われた保険診療行為の記録がすべて取り込まれている．加えて，少子高齢化が進み人口減が予測されるものの，現時点では世界で10番目である日本の人口の悉皆ビッグデータであることがあげられる．

日本と同様の皆保険制度であり診療報酬点数制度を導入している国として，韓国と台湾がある．両国は，日本の利点と欠点を十分に調査したうえで国民皆保険制度を導入したため，レセプトの電算化も同時に実現している．データの研究利用も盛んであり，研究者へのレセプトデータ提供件数は年間100件を超えている（2013年の韓国の研究者へのレセプトデータの提供は115件，台湾は270件）．韓国および台湾のレセプトデータ研究利用申請者は，誓約書を提出し研究承諾が得られれば，日本のような利用規定に縛られることなく分析が行える．日本のNDBデータは，個人情報が除去されており，データ利用がはじまりすでに4年が経過しているが規定違反や重大なアクシデントも発生していないことから，利用規定を緩和する時期に来ていると思われる．

日本の医療業界のビッグデータの活用はまだまだ発展途上の段階だが，近年は，NDBよりもはるかに大量のデータのデータベース化と，これらのデータを組合わせて高速処理するデータベース技術が開発されている．

健康と医療の問題はいつの時代にも大きな関心が払われてきており，少子高齢化を迎えるわが国の人口は，2030年には約1億人に減少し，約40％が65歳以上の高齢化社会となり，医療費に加え介護費や年金を含む社会保障費用の負担が増すことが予想される．そのために，医療は最も効率化が求められているといえ，さまざまな精巧な予測のモデルとビッグデータ処理技術が融合することで，医療費適正化の有益なツールとなることが期待されている．

文献

1) 「角川インターネット講座7 ビッグデータを開拓せよ 解析が生む新しい価値」（坂内正夫／監修），角川学芸出版，2015
2) 満武巨裕：日本のレセプト情報・特定健診情報等データベース（NDB）の有効活用．情報処理，56：140-144，2015
3) 「平成25年度国民医療費」，厚生労働省大臣官房統計情報部，2016
4) 首相官邸 社会保障制度改革国民会議報告書，2013 https://www.kantei.go.jp/jp/singi/kokuminkaigi/pdf/houkokusyo.pdf
5) 厚生労働省 レセプト情報・特定健診等情報提供に関するホームページ http://www.mhlw.go.jp/seisakunitsuite/bunya/kenkou_iryou/iryouhoken/reseputo/info.html
6) 内閣府最先端研究開発支援プログラム（FIRST）「超巨大データベース時代に向けた最高速データベースエンジンの開

発と当該エンジンを核とする戦略的社会サービスの実証・評価」(FIRST中心研究者：喜連川 優)
7) 平成24年度〜平成25年度厚生労働科学研究 「汎用性の高いレセプト基本データセット作成に関する研究」(研究代表者：満武巨裕)

＜著者プロフィール＞
満武巨裕：2004年，京都大学大学院人間・環境学研究科博士後期課程単位取得退学．1998年，米国・スタンフォード大学アジア太平洋研究センター客員研究員．'05年，東京大学医学部附属病院22世紀医療センター健診情報学講座研究員．'06年，財団法人医療経済研究機構主席研究員/副部長（現在に至る）．'15年から厚生労働科学研究事業・戦略研究の研究代表者として，「レセプト情報・特定健診等情報データベースを利用した医療需要の把握・整理・予測分析および超高速レセプトビッグデータ解析基盤の整備」に従事している．

第2章 ビッグデータと医療

4. DPCデータを用いた臨床研究とヘルスサービスリサーチ

康永秀生

DPC（Diagnosis Procedure Combination）データベースこそ，さまざまな医療ビッグデータのなかで，現在最も多くの研究成果をあげ，医療に最も大きなインパクトを与えているデータベースといえる．DPCデータは診療プロセスデータに加えていくつかの臨床データも含まれていることが，レセプトデータを凌駕する利点である．本稿では，DPCデータを用いた臨床研究やヘルスサービスリサーチの実例を紹介するとともに，DPCデータ研究のこれからの研究戦略的課題についても言及する．

はじめに

Diagnosis Procedure Combination（DPC）とは，2012年にわが国で開発された患者分類システムの呼称である．約500種類の主な診断名（diagnosis）と実施された手術・処置（procedure）の組合わせによって，すべての入院患者を約2,500種類の診断群に分類するシステムである．DPCは，急性期病院における入院患者の1日あたり包括支払制度（Diagnosis Procedure Combination/per diem payment system：DPC/PDPS）とリンクされている[1]．約2,500種類の診断群それぞれに固有の1日あたり定額入院医療費が設定されている．DPC制度を採用している全国千数百施設の大中規模病院をDPC病院と呼び，DPC病院が収集する入院患者データをDPCデータと呼ぶ．

DPCデータは医療費支払いのために利用されるだけでなく，行政による医療政策立案にも活用されている．厚生労働省は毎年「DPC導入の影響評価に係る調査」を実施し，全国のDPC病院からDPCデータを集め，その集計結果を公表している（http://www.mhlw.go.jp/bunya/iryouhoken/database/sinryo/dpc.html）．

またDPCデータは，本稿で紹介するように，臨床研究などにも応用可能である．

厚生労働省が収集している全国のDPCデータの個票は，2015年10月現在，公開されていない．研究者がDPCデータにアクセスするためには，自力でDPC病院からDPCデータを収集する必要がある．DPCデータ調査研究班（http://www.dpcsg.jp/）は，全国のDPC病院に対して，研究目的でのDPCデータ提供を呼びかけ，各病院から個別に同意をいただいたうえでDPCデータを収集・分析する事業を実施してい

[キーワード&略語]
DPC，医療ビッグデータ，臨床研究，
ヘルスサービスリサーチ

DPC：Diagnosis Procedure Combination

Clinical studies and health services research using the Diagnosis Procedure Combination data
Hideo Yasunaga：Department of Clinical Epidemiology and Health Economics, School of Public Health, The University of Tokyo（東京大学大学院医学系研究科公共健康医学専攻臨床疫学・経済学）

表　DPCデータ様式1の入力項目

(1) 入退院情報
施設コード，診療科コード，入院年月日，退院年月日，入院経路，他院よりの紹介の有無，自院の外来からの入院，予定・救急医療入院の別，救急車による搬送，退院先，退院時転帰，退院後の在宅医療の有無，前回退院年月日，前回同一疾病で自院入院の有無，再入院種別，再転棟種別，など
(2) 患者背景
生年月日，性別，患者住所地域の郵便番号，身長・体重，喫煙指数，入院時の褥瘡の有無，退院時の褥瘡の有無，現在の妊娠の有無，出生時体重，出生時妊娠週数，認知症高齢者の日常生活自立度判定基準，など
(3) 診断名
主傷病名，入院の契機となった病名，医療資源を最も消費した病名，医療資源を2番目に消費した病名，入院時併存症，入院後合併症
(4) 手術情報
手術日，点数表コード，手術回数，手術側数，麻酔，手術名
(5) 診療情報
①持参薬の使用の有無 ②入院時のADLスコア，退院時のADLスコア ③がんの初発，再発，UICC病期分類，がんのStage分類 ④化学療法の有無 ⑤入院時・退院時に意識障害がある場合のJapan Coma Scale（JCS） ⑥脳卒中患者の発症前および退院時modified Rankin Scale（mRS） ⑦Hugh-Jones分類，肺炎の重症度分類（A-DROP） ⑧心不全のNYHA分類，狭心症のCCS分類，急性心筋梗塞のKillip分類 ⑨肝硬変のChild-Pugh分類 ⑩急性膵炎の重症度分類 ⑪抗リウマチ分子標的薬の初回導入治療の有無 ⑫Burn Index ⑬入院時GAF尺度，精神保健福祉法における入院形態，精神保健福祉法に基づく隔離日数，精神保健福祉法に基づく身体拘束日数 など

る．DPCデータ調査研究班は，わが国におけるDPC制度導入当初から，その制度管理を学術的にサポートする役割を担うとともに，DPCデータの学術研究利用を強力に推進してきた．

本稿では，DPCデータを用いた臨床研究やヘルスサービスリサーチの実例をいくつか紹介するとともに，DPCデータ研究のこれからの技術的課題や研究戦略的課題について解説する．

1 DPCデータの概要

DPCデータには様式1と呼ばれる退院サマリーデータと，EFファイルと呼ばれる詳細な診療プロセスデータが含まれる．

DPCデータ調査研究班データベースの参加施設数は，2010年度以降1,000施設を上回り，年間約700万件の退院症例が蓄積されている．この数字は，日本のすべての急性期入院患者数の約50％を占める．

1）様式1データ

様式1は患者基本情報である．原則として担当医師が様式1データを入力しなければならない．カルテを参照して正確な診断名とICD10コード（国際疾病分類改訂第10版コード）を入力する必要がある．出来高支払い制度と異なり，DPCの包括支払制度では，いわゆる「レセプト病名」を入力するインセンティブは働かない．このため，レセプトデータと比べて診断名の精度は高いといえる．

DPCの様式1において，「主傷病名」，「入院の契機となった病名」，「医療資源を最も消費した病名」，「医療資源を2番目に消費した病名」，「入院時併存症」，「入院後合併症」を区別して医師が入力する．このような入力方法は諸外国の同様のデータベースでも類を見

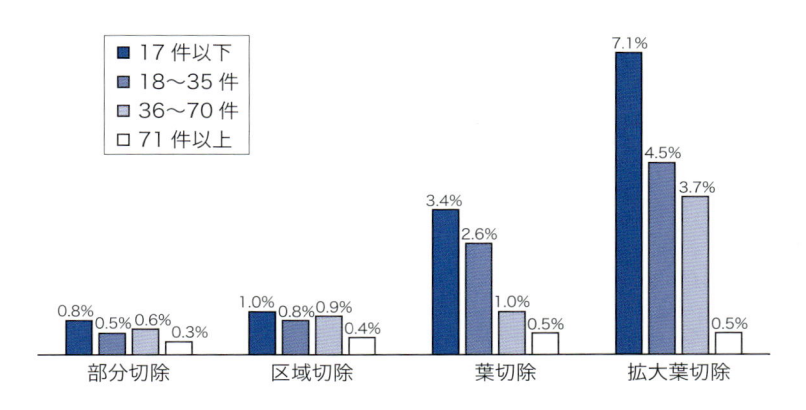

図1 肝切除術の年間手術件数と在院死亡率の関係

ない．例えば米国のNationwide Inpatient Sample（NIS）データベースでも，病名は羅列されており，入院時にすでにあった疾患と入院後に発生した疾患を区別して入力されていない．DPCの病名入力方式は，疾病の疫学や治療後のイベント発生の推計にもきわめて有用である．またICD10コードで入力されているため，国際的に通用する併存症指数であるCharlson comorbidity indexの算出も容易である．

表に様式1の入力項目を示す．入退院日・手術日のデータから，総在院日数，術後在院日数が算出可能である．体重と身長，Japan Coma Scale，がんのTNM分類とステージ，modified Rankin Scale，肺炎の重症度分類，肝硬変のChild-Pugh分類，急性膵炎の重症度といったデータにより，患者背景や疾患ごとの重症度の調整も可能である．

2）EFファイル

DPCデータのEFファイルから，詳細な診療行為明細情報が得られる．DPCに基づく医療費の償還には，投薬・処置・手術などすべての記録を診療情報管理士や医療事務職員が正確に入力することが必須とされている．その際に用いられる診療報酬請求コードは，個別の医療行為（手術，麻酔，リハビリテーション，気管内挿管，人工呼吸，血液浄化など）について詳細な分類がなされている．また，麻酔時間，輸血量，個別の医薬品・特定保険医療材料の使用も入力されている．さらに各処置や投薬の日付データも得られる．これほど詳細な診療プロセスデータを有するデータベースは，世界的にも類を見ない．

日付データから，例えば術後抗生剤の投与期間，人工呼吸の期間，胸腔ドレナージの期間，集中治療室の滞在日数なども算出可能である．

費用（cost）のデータも充実している．出来高換算された医療費のデータを用いて，入院基本料，手術・麻酔，投薬，注射，検査，放射線治療，食事料など，詳細な医療費の内訳も算出可能である．

2 DPCデータベース研究の実際例

DPCデータを分析することにより，医療サービスへのアクセス，医療の質，アウトカム，コストなどに関する国レベルでのヘルスサービスリサーチが可能である．またDPCデータは，いくつかの臨床データおよび詳細なプロセスデータを有しているため，臨床疫学研究に利用することもできる．

1）肝切除術の年間手術件数と在院死亡率の関係

肝がんに対する肝切除手術について，医療機関ごとの年間手術件数と在院死亡率の関係を調べた[2]．DPCデータベースの2007年～2009年の期間から肝切除術を行った症例を18,046人抽出した．部分切除7,582人，区域切除5,422人，葉切除3,099人，拡大葉切除1,943人のうち在院死亡例はそれぞれ0.6％，0.8％，1.9％，3.0％であった．医療機関を年間の肝切除手術件数によって4グループに分割した．図1に示す通り，部分切除や区域切除では年間手術件数と在院死亡率の間に有意な関連は認めないものの，葉切除・拡大葉切除では年間手術件数が少ないグループほど在院死亡率

が高い傾向が認められた．特に拡大葉切除においては，年間71件以上の医療機関では在院死亡率が0.5％であるに対して，年間17件以下の医療機関では7.1％に上った．

肝切除術では，手術適応の適切な選択および手術中の出血コントロールが患者の短期予後に直結することを，外科医は経験的によく知っている．経験の蓄積がアウトカムの改善につながることを，本研究は端的に示している．本研究結果から，切除範囲の小さい部分切除・区域切除に関してはどの医療機関でも比較的安全に施行できることが明らかとなった一方，葉切除・拡大葉切除については医療機関間でのアウトカムの差が大きく，手術件数の多い施設に患者を紹介することが適切である可能性が示唆された．

2）重症熱傷に対する予防的抗菌薬投与の有効性

重症熱傷に対する予防的抗菌薬投与は有効性に関するエビデンスが少なく，最近のガイドラインでも推奨されていない．にもかかわらず臨床実地の現場ではよく実施されている．DPCデータベースの2010年～2013年のデータから抽出した2,893名の重症熱傷患者（burn index 10以上）を対象とし，入院2日以内に人工呼吸器管理を受けた群（692名）とそれ以外の群（2,201名）について，それぞれ予防的抗菌薬投与を受けたグループと受けなかったグループの間で，傾向スコアマッチング（propensity score matching）後に28日死亡率を比較した[3]．

入院2日以内に人工呼吸器管理を受けた群では，予防的抗菌薬投与を受けなかったグループと受けたグループの28日死亡率は47.0％と36.6％（リスク差10.3％；95％信頼区間，1.4 to 19.3）となり，予防的抗菌薬投与と死亡率減少が有意に関連していた．一方，人工呼吸器管理を受けなかった群では，予防的抗菌薬投与を受けなかったグループと受けたグループの28日死亡率はそれぞれ5.1％，4.2％（リスク差0.9％；95％信頼区間，-1.6 to 3.5）となり，両グループ間に有意な差を認めなかった．

研究結果から，重症熱傷患者のなかでも入院早期から人工呼吸器管理を必要とする集団（例えば気道熱傷を伴う集団）においては，予防的抗菌薬投与は死亡率低下に有効といえるものの，人工呼吸器管理を必要としない集団での予防的抗菌薬の有効性は示されなかった．

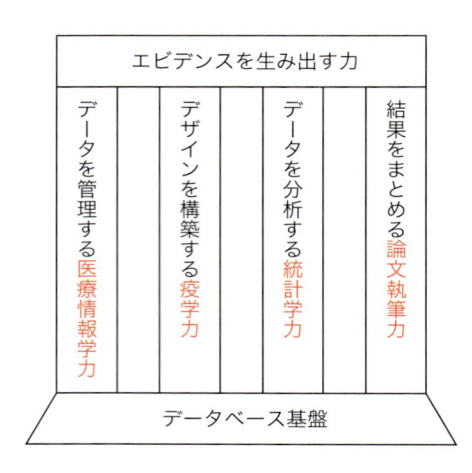

図2　医療ビッグデータからエビデンスを生み出す力

おわりに：これからの研究戦略的課題

保健医療介護に関連する政府統計データや業務データなどのビッグデータを研究利用する動きが近年さかんになりつつある．しかし，これらのデータへのアクセシビリティーという点で，制度的・技術的・倫理的課題は多い．

諸外国に目を向けると，例えば米国では，NISデータがすでに研究者に全面公開されており，研究者や学生はリーズナブルな価格でNISデータを購入できる．米国のResDACは，Medicareのデータ等の収集・管理・提供を行うとともに，研究者に対してデータ利用申請のサポートなども行っている．

しかしながら，2015年10月現在，DPCデータの政府による公的な提供はいまだ検討段階にある．研究者や学会がDPCデータを利用するには，自力でDPC病院からDPCデータを収集する必要がある．DPCデータ調査研究班だけでなく，さまざまな病院団体や学会などが多施設からDPCデータを収集する事業を実施中または実施を計画している．しかしDPCデータは，それを首尾よく収集できたとしても，いかに上手にハンドルし，エビデンスを生み出すか，その方法論の課題も山積している．

医療ビッグデータからエビデンスを生み出す力は，データベース基盤を土台として，以下の4つの柱に支えられている（**図2**）．

①データを管理する医療情報学力

②デザインを構築する疫学力

③データを分析する統計学力

④結果をまとめる論文執筆力

　すなわち医療ビッグデータ研究とは，臨床医学，医療情報学，疫学，統計学，医療経済・政策学などの多くの領域の力を結集した学際研究といえる．このような多領域の研究者たちが共同で参加する研究体制の枠組みを構築することが必要である．データ収集・管理を円滑化し，データ利用者数を拡大し，若手研究者の育成に力を注ぎ，医療ビッグデータ研究の裾野を広げていく．それらによって，わが国発のエビデンスを量産し，実地の臨床や医療政策に活かす恒久的なシステムを構築することが，今後さらに重要となる．

文献

1）康永秀生ほか：産業医科大学雑誌，36：191-197, 2014
2）Yasunaga H, et al：Hepatol Res, 42：1073-1080, 2012
3）Tagami T, et al：Clin Infect Dis, 62：60-66, 2016

＜著者プロフィール＞

康永秀生：1994年東京大学医学部医学科卒．卒後6年間，一般外科・心臓外科の臨床に従事．2000年東京大学大学院医学系研究科公衆衛生学，'03年東京大学医学部附属病院企画情報運営部などを経て，'13年より東京大学大学院医学系研究科臨床疫学・経済学（教授）．

第2章 ビッグデータと医療

5. 地域医療情報を集約した次世代型地域医療データバンクの構築とビッグデータの活用

藍原雅一，梶井英治

自治医科大学地域医療学センターでは，2009年から群馬県をモデルとして地域医療データバンクを構築し，2010年には全都道府県の市町村に対象を拡大し運用してきた．2014年から，地域住民の医療・健康・介護福祉・救急にかかわるヘルスケア情報を集約・蓄積し，個人のヘルスケアデータを本人の同意に基づき地域においてデータ連携・活用できる「次世代型地域医療データバンク」の開発に着手してきた．そのシステムを活用し，これからの地域において有用なビッグデータの活用について解説する．

はじめに

都道府県や市町村では，これまで地域医療の現状把握に関してデータ分析のしくみが十分に構築されず，医師の配置や医療提供の不均衡をもたらしていた．特に「団塊の世代が75歳以上となる2025年を目途に，重度な要介護状態となっても住み慣れた地域で自分らしい暮らしを人生の最後まで続けることができるよう，医療・介護・予防・住まい・生活支援が一体的に提供される地域包括ケアシステム」の構築が急務となってきている．さらに，次世代を担う若年層の生活習慣病対策も求められている．これらの対策は，地域の特性に応じてつくり上げることも重要である．この課題を解決するためには最新のICT（information and communication technology）を活用した大規模な健康・診療・生活情報を扱う地域医療データバンクの構築が必要である．

通常の医療システムにおける問題点として，システムごとに振られたID（identification）を共通化する際にデータの標準化や保守管理に費用がかかる点と，集められた情報の大部分は一定の期間保存された後に破棄されている点があげられる．生活習慣病のようにこれまでの生活や健康状況が複雑に影響する疾病が急速に増加している現在では，過去から連綿と続くきめ細やかな情報が，安易に破棄されることは決して好ましい状況ではない[1]．本来なら診療情報は患者本人のも

[キーワード&略語]
次世代型地域医療データバンク，時空ID，多次元型オブジェクトデータベース

GPS：global positioning system
ICT：information and communication technology
ID：identification
IMES：indoor messaging system
NFC：near field communication
SNS：social networking site

Use of construction and big data of next-generation regional community healthcare data bank that consolidates regional community health information
Masakazu Aihara/Eiji Kajii：Center for Community Medicine, Jichi Medical University（自治医科大学地域医療学センター）

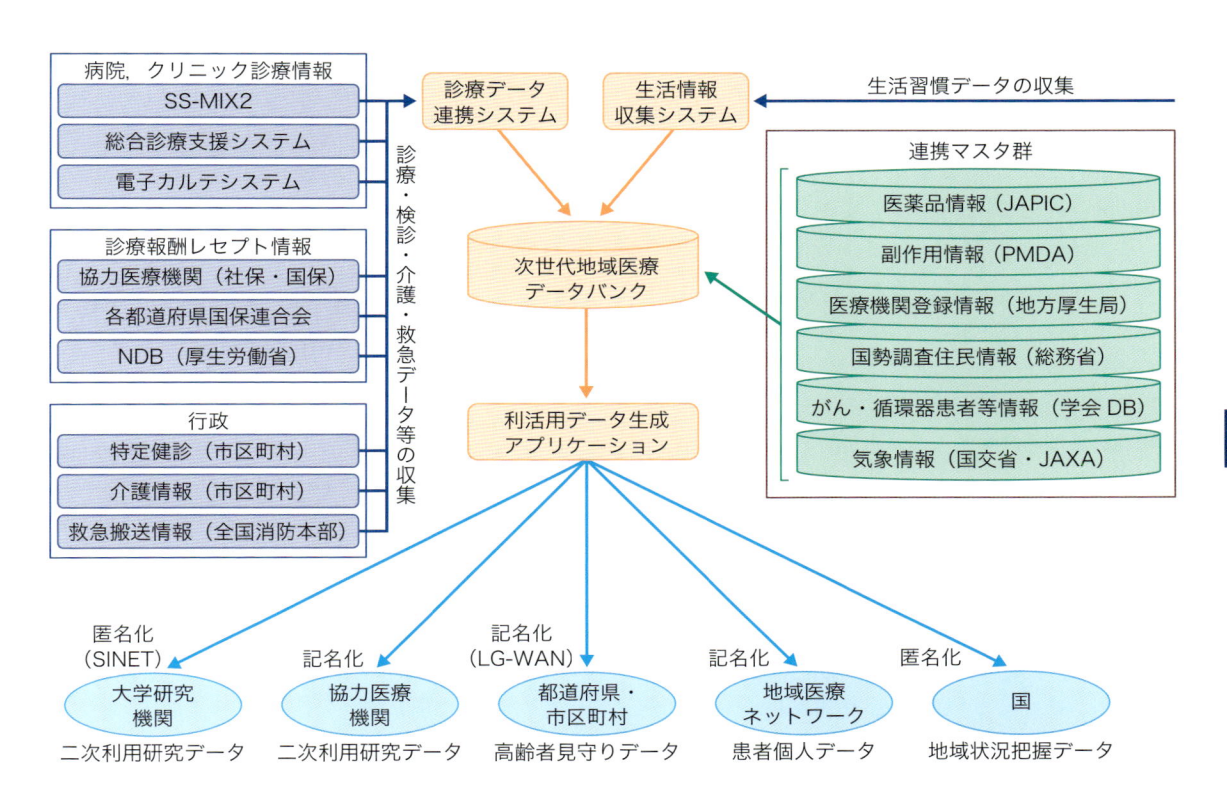

図1 地域医療データバンク概念図

のであるため，患者本人が保管することが好ましいが，現状では医療機関が管理し，患者本人に対してもカルテ情報開示が容易になされていない．診療と個人の生活記録等の個人レベルのデータ管理については，既存のシステムでは一元化することは困難である．そのため，本人の同意に基づき本人が個人レベルのデータを利用できるシステムの開発が求められている．

1 地域医療データバンク

自治医科大学地域医療学センターは2009年から群馬県をモデルとして地域医療データバンクを構築し，2010年には全都道府県の市町村に対象を拡大し，大規模な健康・医療情報を集積した[2]．これまでに集積されたデータは，約93％の市区町村長からの同意を取得し運用している．同データバンクには，国民健康保険団体連合会請求レセプト40,743,396件，後期高齢者医療広域連合請求レセプト37,097,694件，協力医療機関請求レセプト2,672,247件，介護保険請求レセプト9,542,750件，消防本部救急搬送データ3,774,639件，市町村からの特定健診等の健康情報に加え，一般財団法人日本医薬情報センター（JAPIC）からの医薬品情報，独立行政法人医薬品医療機器総合機構（PMDA）からの副作用情報が含まれる．これらに国勢調査情報等を加えて医療の地域差や医師の診療科偏在等について詳細に解析することにより[3〜5]，都道府県レベルおよび市町村レベルにおける地域医療の実態を明らかにし，その結果を行政に提供してきた（図1）．

2 次世代型地域医療データバンク

わが国は，世界がいまだ経験をしたことのない超高齢社会を迎えている．この超高齢社会における次世代型医療では，高齢者の特徴である①多疾患に罹患している，②愁訴の表現が明確でない，③生涯に及ぶケア・管理を必要とする慢性疾患が主体である等に，適切に対応することが求められる．さらに，高齢者の健康状態は，今まで育った社会的背景や生活習慣などの諸因

子が大きく影響し，個人差が大きい．高齢者医療におけるこのような複雑なヘルスケア情報は，従来，診療機関において医師が問診から推測していたため，限られた診療時間内に的確に把握することは困難であった．地域医療に従事する医師たちからは，この解決に資する日常の生活情報を含むヘルスケア情報を集約・活用するシステムの構築が待望されている．

そこで，種々のヘルスケア情報の一体化を図り，とりわけ高齢者を中心とした患者の心身および生活状況を広範，かつ，継続的に把握することにより，適切で質の高い診療を提供することを目的とした次世代型地域医療データバンクの開発に取り組んでいる．同データバンク構築にかかわるヘルスケアの情報の収集には，時空IDシステムを用いる．この時空IDは，室外測位のGPS（global positioning system）情報と室内測位のIMES（indoor messaging system）情報とを連続的に受信し，緯度・経度・標高・時間情報から構成される個人の軌跡により個人認証できるIDシステムである．この時空IDシステムは，近距離無線通信技術NFC（near field communication）機能を備えたデバイスを活用することにより，GPS・IMES情報から，個人の行動軌跡を作成する．NFCを用い，ICカード等と情報交換することにより，個人を識別し，ヘルスケア情報にタグを付与して，軌跡上に記録する．記録された全情報は，クラウドの個人ホルダー内に保存する．保存された情報は，時系列的に整理され，タイムライン上に配置される．これにより，検査結果や処方内容等の診療情報および既存のウェアラブル機器，スマートフォンのアプリケーション等から，ヘルスケア情報が時系列の個人ごとに収集される[6)7)]．

集約される情報は，運動と位置との関係（山間地帯と都市部での違いのように）といった関係性をリアルタイムに計測でき，現行の情報に比べてより正確な運動負荷，睡眠時間，運動カロリー等が自動的に取得され，治療に還元できる．また，生活習慣（食事・運動・睡眠等）や身体状況（脈拍，血圧，心電図，酸素飽和度等）の継続的なモニタリングにより，治療に直結した情報を得ることができる．さらに，糖尿病や心臓病等の生活習慣病の予防・治療に加え，超高齢社会で深刻な社会問題化している認知症のケアにも対応できるヘルスケア総合管理システムの開発を行う．これにより，患者一人ひとりに対するシームレスな診療サポートが可能となり，病院や在宅医療の枠を超えて地域社会の診療に大きな変革をもたらす．そして，患者情報を的確に集約し，医師の診療を支援する新たなシステム開発への道が開かれる[8)9)]．

3 膨大な個人情報から解析するための，時空IDシステムを活用した多次元オブジェクトデータベース

時空IDシステムは，位置と時間とを連続で捉えることで一意の個人の情報（特定の個人のID）とすることができるしくみであり，時空タグ（位置情報，時刻情報，属性情報，データ）の集合体で個人の軌跡を管理するオブジェクトデータベースである（**図2**）．

時空タグデータは，緯度，経度，標高，フロア情報，UTC（Coordinated Universal Time：協定世界時）で構成され，個別管理データはデータの属性，データ種別等の属性データおよびスマートフォンのシリアルNo，測定機器のシリアルNo，NFCのシリアルNo等により構成し，タグデータは，その属性の定義されたデータ（診療情報，投薬情報，生体情報，生活情報等）により構成される．

情報開示のための「鍵」をスマートフォンに機能をもたせることにより，開示する情報ごとに個人の承諾をもらうことが可能となる．それにより，患者は，健康情報，診療情報，生活行動履歴等が必要とされる診療室等の場所で確実な個人同意のもとに，医師などに参照開示することができる．さらに，自宅でも安心して，自身の健康情報を照会できるようになり，自己の健康管理に役立てることができる．また，さまざまなヘルスケアサービスの関係者が，本人の同意を得て今以上に患者のヘルスケア情報にアクセスしやすくなり，より高度で質の高いサービス提供の実現につながる．

すでに稼働している地域医療データバンクを基盤とし，日常生活にかかわるあらゆる生活情報も含む大規模データを全国からリアルタイムに収集する次世代型地域医療データバンクに発展・進化させる．情報の共有化を図り，解析用データの二次利用を促進するため，集積されたデータのうち，個人レベルの医療・健康・介護・福祉・救急・生活様式などのデータについては，

① 三次元（緯度／経度／高さ＝x/y/z）で位置を特定
　→屋外：GPS（global positioning system）屋内：IMES（indoor messaging system）で
　　シームレスな位置情報を取得
② ①に時間（t）を加えることで四次元で所在を特定
③ 協定世界時（UTC）の位置情報スタンプサーバで時間管理
④ 場所情報コードと連携した位置情報の管理

情報要素(x/y/z/t)＝タグ

情報要素(x/y/z/t) 情報要素(x/y/z/t) 情報要素(x/y/z/t) 情報要素(x/y/z/t) 情報要素(x/y/z/t)

途切れのない連続した情報要素の塊は個人の行動そのもの＝特定の個人

時空ID

連続した情報要素（タグ）
緯度／経度／高さ／時間
（位置情報スタンプサーバで認証された）

情報要素(x/y/z/t) 情報要素(x/y/z/t) 情報要素(x/y/z/t) 情報要素(x/y/z/t) 情報要素(x/y/z/t)

場所情報コード解析度
高さ約3m(z)
経線約3m(y)
緯線約3m(x)
●＝個人の位置
─＝行動の軌跡

a(t) b(t) c(t) d(t) e(t)　時間の連続（タイムライン）

時空タグ解析度
高さ約3m(z)
4次メッシュ 1/512
経線約20cm(y)
緯線約20cm(x)

GIS上での位置情報（時空タグ）と場所情報コードによる管理
移動の連続

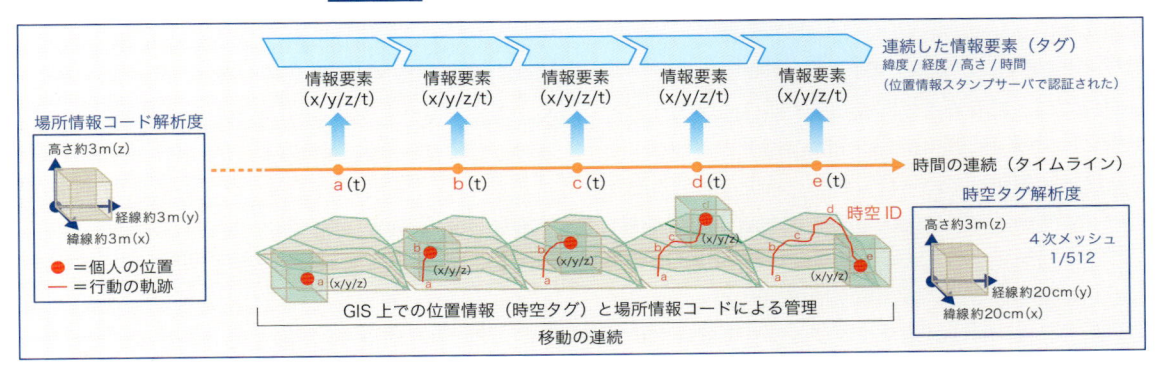

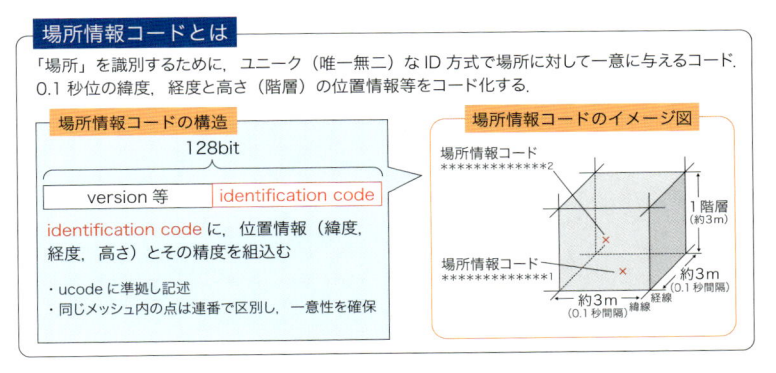

場所情報コードとは
「場所」を識別するために，ユニーク（唯一無二）なID方式で場所に対して一意に与えるコード．0.1秒位の緯度，経度と高さ（階層）の位置情報等をコード化する．

場所情報コードの構造
128bit
version 等 ／ identification code

identification code に，位置情報（緯度，経度，高さ）とその精度を組込む
・ucodeに準拠し記述
・同じメッシュ内の点は連番で区別し，一意性を確保

場所情報コードのイメージ図
場所情報コード**************2
1階層（約3m）
場所情報コード**************1
約3m（0.1秒間隔）経線
約3m（0.1秒間隔）緯線

図2　時空IDシステム概念図

本人の同意に基づき個別に開示・利用できるシステムを開発する．それにより，全国規模で情報を集積し標準化するため，医療資源の偏在（時間・距離）を克服した全国均一の高度で質の高い診療を提供できるようになる．地域の日常生活における健康管理に有益な情報を提供し，医療費全体の削減が期待できる．

4 国内外における地域医療分野でのビッグデータの活用

国内では，健康・医療戦略（2014年7月22日閣議決定）等に基づき，医療・介護・健康分野のデジタル化の実現および，デジタル基盤の構築とその利活用により，医療の質・効率性や患者・国民の利便性向上，臨床研究等の研究開発，産業競争力の強化，社会保障

のコストの効率化の実現を図るため次世代医療ICT基盤協議会が設置された．そして，同協議会では，①【医療ICT基盤の構築】アウトカムを含む標準化されたデジタルデータ（以下データ）の収集と利活用を円滑に行う全国規模のしくみの構築および②【次世代医療ICT化推進】臨床におけるICTの徹底的な適用による高度で効率的な次世代医療の実現と国際標準の獲得の実現に向けて検討がはじまっている[10]．

また，厚生労働省のレセプト・特定健診等情報データベース（NDB）が，全国医療費適正化計画および都道府県医療費適正化計画の作成，実施および評価に資するために，レセプトデータおよび特定健診・保健指導データを収載し，活用する体制が構築されている[11]．

海外では，患者の生活圏で発生するライフデータの分析にはSNS（social networking site）などのビッグデータの活用がはじめられており，希少な病気の患者データの集約・活用に関する報告がある[12]．さらに，医療アナリティクスサービス市場では，Mayo Clinicなどが支援を行っている手術室や救急救命室で使用する分析ツール，神経言語プログラミングと機械学習を使ったデータ分析ソリューション，米国の大手保険組合Blue Cross Blue Shieldに所属している医療従事者や保険会社向けに分析したデータの配信サービス，保険会社や医療関連企業向けに病気のリスクやコストがかかりそうな患者の情報を配信するサービス，新しい治療法の研究開発のために必要なデータ分析やアプリケーションツールが開発されている[13]．

また，ウェアラブル端末とビッグデータの活用では，Intel社が，パーキンソン病の研究にウェアラブル端末とビッグデータを使った取り組みを行っている．ウェアラブル端末を通した情報を分析することで患者の治療や新しい治療方法に役立てることを目的としている．1つの端末で1分間に300のデータを集めることができ，Intel社のビッグデータプラットフォーム上でデータの分析を行い，リアルタイムで患者の変化がわかるようになっている．このように海外においても地域医療の情報をリアルタイムに情報収集し，活用する方向に進んでいる．

5 研究開発の将来展望

1）健康・診療データのクラウド化

筆者らは，対象者本人の個別の同意を得ることにより，レセプト情報，介護保険の利用状況，生活状況などの個人医療情報をweb上で参照できるシステム開発を企画している．医療機関間におけるICTネットワークの構築によらない健康・診療データの共有が可能となる．

地域のなかでのリアルタイムな情報収集を行うことにより，これからの超高齢社会において増え続ける独居老人の見守り対策等にも活用できる．在宅でのセンサは，情報家電，ウェアラブル機器，健康器具等に加え，人型ロボットである「Pepper」や「NAO」等の活用も考えられる．これらのロボットは，独自のアルゴリズム（計算方法）が搭載されている人型ロボットであり，周囲の状況を把握して自律的に判断し行動することができる．特に，人型ロボットは，人とのコミュニケーションに特化した機能とインターフェースを備えているため，それを活用することにより，自然なコミュニケーションを行い，その情報をインターネットを通して，さまざまな在宅内での情報取得やクラウド上のデータベースとの連携が可能となる．それにより，老人が在宅で倒れることの多い廊下，トイレ，風呂場等のプライバシーが重く感じられる場所において，直接のセンサを付けるのではなく，コミュニケーション（例えば，日ごろの入浴時間を算出し，その時間を過ぎている場合には声をかけ，応答がなければ緊急通報する等）により見守ることが可能となる．

2）新たな個別医療システムの創造

次世代型地域医療データバンクでは，リアルタイムに情報を提供することにより，行政レベルで疾病の発生に早期対応が可能となる．これまで取得されなかった生活習慣情報や，外部環境要因に関するデータが同時に集積されることにより，個人に合った効果的な治療法を個別に実現可能となる．個人レベルのデータを管理・運営するサービス等の新産業を創出し，新しい医療技術，科学的発見につながる．医療資源の偏在（時間・距離）を克服した全国均一の高度で質の高い診療を提供できるようになる．

3）集合知の発展システムの開発

次世代型地域医療データバンクに集約されリアルタイムに解析可能な大規模情報を，クラウド化した人工知能型の総合診療支援システムに活用する．これにより，総合診療医が日常診療のなかで体得している経験知を集合化・発展させる．例えば，従来，評価が困難であった生活習慣病における運動の効果を判定する．個人の行動様式は時空IDによりタイムライン上に整理され，日常生活における運動負荷を詳細に解析できる．また，主観的な経験則が重視されてきた漢方薬の使用基準を導き出す．インフルエンザの場合，麻黄湯などの漢方薬が使用された例について関連するデータを自己組織化マップ，ニューラルネットワークなどのデータマイニング技術を応用して解析することにより，適応基準を明確化することが可能になる．

4）健康寿命を延伸し，高齢者医療費を削減

次世代型地域医療データバンクに連動して開発を進めている人工知能型の総合診療支援システムは，個々の疾病の治療に留まらず，総合診療医の幅広い視点を導入して生活習慣や受診行動の管理など予防医学的な介入も可能とすることにより，地域全体の健康増進に寄与する．高齢者では併発する疾患により複数の医療機関で多数の薬剤を服用しているが，本支援システムでは単に類似処方の重複を防ぐだけでなく，最小限の薬剤を選択することが可能になる．

5）病院から在宅へ，在宅から地域コミュニティを可能とする新たな健康医療システムの構築

医療機関の入院患者を在宅へと移行するためには，在宅におけるセンシング・情報通信ネットワークによる，健康状態および行動のモニタリング（見守り）が必要になる．本研究では，情報家電やロボット等を活用しこれらの情報を収集し集約する．異常を早期発見し発症を予測するシステムを構築する．さらに，これらの解析データを活用して日常生活行動の誘導を含む健康リスクの制御技術を開発し，在宅における地域コミュニティを活用して，超高齢化の社会を支援するシステムを開発する．

6）診療動向に基づく健康・疾病管理の開発

地域の診療情報をリアルタイムに集約し，データマイニングを行う．その地域における診療のトレンドを診療機関にフィードバックすることにより，日常的に診療支援を行うシステムを構築する．例として，インフルエンザ流行時に，ある地域における患者の受診動向，ウイルス型，処方薬，治癒までの日数などの情報を，その地域の診療所の端末から瞬時にとり出して遅滞なく診療・予防対策に反映させることが可能になる．

7）新たな臨床試験方法の開発

現行の臨床治験では，合併症の有無や一定の年齢層などあらかじめ設定した種々の条件に適合した特定の対象者についてのみ解析が行われるため，莫大な費用がかかるうえに，得られた知見が実際の患者には適応できない場合も多い．通常の診療活動のなかで常時更新する大規模情報を前向きに解析することにより，種々の既定要因の制約を受けずに治療法や生活指導などの有効性を検証する新たな臨床試験方法を開発する．

現在，新薬の開発に要する費用の大部分は臨床試験に使われている．種々の条件で被験者を限定した二重盲検試験が科学的に最も信用性が高いとされているが，実施臨床において，特に高齢者では，臨床試験時と同等の条件が該当するとは限らない．そのため，新たな臨床試験方法の開発が期待されている．本研究では，日常診療を妨げることなく保険診療情報をはじめとする膨大な医療関連情報をリアルタイムで集約し解析する．薬剤だけでなく運動や食事などの日常生活への介入に対する，従来の臨床試験と全く異なる評価法を開発する．予期せぬ効果や副反応の発見につながることが期待できる．

おわりに

次世代型地域医療データバンク等の研究の成果により，ビッグデータ時代の到来とともに，各医療施設がもつ膨大な治療データを社会保障サービスに有効利用できれば，国民一人ひとりが利益（安心）を享受でき，さらに充実した社会保障環境が構築できるものである．さらに，「日本にはすでにデータもあり分析ツールもあるが，活用するしくみがない」と言われているが，集約された個人情報を安心して利活用できるしくみづくりが望まれる．

文献

1）山本隆一，中安一幸：医療情報の共有と活用，電子情報通

2）藍原雅一ほか：医療情報学，32 Suppl：672-675, 2012
3）藍原雅一ほか：地域医療データバンクから見た患者の受療動向における地域特性分析，全国国民健康保険診療施設協会第17回優秀研究表彰研究論文集，2014
4）Harada M, et al：General Medicine, 13：25-29, 2012
5）仁藤慎也ほか：医療情報学，32 Suppl：677-679, 2012
6）Manandhar D, et al：Experiment Results of Seamless Navigation using IMES for Hospital Resource Management, ION GNSS 2012（International Conference of Insitute of Navigation, USA), PaperID：PP-412.pdf, 2012
7）藍原雅一ほか：医療情報学，33 Suppl：702-703, 2013
8）Aihara M, et al：Building of Community Health care Data Bank (EHR) using positional and temporal tracking and collecting DATA, AMIA2015
9）Nakamura T, et al：How far is the medical institution? – Descriptive study using health insurance claims database, WONCA Asia Pacific Regional Conference 2014, Kuching, 2014
10）次世代医療ICT基盤協議会の開催について，内閣官房健康・医療戦略室　http://www.kantei.go.jp/jp/singi/kenkouiryou/jisedai_kiban/pdf/konkyo.pdf
11）レセプト情報・特定健診等情報データベース（NDB）の概要，第9回病床機能情報の報告・提供の具体的なあり方に関する検討会資料　http://www.mhlw.go.jp/file/05-Shingikai-10801000-Iseikyoku-Soumuka/0000034160.pdf#search=%27%E5%8E%9A%E7%94%9F%E5%8A%B4%E5%83%8D%E7%9C%81+NDB%27
12）ホワイトペーパー「医療におけるビッグデータ活用の最前線」，日本マイクロソフト株式会社・インテル株式会社，2014
13）Big Data Healthcare Analytics Startups See 161% More Funding than All of 2013 in First 6 Months of 2014 https://www.cbinsights.com/blog/healthcare-analytics-big-data-2014/

＜筆頭著者プロフィール＞

藍原雅一：2001年3月，日本大学大学院商学研究科博士前期課程（経営学専攻）修了．'04年4月，東京大学大学院医学系研究科クリニカルバイオインフォマティクス研究ユニット臨床情報工学部門研究生（〜'05年3月）．'05年4月，自治医科大学医学部地域医療学講座研究生（〜'10年3月）．'12年3月，群馬大学大学院工学研究科電子情報工学領域博士後期課程単位取得退学．

1981年2月，厚生労働省（医務局，人事課，健康政策局等）．2001年10月，群馬大学地域共同研究センター共同研究員．'02年11月，上武大学経営情報学部助教授．'04年4月，上武大学看護学部教授．'10年4月，自治医科大学地域医療学センター地域医療情報学部門特任講師．'12年4月，自治医科大学看護学部博士後期課程講師．'15年4月，自治医科大学地域医療学センター地域医療情報学部門講師．

＜研究分野＞

・ホワイト・ジャックプロジェクト（人工知脳型総合診療支援システム開発）：総合診療医の診療情報を蓄積し，人口知能技術と高度なデータベースの技術応用により，総合診療分野における診断及び治療を含む診療支援システムを開発．

・日常生活支援プロジェクト（高次元の健康医療情報の収集・統合を実現）：GPS, IMESから位置情報を取得し活用することにより，見守りシステムや救急対応システム等の地域支援システムを開発する．

・国際イノベーションセンタープロジェクト（近未来型社会モデルの構築）：①新たな地域ヘルスケアモデルによる，近未来型地域社会モデルを提案する．②医療統計ビックデータにかかる最先端データセンターを構築する．

第2章　ビッグデータと医療

6. 臨床疫学へのインパクト

興梠貴英

> 医療においてはレセプトデータやDPCデータなどをビッグデータとすることが多く，それらを用いた研究成果も数多く発表されている．一方で，アウトカム情報が十分に付いていないことが臨床疫学的なクエスチョンに答える場合課題となる．そのため，施設内の臨床情報とレセプトデータの照合を通してレセプトデータのパターンから臨床的イベントを推測するアルゴリズムの開発や，多施設から大規模に臨床情報を収集してコホート研究や介入研究を行うしくみの構築をしていくことが今後求められている．

はじめに

近年，ビッグデータという言葉がさまざまな分野で用いられるようになってきている．用いられる文脈によって定義やデータ規模はさまざまであるが，一般的には数億から数兆件以上のデータ，もしくは件数は数千から数万であっても多次元データであるために解析対象がやはり数億以上のデータを指すことが多い．この背景には，IT技術が発達し，なおかつ安価になり，さまざまな場所で大量のデータが蓄積されてきたことがある．そうしたデータは必ずしも最初から収集して解析することを目的とはしておらず，業務上の必要があって収集していたところ，巨大なデータベースが構築された，という場合も多い．医療の場合は第2章-3や第2章-4でも触れられているように，診療報酬請求上必要なデータのやりとりのなかで蓄積されたデータを指してビッグデータとされていたり，さらに生物学の網羅的解析（マイクロアレイ解析，ゲノム解析）により生み出される膨大な情報と掛け合わせたものをビッグデータとして解析の対象とする．ビッグデータが特に注目されるのは，こうしたデータに対してさまざまな統計学的手法を適用して思いも寄らない新たな知見を発見したという事例があるためである．

1 国内の動向

いわゆるadministrative databaseとしてのビッグデータとしてはDPCデータやNDB等があり，それぞれ第2章-4や第2章-3で詳細が解説されている．第2章-4にあるDPCデータは研究者が各医療機関と個

[キーワード＆略語]
ビッグデータ，臨床疫学，MCDRS，SS-MIX2，SEAMAT

HCUP：Healthcare Cost and Utilization Project
HMO：health maintenance organization
MCDRS：Multi-purpose Clinical Data Repository System（多目的臨床データ登録システム）

The impact of "big data" on clinical epidemiology
Takahide Kohro：Department of Clinical Informatics, Jichi Medical University（自治医科大学企画経営部医療情報部）

別に契約を行って収集しているため，担当している研究者は比較的自由にアクセスできるが，研究グループ外のデータへのアクセスは必ずしも容易ではない．一方，NDBは本来「高齢者の医療の確保に関する法律」のなかで医療費適正化計画を作成するために収集されたデータを研究目的にも使えるようにしたものであるが，利用申請そのものは広く研究者に開放されている．しかし，研究者にデータを提供するための作業リソースが限られていることに加えて審査が厳しいため，実際の利用件数はそれほど多くない．

さらに，現在薬剤副作用の検出を目的としたMID-NETをPMDAが構築中であり[1]，これが完成すればほぼリアルタイムでPMDA側から発行されたクエリが数百万人規模の患者データを検索したうえで結果が返ってくるしくみができることとなる．最近，このデータベースの一般利用についても議論がはじまっている．

2 海外の動向

米国においては，Kaiser Permanente等のHMO（health maintenance organization）が加入者のデータを集約したデータベースを構築していたり，公的医療保険であるメディケアやメディケイドがレセプトデータを集約したCMSデータベースを構築して研究利用に供していたりする[2]．また米国厚生省下のAHRQが行っているHealthcare Cost and Utilization Project（HCUP）[3]においては，各州から収集したデータベースを構築し，研究利用に提供している．

韓国においては1989年に，台湾においては1995年に国民皆保険制度が導入され，いずれにおいても導入時からレセプトデータの電子的収集が全国規模で行われている．さらにそうしたレセプトデータの学術利用も認めており，さまざまな研究成果が発表されている．

3 臨床疫学に対するインパクト

これまで述べてきた医療ビッグデータは基本的にレセプトデータであり，日本のDPCデータの場合に心不全のNYHA分類等や24時間以内の死亡情報が付いている以外はアウトカム※情報や検査結果情報はほとんど含まれない．悉皆性の高いビッグデータならではの知見が得られるため，貴重なデータ，解析結果であって臨床疫学に対する貢献も大きいが，やはりより詳細なアウトカム情報を含めたデータ，解析結果が望まれる．

しかし，NDB規模で詳細なアウトカム情報や検査情報を収集することは現時点では後述する課題のためまだ実現できていない．そのため，レセプトデータのパターンからアウトカムを推測するアルゴリズムを開発し，レセプトデータのみからアウトカムを含めた解析を行う試みがされている．

ゲノムプロジェクトでゲノムが解読されて以降，マイクロアレイ技術や高速シークエンサー技術の開発も相まって膨大なゲノム関連情報が生み出されるようになったが，例えばSNP情報は膨大にある一方で詳細な臨床情報が乏しいということが問題となった．そのため米国では国立ヒトゲノム研究所（NHGRI）が中心となり，DNA情報データベースと電子カルテ情報を大規模に収集するネットワークeMERGEをとりまとめている[4]．このネットワークに参加している施設のデータを用いて心不全をHFpEF（心機能が保たれている心不全）とHFrEF（心機能が低下している心不全）に分けて抽出するアルゴリズムを作成し，バリデーションコホートで陽性的中率が95％という結果を得ている[5]．

4 MCDRSを用いた循環器疾患レジストリ

われわれは電子カルテデータを利用したレジストリ登録システムを開発し，それを用いた循環器疾患レジストリを構築することを試みている．第2章-2にもあるように2014年度まで行われた最先端研究開発支援プログラム（FIRST）において開発された多目的臨床データ登録システム（Multi-purpose Clinical Data Repository System：MCDRS）はレジストリ構築のた

※ **アウトカム**
アウトカムとは一般語としては，結果，成果という意味であるが，臨床疫学の分野では臨床的結果という意味で用いられる．具体的には，検査結果であったり，何らかの疾患に罹患する，もしくは治療の結果容態が改善する，ということを指す．

めのITツールである[6]が，最大の特徴は設定により電子カルテデータからデータを半自動で転記できることである．このことにより，データを手動で転記する手間が省けるだけでなく，原データを正確に転記できることとなる．現在，複数の大学病院などから匿名化された心疾患患者の情報をMCDRSを用いて収集し，解析するしくみを構築している．さらにこれらの施設における詳細な臨床情報とレセプト/DPCデータを比較することにより主要な循環器疾患のアウトカム情報をレセプト/DPCデータから推測するアルゴリズムを開発する研究を進めている．信頼性が高いアルゴリズムの開発により，悉皆性が高いビッグデータを用いてアウトカムを含めた臨床疫学研究が可能になると考えられる．

5 電子カルテデータ利用に関する技術的な課題

上記でMCDRSを用いて電子カルテデータからデータを転記すると述べたが，実際には電子カルテのデータベースは異なるメーカ間では全く互換性がなく，同じメーカであっても異なる施設で構造が異なることもしばしば認められる．そのため，MCDRSにおいては電子カルテからSS-MIXという共通形式[7]に書き出したものを対象としている．前にも触れたMID-NETでもSS-MIX形式に一度書き出すことにより，異なる医療機関の電子カルテデータベースを共通化した形式で出力することができている．ただ，そのためには各医療機関において施設の電子カルテデータベースをSS-MIXに変換して書き出すシステムを導入する費用がかかる．さらに，臨床検査は同じ名称の項目であっても分析試薬や測定方法が異なることがあり，そうした部分を含めた内容の標準化が十分進んでいないため，各医療機関における独自のコードを標準化コードに置き換えるための手間と費用が必要となる．

また，SS-MIXは標準ストレージおよび拡張ストレージに分かれている．これはSS-MIXが元は地域医療情報連携のための規格として開発されたことと関係しており，患者氏名や生年月日などの背景情報，どのような検査をオーダーしたのかという情報，検体検査結果，処方情報などすでに標準形式が定まっていた情報については標準ストレージに格納しているが，心電図や各種検査レポートなど当時項目やファイル形式が定まっていなかったものについては拡張ストレージに各種ばらばらな形式で格納している．例えば，心電図は波形情報であるが，これをPDFファイルとして出力するシステムもあればJPEGファイルとして出力するシステムもある，ということである．しかし，臨床研究などを行ううえでは標準ストレージにある情報では不足しており，拡張ストレージに格納されている情報を利用したい．一方でそうした情報は標準化がされていないため実質的には研究利用が難しいという問題がある．

こうした問題に対して，拡張ストレージに格納される情報についても項目やファイル形式などを標準化する動きがある．そのためには専門家による項目の選定や専門学会による承認が必要となるが，例えば日本循環器学会では心電図，心臓超音波検査レポート，冠動脈造影検査・治療レポートについて拡張ストレージに出力する際の標準をSEAMATという名称で保健医療福祉情報システム工業会とともに作成した[8]．今後各分野でこうした動きが活発になればSS-MIXストレージを介した臨床疫学的研究はますます進むことが予想される．

おわりに

これまで医療の分野においてはレセプト，DPCデータを中心として悉皆性の高いビッグデータを用いてさまざまな研究成果が生み出され，臨床疫学にも貢献している．今後はより詳細な臨床情報を電子カルテから抽出できるしくみを普及させることにより，アウトカム情報を含めたビッグデータを活用した研究が進むことが期待されるが，そのためには情報や形式の標準化等の問題を解決する必要がある．

文献

1) PMDA. 医療情報データベース基盤整備事業について http://www.pmda.go.jp/safety/surveillance-analysis/0018.html
2) CMS. Research - General Information https://www.cms.gov/Research-Statistics-Data-and-Systems/Research/ResearchGenInfo/index.html
3) AHRQ. Healthcare Cost and Utilization Project (HCUP) http://www.ahrq.gov/research/data/hcup/index.html
4) NIH. Electronic Medical Records and Genomics (eMERGE) Network http://www.genome.gov/27540473

5) Bielinski SJ, et al：J Cardiovasc Transl Res, 8：475-483, 2015
6) 多目的臨床データ登録システム（MCDRS）http://mcdrs.jp/
7) 普及推進コンソーシアム, S.-M. SS-MIX とは？ http://www.ss-mix.org/cons/ssmix_about.html
8) JCS．JCSデータ出力標準フォーマットガイドライン http://www.j-circ.or.jp/itdata/jcs_standard.htm

＜著者プロフィール＞
興梠貴英：1995年東京大学医学部医学科卒業．2005年東京大学大学院医学系研究科博士課程修了．同年より同大学院助教として循環器データベースの管理や大規模観察研究のデータ管理，解析に関わる．'13年より自治医科大学企画経営部医療情報部准教授．

第2章 ビッグデータと医療

7. クライオ電子顕微鏡法のもたらした IT創薬革命

児玉龍彦

2015年はじめのScience誌のSubramaniamらの論文が世界に大きな衝撃をもたらした．電子顕微鏡（以下，電顕）で，タンパク質の原子レベルの構造（2.2Åの解像度）を報告したこの論文は，結晶を必要とせず，IT創薬のボトルネックを解消する驚くべきものであった．その後，クライオ電顕による分子標的タンパク質の構造決定がNature誌などにあふれている．この技術は，電顕の解像度を上げたというより，多数のぼやけたイメージのGoogleなどが用いているベイズ推計による解析での精密構造決定であった．これにより精密な構造をもとにした分子動力学での薬の設計が可能となり，創薬の基盤技術は全く新しい段階に入った．

はじめに：クライオ電顕で原子レベルのタンパク質を見る

ヒトゲノムプロジェクトを主導したNIH所長のフランシス・コリンズが「薬の設計がクライオ電顕のタンパク質像で一変する」と驚きのコメントを出した．NIHのSriram Subramaniam博士は，電顕で原子レベルのタンパク質像を見ることに成功したと6月にScience誌に発表した[1]．彼らはβガラクトシデースという酵素とそれに結合した薬を液体窒素で凍らせ，電顕で4万個の二次元投射イメージを撮影し，それをスパコンの機械学習で三次元構造に再構成し，2.2ÅというX線結晶構造解析をしのぐ解像度でタンパク質を「見る」ことに成功したのだ（図1）．βガラクトシデースは，X-Galを分解して青い色を呈することでも有名で，広く実験に使われてきた酵素である．分子量が11万Daで，四量体の機能をもった巨大分子として働く構造が解かれた．

ここで重要なのは，電子ビームの解像度は変わっておらず，イメージ解析で解像度を上げたことである．いわばコンピューターによる顔認証のようなしくみである．今回，Subramaniam博士は，液体窒素で凍らせた膨大な投射像をコンピューターに自動的に判別させ，4万個のタンパク質のイメージを捉えた．一個一個はぼやけた二次元イメージでも，多数の投射像があれば元の三次元構造を推定する手がかりになる．フーリエ変換した4万個の像の平均をもとに緻密なモデルにし，逆フーリエ変換で三次元の構造をマシンラーニング（機械学習）で予測し，2.2Åの原子レベルの解像度を達成した．水に溶けたタンパク質のアミノ酸の側

[キーワード]
クライオ電子顕微鏡，単粒子解析，ベイズ推計，Relion，分子動力学

Protein fine structure determination using cryoelectron microscopy
Tatsuhiko Kodama：Department of Systems Biology and Medicine, The University of Tokyo（東京大学先端科学技術研究センターシステム生物医学）

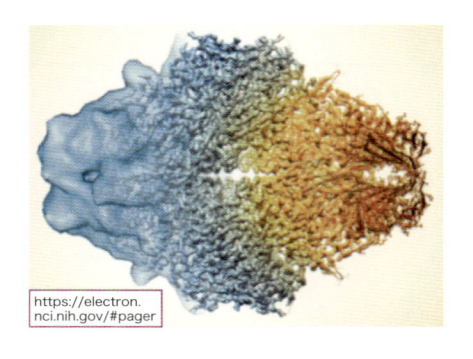

図1　クライオ電顕での原子レベルの構造決定
βガラクトシデースの電顕のイメージ（左側）を4万個集めてベイズ推計により右側の精密な構造2.2Åが決定された．NIH Subramaniam研のホームページより許可を得て転載．

鎖は3Å程度揺らぐが，それより高い精度で構造が決められ，薬の結合部位が同定された．

1　新しい情報技術のコア：ベイズ推計

このクライオ電顕の解像度の向上は，電子ビームの性能の向上というよりも，同じ電顕を使いながら，多数のぼやけたイメージから精密なイメージを再構成するベイズ統計をもとにした推計技術による性能向上が中心である．

ベイズ統計とはどのようなものか．今までわれわれが習ってきた統計学は，アメリカのフィッシャーの理論を骨組みとする．あることの起こる確率は事前に予測できないとして客観的に測定できる「頻度」のみで推計を組立てることを特徴とする．これを「頻度主義」と呼ぼう．

それに対して，18世紀のイギリスの神父，トーマス・ベイズにより考案された「事前確率」を推定する方法で，「ベイズ主義」と呼ぶ．ベイズ統計は「事前確率」という，観測をはじめる前の事象の確率を「想定」する．そして観測されたデータを加えて「事後確率」を決めていく．フィッシャー統計が1つの仮説の正否を検討するのに対し，ベイズ統計は，仮説を次々と進化させていくというダイナミックな特徴をもつ（詳細は文献2）．

フィッシャーとベイズの違いをわかりやすく説明しよう．「モンティ・ホール問題」が有名である．アメリカのクイズ番組で，回答者が正解すると3つの箱のどれかにハワイ旅行のチケットが入っている箱を1つ選ぶ権利をもてる．回答者が1つの箱を選ぶと，司会者のモンティ・ホールが，選ばれなかった箱2つのうち1つを開いて外れであることを示す．そして回答者に聞く．「選んだ箱を変えますか？　変えませんか？」．どちらが正しいだろうか．結果は図2を見てほしい．

フィッシャー以下の「頻度派」はベイズ統計の事前確率が「恣意的」であるとして，激しく批判した．実際にはベイズ統計は，1回のデータごとに推計の計算を行うため積分を多く行う膨大な計算が必要となる問題で，緻密な議論が組めなかった．

「ベイズ主義」を蘇らせたのは，イギリスのチューリングである．彼は，ドイツのUボートを操る暗号の解読をめざし「ベイズ主義」の予想モデルをデータで変えていく膨大な試行作業を数千人の女性を用いて行った．いわば人力コンピューターでエニグマと呼ばれたドイツ暗号の解読に成功した．チューリングマシンという計算機の基本概念で有名であるが，戦後，彼の功績は暗号技術として国防の極秘にされた．チューリングは，戦後，同性愛者として批判され，現代のコンピューターの基礎，チューリングマシンの概念を発達させながら自殺していく．その事情は，最近の映画『イミテーション・ゲーム』に詳しい．イギリス政府はチューリングへの誹謗について2009年公式に謝罪した．

「ベイズ主義」のアルゴリズムは，軍事技術として，事故で失われた水爆搭載機の場所の推定などの軍事目的で使われてきたが，コンピューター技術の発展とともに応用が広がり，Googleの基本技術となり，インターネット自体のビッグデータ処理の基本技術となっている．

クライオ電顕では，三次元のタンパク質を凍らせてさまざまな傾きの二次元像を得る．あらかじめ，クライオ電顕の断層撮影などで三次元の解像度の低い像を得ておいて，いくつかのモデル構造を確かめておく．例えばグルタミン酸受容体のクライオ電顕像では，オープン構造と，クローズ構造と，その間の中間構造の3つを推定し，それに数万のイメージをclassificationというクラス分けをして，それぞれフィッティングを精密化している[3]．

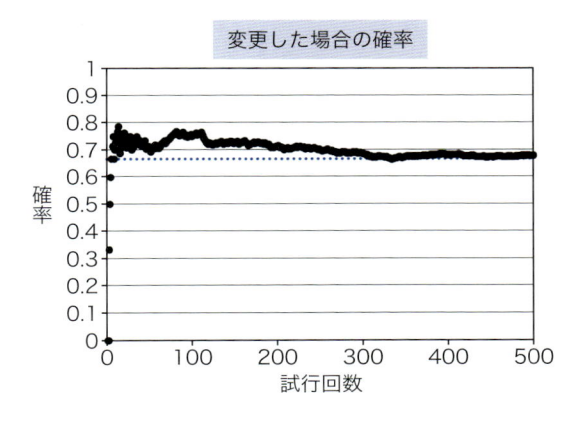

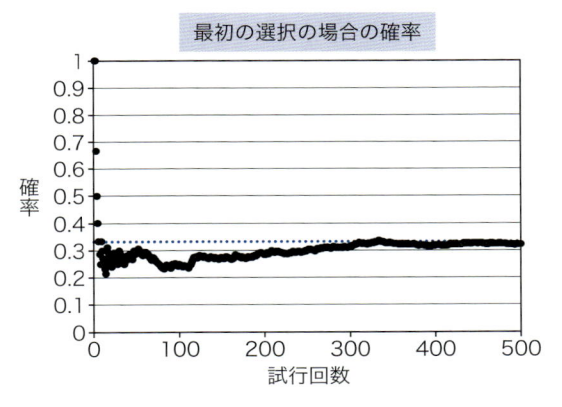

図2　モンティ・ホール問題を当たる率を乱数表で予測してみる
モンティ・ホール問題で選ぶドアを変えると2倍，当たる確率が高くなる．乱数表を用いて当たりの場所を変えていった思考実験で確認する．左側は変えた場合，0.667（3分の2）に収束していき，右は変えない場合0.333に収束していく．つまり変えた方が倍当たる結果に近づいていく．

①表面にくっつく　②ポケット近くにくっつく　③水とぶつかってポケットに入る　④水素結合が変わりリリース

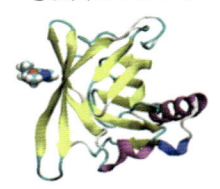

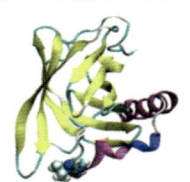

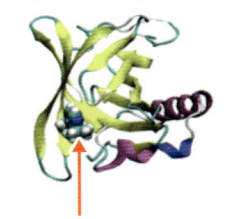

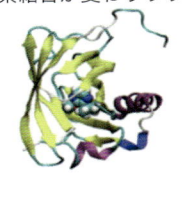

図3　フェロモンと結合タンパク質の分子動力学による結合の解析
分子動力学で水溶液中でのフェロモンの結合タンパク質への結合していくステップを見ると，図のように4つの段階を経ることがわかる．なお水分子は省いて図にしている．

こうした作業は，2012年にケンブリッジ大のSjors Scheres博士が開発したベイズ主義で演算を最適化するRelionというソフトによって加速化された[4]．それまで7〜10Åだったクライオ電顕の単一粒子の解像度は，Relionにより一挙に3Åの壁を突破し，世界中で，クライオ電顕による原子レベルの三次元構造の決定の報告が急増してきた．

2　IT創薬のボトルネックが克服される

2013年のノーベル化学賞に輝いたカープラスらの分子動力学は，クーロン力やファンデルワールス力を原子ごとにくり返し計算し，水に溶けた分子標的のタンパク質のシミュレーションを可能にした．従来，コンピューターによる薬の設計は理論的には可能だが実践的には不可能と考えられてきた．なぜなら，臨床的に使われる医薬品は，オフターゲットの副作用を避けるためナノモル以下の高いアフィニティーが求められることが多いが，水のなかでタンパク質の側鎖は3Å程度ゆらぐので，それをシミュレーションしないと，親和性の高い薬が設計できなかったからである．

しかし，京のような膨大並列計算が可能なスーパーコンピューターが登場し，分子量10万程度までのタンパク質のシミュレーションが可能となった．筆者らは，最先端研究支援で，分子動力学でフェロモンと結合タンパク質のマルチステップの結合のシミュレーションに成功した（**図3**）．これをみると，フェロモンはまず結合タンパク質の結合ポケットとは別の部位に結合し，

次に結合ポケット近くに移動し，そこで水分子がぶつかりポケットに押し込まれ，ポケットのなかの水素結合のネットワークを変え，ペプチドをリリースさせるという4段階の反応を明らかにした．このフェロモンになぜイソプロピル基が必要かというと，ポケットに入るときに役に立つことがわかった．今までの結晶構造だけではわからないステップが明らかになったのである．筆者らは，さらに京を用いて人体内で使える抗体医薬品の設計に成功している．

京は建設費1,000億円を超える汎用機であったが，アメリカの大富豪D. E. Shawの研究所では，分子動力学計算の専用機ANTONを開発し，10億円程度のマシンで計算が可能となってきた．コストが100分の1になってきたのである．わが国でも理研の泰地真弘人により分子動力学専用機MDGRAPE4が開発され，2015年から稼働を開始した[5]．

そこでIT創薬における最大の課題は，原子レベル（3Å以下）の構造情報をいかに経済的に得られるかになってきた．

おわりに：日本における体制整備の課題

近年のクライオ電顕の解像度の向上は，電子線の改良による解像度の向上ではなく，タンパク質を破壊しない電子線でのぼやけた多数イメージの情報処理によるものである．ところがわが国の電顕技術は過去の高電圧電子線の開発技術のうえに，100億円以上投入して全国10施設に「超高圧電顕施設」を設置するという大艦巨砲主義で遅れをとってしまった．

わが国の生命先端計測機器は，シークエンサーが日立製作所からIllumina社，質量分析が島津製作所からThermo Fisher Scientific社，顕微鏡も超解像度と，情報処理の差で次々と欧米に先を越されている．電顕でも同じで，情報科学の差でベイズ推計を用いたiterative cycleによるイメージ解析，FSCによる検証技術などでクライオ電顕の体制が全く遅れている．筆者もクライオ電顕施設の緊急整備をImPACTで提案したヒアリングに招致されたが，審査委員に情報科学の理解できる人が全くおらず予算化されなかった．

しかもAMED（日本医療研究開発機構）に医薬品開発課題の資金が集中されているが，医師主導の体制で理工学と情報科学をあわせた計測機器の原理的理解が全くないため，このままでは危機的である．東大では，五神総長のもと全学的にクライオ電顕に取り組もうと作業をはじめており，審査に携わる皆さまのご理解をお願いしたい．

文献

1) Bartesaghi A, et al : Science, 348：1147-1151, 2015
2) 『基礎からのベイズ統計学-ハミルトニアンモンテカルロ法による実践的入門』（豊田秀樹／編著），朝倉書店，2015
3) Meyerson JR, et al : Nature, 514：328-334, 2014
4) Scheres SH : J Struct Biol, 180：519-530, 2012
5) Ohmura I, et al : Philos Trans A Math Phys Eng Sci, 372：20130387, 2014

<著者プロフィール>
児玉龍彦：東京大学医学部卒業，内科医師（血管生物学，脂質代謝，システム生物医学）．MIT研究員としてマクロファージのスカベンジャー受容体をクローニング後，東京大学先端科学技術研究センター教授．がんと生活習慣病の治療薬の開発にかかわる．同時に，東京大学アイソトープ総合センター長として福島の4つの市町村の除染委員長などを務める．

第2章 ビッグデータと医療

8. ゲノミックプライバシー

佐久間 淳

ゲノムシークエンシングコストの低下に伴い，個人ゲノムに基づく個別化医療や先制医療の普及が期待されている．個別化医療の発展に伴い，医療業務従事者や患者自身が個人ゲノム情報を取り扱う機会をもつことになる．個人ゲノムは個人の形質や特徴を表現しているとともに，ゲノム自体が個人を識別する情報として働く．この「識別情報と属性情報の不可分性」が，個人ゲノム情報の取り扱いにおけるプライバシー保護を厄介な問題にしている．本稿では今後重要になると予想される個人ゲノム解析にまつわるプライバシー上の問題をさまざまな観点から紹介する．

はじめに

近年の分子生物学の発展により，大規模SNP解析のコストは劇的に減少し，各個人の全SNPが十数万円程度のコストで解析可能になった．臨床的要因（例えば血圧や家族の罹患歴）や遺伝的要因（例えばSNP）と疾患の関連性も徐々に明らかになりつつあり，近い将来には個人の体質に合わせた効果的な予防医療・先制医療が広く普及すると予想されている．ゲノム疫学とその医療応用への課題は①有用なSNPsの探索，②コストの低廉化，③プライバシーといわれており，①および②はゲノム疫学研究の発展とシークエンシングに要するコストの低下に伴い解決されつつあるが，最後のプライバシーの問題は，技術，社会，法制度，倫理など，多様な問題が複雑に混ざり，その解決は簡単ではない．

個別化医療や先制医療の普及を考えれば，今後は研究者や医師のみならず医療業務従事者や患者自身が個人ゲノムに触れる機会をもつことになると予想される．本稿では今後重要になると予想される個人ゲノム解析にまつわるプライバシー上の問題をさまざまな観点から紹介する．

[キーワード＆略語]
SNP，GWAS，個別化医療，プライバシー，セキュリティ

GWAS：genome-wide association study（ゲノムワイド相関解析）
SNP：single nucleotide polymorphism

1 個人情報としての個人ゲノムの性質

ゲノムのプライバシーの問題は，通常の個人情報におけるプライバシーの問題とは顕著に異なる性質をもち，これが個人ゲノムの取り扱いを難しくしている．一般の個人データ解析においては，個人を識別する情

Genomic privacy
Jun Sakuma：Graduate School of Systems and Information Engineering, University of Tsukuba（筑波大学大学院システム情報工学研究科）

報（氏名やマイナンバー，電話番号など）と，個人の特徴に関する情報（年齢や性別）は明確に分離されている．個人を識別する情報は，それ自身が意味のある情報を含まないため，個人を識別する情報と個人の特徴に関する情報を切り離しても，後のデータ解析自体に影響を与えることはない．しかしゲノム解析においては，ゲノム自体が個人の形質や特徴を表現しているとともに，ゲノム自体が個人を識別する情報として働くことから，この両者を切り離すことがそもそも不可能である．この「識別情報と属性情報の不可分性」が，個人ゲノム情報特有の取り扱いの難しさの1つである．

一般の機密情報は時間とともにその価値を失い，漏洩リスクも時間の経過に伴い低減していくことが多い．これを扱うセキュリティシステムもこれを前提として設計されることが多い．例えば暗号強度は，攻撃者に数十年程度の間，解読されない程度の安全性の達成を根拠に設定される．しかし個人ゲノムはこれに当てはまらない．個人ゲノムに対する科学上の理解はまだ不完全であり，現在も新しい事実が次々と明らかになっているためである．現時点でリスクが低いと判断され，公開された個人ゲノム情報も，時間が経てば大きな不利益をもたらす可能性がある．個人ゲノムのこのような性質に対応するには，一般の個人情報よりも長期にわたってその安全性を保証する必要がある．

2 個人ゲノム漏洩におけるリスク

実名や本人を特定可能にする識別情報とともに，個人ゲノムが漏洩した場合，以下のようなリスクが存在することが知られている．

- 血縁関係にある者の遺伝情報が推定されるリスク
- 特定の疾患を罹患している（あるいは将来罹患する）ことが推定されるリスク
- 雇用，保険，金融サービス等を受けるときに差別的な扱いを受けるリスク

遺伝的差別のリスクは法学者を中心に広く認識されており[1]，医療保険市場における遺伝的差別や採用における遺伝的差別を法律によりすでに禁じている国もある．個人ゲノムの情報を収集した者が，他社にデータを提供する場合には，特に必要がない限り個人が識別できる情報を取り除く必要がある．

識別情報の削除に当たって，その人と新たに付された符号または番号の対応表を保持しておくことを，連結可能匿名化という．個人を識別できないように，このような対応表を残さない匿名化を連結不可能匿名化という．近年の研究では，たとえ連結不可能匿名化されていたとしても，意図されない目的や手段によってゲノム情報や個人情報，診療情報などが推論される可能性があることが指摘されている．個人のゲノム情報は，形質情報や診療情報などと統計的に関連している．個人ゲノム情報にこれらの情報が付与されている場合，その統計的な依存性を利用することで，個人が特定されたり，機微な情報が推定されたりする可能性がある．前者をゲノムに基づく識別推定，後者をゲノムに基づく属性推定と呼ぶ．

医療業務従事者が個人ゲノムを取り扱う場合には，法律による守秘義務が課されている．またその利用目的についても倫理委員会等による審査を受けていることから，個人ゲノムを取り扱う者の高いモラルが期待でき，比較的単純な匿名化手法でもプライバシー上の問題は生じにくい．しかし，個別化医療や先制医療がオンラインサービスとして広く普及し，個人ゲノム情報が研究機関や病院にとどまらず，多様な情報環境において利用されるようになった場合には，個人ゲノムやこれに付随する診療情報は（必ずしもモラルが高いとはいえない）さまざまな立場の者に取り扱われることになるであろう．このような場合には，連結不可能匿名化が十分なプライバシー保護を保証しているとはいえないことに注意する必要がある．

3 ゲノムに基づく識別推定

1）識別情報としての個人ゲノム

個人ゲノム自体の情報量はさほど大きいとはいえないが，個人を識別する手がかりとすれば十分な大きさである．このため，個人ゲノムのデータベースを有する者が，個人の体から物理的にサンプルを取得し，これを自身でシークエンサーによって解読できる場合には，個人ゲノムから個人を特定することは可能である．現状ではゲノムシークエンサーの利用者は研究者や検査機関に限られているため，高いモラルの下での運用が期待できる．しかし，将来的にゲノムシークエンサー

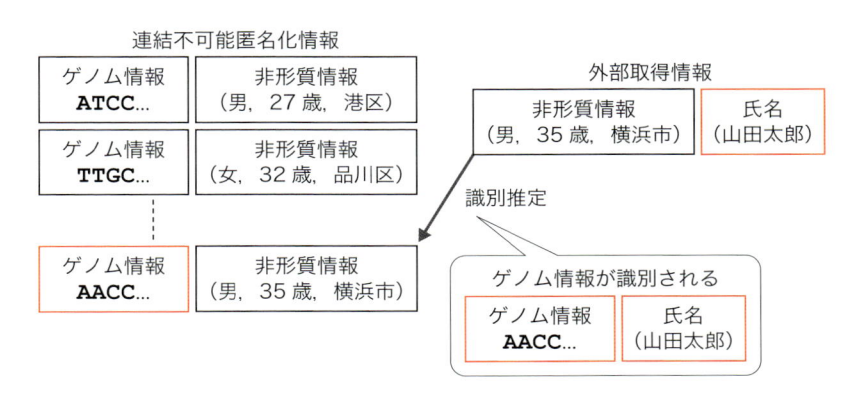

図1　非形質情報を経由したゲノム識別推定

図2　頻度分布からSNPがケースグループに属するか否かを推定

が低価格化した場合には，ゲノムシークエンサーを保持する機関による解析と解析結果の外部公開には注意が必要である．体毛等のサンプルは，容易に取得可能であることから，身元を偽った解析依頼が行われる可能性がある．そのため身元不明の解析依頼者からの解析を請け負うべきではない．またゲノム解析結果が本人以外に誤って開示されることがあってはならない．結果の開示は本人確認を伴って行われるべきである．

2）非形質情報からの識別推定

　疫学等の目的で個人ゲノムを収集した場合には，個人ゲノムとともに，年齢，居住地，生活習慣など，個人ゲノムと直接関連しない非形質情報が収集される（もちろん既往歴などの個人ゲノムと強く関連する形質情報も同時に収集されることが多い）．連結不可能匿名化された個人ゲノムとその非形質情報を保持する者が，個人識別情報とその個人の非形質情報（の一部）の組を別途入手した場合には，その非形質情報を介することで再識別が起こる可能性がある．例えば病院等事業者は業務として〈氏名，性別，年齢，居住地〉といった非形質情報を保持していることが多い．こういった情報を手がかりに，連結不可能匿名化された個人ゲノムが識別される可能性がある（**図1**）．

4　ゲノムに基づく属性推定

　個人ゲノムを何らかの形で利用して，個人とその個人の機微情報（疾病の罹患歴等）を紐づけることを属性推定と呼ぶ．Homerらは，ゲノムワイド相関解析（GWAS）における症例対象研究において，症例群および対照群における対立遺伝子の頻度表を公開したときに，その研究に参加した被験者のSNPがわかれば，その被験者が症例群と対照群のどちらに属するかを統計的に推測可能であることを示した[2]．より具体的には，被験者の10,000程度の独立なSNPのプロファイルを得ることができれば，高い信頼度で症例群に属するか否かが決定できる（**図2**）．この報告を受け，NIHは公

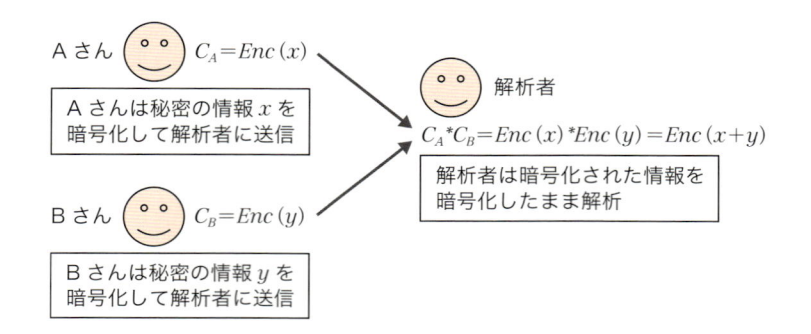

図3 準同型暗号による秘密計算

開情報としていたGWASに関連する頻度表を非公開とすることを決定した[3].

5 ゲノミックプライバシーの保護技術：秘密計算

個人ゲノムを利用した解析の目的は，主には個別化医療など医療目的と，ゲノム疫学における疾患関連遺伝子探索など研究目的の2つがある．個人ゲノムはプライバシー上取り扱いの難しい面が多く，その安全な取り扱いには手間とコストがかかる．医療目的においては，個人ゲノムそのものに興味があるわけではなく，個人ゲノムや診療情報に基づいて得られた解析結果に興味があるといえる．個人ゲノムの情報自体は秘匿しつつ，必要な解析結果だけを得ることができれば，解析上の利便性とプライバシーの保護を両立できるだろう．

秘密計算と呼ばれる暗号技術は，この解析上の利便性とプライバシーの保護の両立を可能にするプライバシー保護技術の1つである．秘密計算とは外部に複数の者が互いに相手と共有することができない秘密の入力を所持しているときに，秘密入力を互いに他者に開示することなく，これらの秘密データを入力にとる関数を評価する暗号理論上の計算の総称である．

秘密計算にはさまざまな手法が知られているが，ここでは準同型暗号[3]と呼ばれる特別な性質をもつ公開鍵暗号を用いて秘密計算を実現する方法を紹介する．公開鍵暗号における公開鍵をpkと，秘密鍵をskとする．暗号化をする情報（平文と呼ぶ）は整数で表現されているとする．平文xの暗号文は，公開鍵を暗号化関数に用いて$c = Enc(x,pk)$によって生成される．暗号文cの復号は秘密鍵を復号関数に用いて$x = Dec(c,sk)$によって得ることができる．公開鍵暗号系が準同型性と呼ばれる性質をもつ場合，情報を暗号化したまま復号せずに，加算したり乗算したりすることができる．例えば，Aさんが秘密の情報x_1を暗号化して$c_1 = Enc(x_1,pk)$をCさんに渡し，Bさんも秘密の情報x_2を暗号化して$c_2 = Enc(x_2,pk)$をCさんに渡したとする．このとき，Cさんは暗号文しか受けとっていないためAさんの情報x_1およびBさんの情報x_2を知ることはできないが，暗号系の準同型性を利用して$Enc(x_1 + x_2) = c_1 \cdot c_2$といったように，加算$x_1 + x_2$を暗号化したまま実行することが可能である（図3）.

個人ゲノムを利用したデータ解析における秘密計算の例として，遺伝情報と診療情報からの疾患リスク解析の例をとり上げる．生活習慣病（例えば糖尿病）を罹患するリスクは，遺伝的要因に加え，生活習慣や年齢等の環境的要因にも強く影響される．ゲノムに基づく疾患リスクは，疾患関連遺伝子同定によって発見された疾患関連遺伝子に加え，これらの環境的要因を考慮して評価される．このような多変数特徴（この場合，遺伝的要因や環境的要因）からの，二値の目標値に関するリスク（この場合，罹患するか否か）の予測には，生物医学分野では伝統的にロジスティック回帰が用いられる．ロジスティック回帰は以下の線形式の評価結果を，ロジスティックシグモイド関数に適用してリスク値を得る．

$$f(x,z) = \sum_i w_i x_i + \sum_i w_i z_i$$

ここで，x_iはある個人の，特定の疾患と強く関連する遺伝子の有無，z_iは環境因子（年齢，性別，BMI，糖

尿病の罹患歴等），w_iはそれぞれの因子に対応した重み係数である．この線形式を評価するには，個人の遺伝情報と診療情報を収集する必要がある．準同型性暗号を用いて，プライバシーを保護しつつ疾患リスクを秘密計算する場合には，以下のようにすればよい．

①遺伝情報をもつ者は情報を個別に暗号化し，環境因子をもつ者に送信する

②環境因子をもつ者は，暗号化された遺伝情報と自分の環境因子を用いて，情報を暗号化したまま，線形式に基づき暗号化された疾患リスクを計算する

③暗号化された疾患リスクを利用者に送付し，復号する

このようにすることで，遺伝情報を保有者以外に公開せずに，疾患リスクを安全に評価することが可能である．

文献

1) Billings PR, et al：Am J Hum Genet, 50：476-482, 1992
2) Homer N, et al：PLoS Genet, 4：e1000167, 2008
3) Zerhouni EA & Nabel EG：Science, 322：44, 2008

<著者プロフィール>
佐久間 淳：1997年東京工業大学生命理工学部生物工学科卒業，2003年3月同大学大学院総合理工学研究科知能システム科学専攻博士後期課程修了．博士（工学）．同年4月日本アイ・ビー・エム株式会社入社，東京基礎研究所に配属．'04年7月，東京工業大学大学院総合理工学研究科助手，'07年4月同助教，'09年4月，筑波大学大学院システム情報工学研究科コンピュータサイエンス専攻准教授，'09年10月，JSTさきがけ研究員兼任，現在に至る．機械学習と知識発見，セキュリティとプライバシーの研究に従事．JST CREST「自己情報コントロール機構を持つプライバシ保護データ収集・解析基盤の構築と個別化医療・ゲノム疫学への展開」研究代表者（'13年10月〜）．

第2章　ビッグデータと医療

9. 医療政策決定へのビッグデータ活用の可能性

松田晋哉

> わが国の医療におけるビッグデータの代表的なものはDPC（Diagnosis Procedure Combination）とNDB（National Database）である．1年間で前者は1,100万件の退院サマリーと医療行為の詳細データ，後者は医科レセプトのみで17億件以上のデータを集積している．本稿ではこうしたデータを医療政策にどのように活用すべきか，そしてそのさらなる利活用のために何が必要であるかを筆者のこれまでの経験をもとに論考した．

はじめに

わが国の医療におけるビッグデータの代表的なものはDPC（Diagnosis Procedure Combination）[※1]とNDB（National Database）[※2]である．2015年度でDPC調査に参加している病院数は約1,900となり，病床数では50万床，症例数で1,100万件以上のデータ規模となっている．NDBは全国の医療施設のレセプトを集計したデータベースであり，現在医科レセプトのみで毎年17億件以上のレセプトデータ[※3]が収集されている．諸外国の類似制度に比較してわが国のDPCデータやレセプトデータは，行われた医療行為の詳細が日計で分析できるという仕様となっており，種々の臨床研究やhealth service researchに活用可能なものとなっている．しかしながら，詳細であるがゆえに個人情報保護の視点からの十分な配慮が必要であり，その活用がなかなか進んでこなかった．このような状況を

[キーワード&略語]
DPC，National Database，医療政策，health service research

DPC：Diagnosis Procedure Combination
NDB：National Database

> **※1　DPC（Diagnosis Procedure Combination）**
> 患者を診断名と行われた医療行為で分類する方法．わが国の急性期入院医療の評価（支払いや機能評価）に活用されている．類似のものとしてはアメリカのDRG（Diagnosis Related Group）がある．
>
> **※2　NDB（National Database）**
> わが国では2009年度よりすべてのレセプトと特定健診のデータが，厚生労働省に収集されている．これがNDBである．本来は国が医療費分析の目的で収集しているものだが，現在は研究目的での使用が可能である．
>
> **※3　レセプトデータ**
> レセプトデータは診療報酬明細書の通称で，保険医療機関が患者の傷病名と行った医療行為の詳細をその個々の請求額とともに審査支払機関を通して保険者に請求する情報である．医科，歯科，調剤の種類がある．月に1回患者ごとに作成される．現在，90％以上のレセプトが電子化されており，分析の利便性が大幅に向上した．

Application of big data for health policy
Shinya Matsuda：Department of Preventive Medicine and Community Health, School of Medicine, University of Occupational and Environmental Health（産業医科大学医学部公衆衛生学）

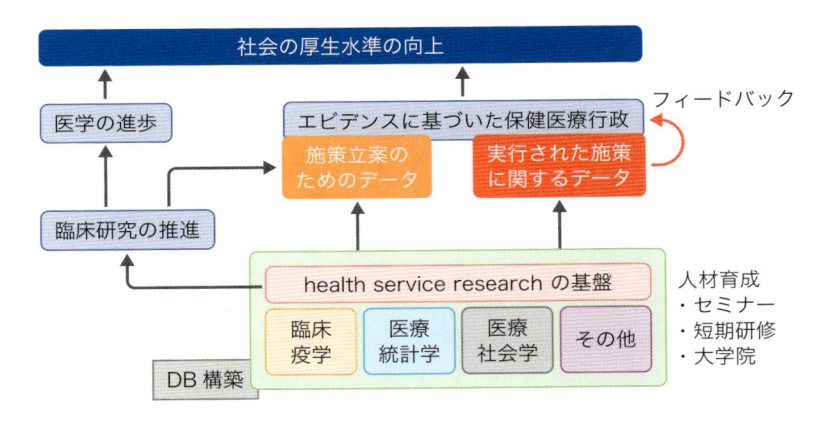

図1　筆者の考えるビッグデータ利活用の目的

表　くも膜下出血の死亡退院に関連する要因の分析

	非標準化回帰係数	標準誤差	オッズ比	95％信頼区間
性別	−0.333	0.116	0.717	0.572-0.899
年齢階級	0.023	0.004	1.024	1.016-1.031
救急車による搬送	0.261	0.180	1.298	0.912-1.847
ICU	0.128	0.135	1.136	0.871-1.481
SCU	−0.655	0.161	0.519	0.379-0.713
施設の治療件数	−0.010	0.004	0.990	0.983-0.997
定数	−1.314	0.338	0.269	0.138-0.522

1,693件の外科症例（JCS≧30，ICU症例のみ，2012年研究班データ）．性別：男＝0，女＝1．年齢階級：0-9，10-19，・・・，70-79，80歳以上．救急車による搬送：0＝なし，1＝あり．ICU：0＝ICU入室なし，1＝ICU入室あり．SCU：0＝SCU入室なし，1＝SCU入室あり．施設の治療件数＝各施設のくも膜下出血外科症例数．

改善するためにいくつかの厚生労働科学研究が組織され，筆者もそのいくつかにかかわってビッグデータの利活用に関する研究を行ってきた．本稿ではその経験をもとに，主に政策決定への活用という視点から医療ビッグデータのあり方について私見を述べてみたい．

1 医療ビッグデータの政策決定への活用

図1は筆者の考える医療ビッグデータ利活用の目的である．言うまでもなくその第一の目的はわが国の厚生水準の向上であろう．そのためにはhealth service researchおよび臨床研究の基盤づくりが重要となる．臨床研究の推進は，臨床医学の進歩に貢献するのみならず，医療政策決定のための臨床的なエビデンスを提供するものである．また，導入された政策の影響を分析するという点においてレセプトは重要なデータベースでありhealth service researchの基盤となる．DPCやNDBといったビッグデータが整備されたことで，諸外国に後れをとっていたエビデンスに基づいた医療政策の推進体制がわが国でもようやく整いつつある．少子高齢化の進行によって医療財政および医療提供体制のあり方の再検討が喫緊の課題となっているなか，こうしたデータ基盤が整備されたことの意義は大きい．以下，筆者のこれまでの研究成果の例をもとに，こうしたビッグデータを活用して何が可能になるのかを具体的に説明してみたい．

1）臨床研究への応用

表は2012年のDPC研究班データに基づいて1,693

件のJCS≧30でICUに入室したくも膜下出血外科症例の死亡退院に関連する要因を分析した結果を示したものである．男性および高齢者であることが死亡のオッズ比を高める一方で，SCU（脳卒中ユニット）への入室および施設のくも膜下出血受け入れ件数が統計学的に有意に死亡確率を下げていることが示されている．現在わが国では脳卒中センターの計画的配置を求める議論があるが，前述の知見はそうした政策の必要性を支持する重要な根拠となる．筆者らの研究では搬送距離も脳血管障害の退院時死亡に有意に関係していることが示されており（搬送距離が長いほど死亡確率が高い）[1]，そうしたセンターを地理的条件も踏まえて整備することの必要性が示唆されている．

限られた財源を効率的に活用するためには，このような臨床研究の積み上げが不可欠である．わが国は医療提供に関して，先進国のなかでもそのボリュームが大きい国であるにもかかわらず臨床系の一流誌に掲載されるような大規模臨床研究が少ない．1つの大学とその関連施設というような小規模な臨床研究が多いのが現状である．こうした状況を改善するには臨床研究のための大規模な情報基盤を構築する必要がある．DPCやNDBはそのような目的のためのビッグデータとして活用可能である．もちろん臨床検査や画像検査のデータが欠落しているという欠点はあるが，そのような制限を差し引いてもこれだけの粒度で構築されている大規模データベースは国際的にも類を見ないものである．実際，筆者らの研究班からはDPCデータを活用して年間30以上の英語論文が作成されている．DPCやNDBを活用した臨床研究への臨床家の関心が高まることを期待したい．なお，DPCを活用した臨床研究の方法論等については拙著[2]を参考にしていただければ幸いである．

2）政策研究（health service research）への応用
ⅰ）PDCAサイクルに基づく医療政策の評価

限られた社会保障財源のなかで効率的に医療政策を進めるのであれば，政策の効果を定期的に検証し，必要な修正を加えていくというPDCAサイクルに基づいたしくみが不可欠である．しかもそうした評価のしくみは日常業務のなかに取り込まれるように設計されなければならない．過去の類似プロジェクトを検証すると，評価のために別途データ整備が必要となる場合，

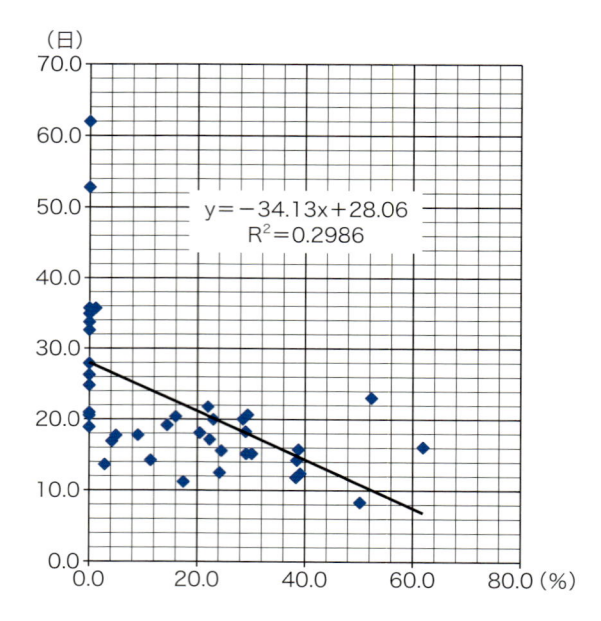

図2 脳卒中地域連携パス使用率と平均在院日数の相関

$y = -34.13x + 28.06$
$R^2 = 0.2986$

事業の継続が困難になるというのが経験則である．この点でも日常業務のなかで集積されているわが国のDPCデータやNDBは有用な情報基盤である．

図2はDPCデータを用いて医療政策の影響分析を行った一例を示したものである．わが国の診療報酬制度では脳卒中や大腿骨頭骨折，がんなどについて地域連携パスを使用することに点数がついている．この目的は連携パスを用いることで施設間の機能分化と連携を促進し，それにより医療費を適正化することである．この政策目標はどの程度実現されているのであろうか．わが国ではこれまでこうした疑問に答える実証研究が少なかった．政策が「つくりっぱなし」になっていたのである．**図2**は脳梗塞について地域連携パスを適用している割合と平均在院日数の相関についてDPCデータをもとに施設レベルで見たものである．両変数の間には統計学的に有意な負の相関が観察された．筆者らがmultilevel modelで分析した結果でもこの関係は確認されている[3]．すなわち，地域連携パスを診療報酬で評価するという政策は確かにその効果を上げているのである．NDBを用いれば，一連のエピソードとしてどのような効果があったのかを検証することも可能である．いわゆるレセプト情報をビッグデータ化することによって，医療政策の評価が可能になったことは重

要である．

ⅱ）機能別病床数の将来推計

　少子高齢化の進行と長期にわたる低経済成長のために，わが国の医療保障制度の持続可能性が問われている．国民皆保険制度を維持するためには，現在の医療提供体制と傷病構造の需給ギャップの状況を分析し，それをもとに将来推計を行うことで適切な医療提供体制を再構築していくことが必要である．公的保険下で民間医療事業者が主体となっているわが国の場合，国が各施設に機能転換を強要することはできない．将来の医療提供体制にかかわる客観的な情報を提供し，また診療報酬制度を活用しながら，個々の医療機関の自主的判断による構造転換を誘導するしか方法はない．ただし，現在国が実現しようとしている地域包括ケアは各地域における医療介護関係者のネットワークであり，したがってこうした構造転換は地域全体の関係者の共通認識の下で行われることが望ましい．これが2015年度から開始された地域医療構想の理念である．

　地域医療構想の本来の目的は病床を削減することではなく，2025年の傷病構造および医療・介護を担う人材の状況を考慮したうえで，各地域の住民の安心を保証するための医療介護提供体制を構想することである．低経済成長下の少子高齢化という厳しい現実を踏まえて，各地域の医療をどのように保証していけばよいのかということを，医療関係者が主体となって構想していくというのが今回の事業の大きなポイントである．筆者はこの事業で活用されるデータ集および将来の機能別病床推計ツールの作成にかかわった．ここで活用されたのがDPCおよびNDBのデータである．本節ではその概要について説明する．

　今回の研究実施にあたっては，地域医療構想策定ガイドライン検討委員会等から人口構成や傷病構造の地域差を踏まえたうえで推計を行うことを求められた．そこで，一般病床レセプトについては高度急性期，急性期，回復期，慢性期をDPCに展開して推計を行うこととした．機能区分については個々のDPCについて出来高換算コストが入院経過とともにどのように変化するかを検討し，資源投入量が落ち着くまでを急性期，落ち着いてから退院準備ができるまでを回復期としたうえで，急性期についてはICU，HCU，無菌室の利用頻度に着目して高度急性期を分離という考え方を採用した．

　実際の作業ではそれぞれの区分点をC1, C2, C3としたうえで，その推計値を一定の幅をもって厚生労働省の委員会に提示し，そこでの議論を踏まえて区分点に相当する出来高換算コストを決定した．なお，出来高換算コストの算出にあたっては入院基本料と急性期以外のリハビリテーションについては計算範囲から除外している．誌面の都合で一般病床のみについて説明すると，以下のような仮定をおいて推計を行った．

・一般病床のレセプトについては高度急性期と急性期を区分する1日あたり出来高換算点数（以下点数）を3,000点（C1），急性期と回復期とを区分する点数を600点（C2），回復期と慢性期とを区分する点数を225点（C3：実際は175点）として，DPC別にそれぞれに対応する患者数を推計（各病床機能別の平均在院日数はDPCごとに実際の値を使用）．非DPCの一般病床レセプトについてはNDBデータを患者ごとにつないで1入院データとしてDPCでコーディング
・病床利用率を高度急性期75％，急性期78％，回復期90％，慢性期92％と設定

　図3は前述の病床数の推計方法を具体的に示したものである．まず，DPCごとに1年間のデータを用いて入院後経過日数ごとの出来高換算コスト別患者数の分布を作成する．そして，例えばC1以上の患者数を合計し，年初と年末の患者数の補正をしたうえで，それを365で割ると当該DPCの高度急性期に相当する患者数が求められる．これに労災，自賠責，生保等の患者数の補正を行って，病床利用率（高度急性期の場合は75％）で割ると当該DPCの高度急性期に相当する病床数の推計値となる．同様の推計を急性期，回復期，慢性期に行った．

　図4は今回の推計方法の概要をまとめたものである．DPC別・病床機能別・性年齢階級別・患者住所地別・医療機関住所地別受療率（1日あたり，生保・労災・自賠責等についても補正）を案出したうえで，社会保障人口問題研究所の将来人口推計を掛け合わせることで各年度の病床機能別病床数を推計するロジックを採用している．このように今回の推計では各地域の傷病構造，人口構成，地域間の患者の流出入を勘案して計算を行っていることがポイントである．今後の研

①1日あたり出来高換算コストの分布（入院1日ごとに計算：入院期間の平均ではない）

②1日あたり出来高換算コストの入院後日数ごとの分布

DPCごとに集計

高度急性期
急性期
C1
C2
回復期
C3
慢性期

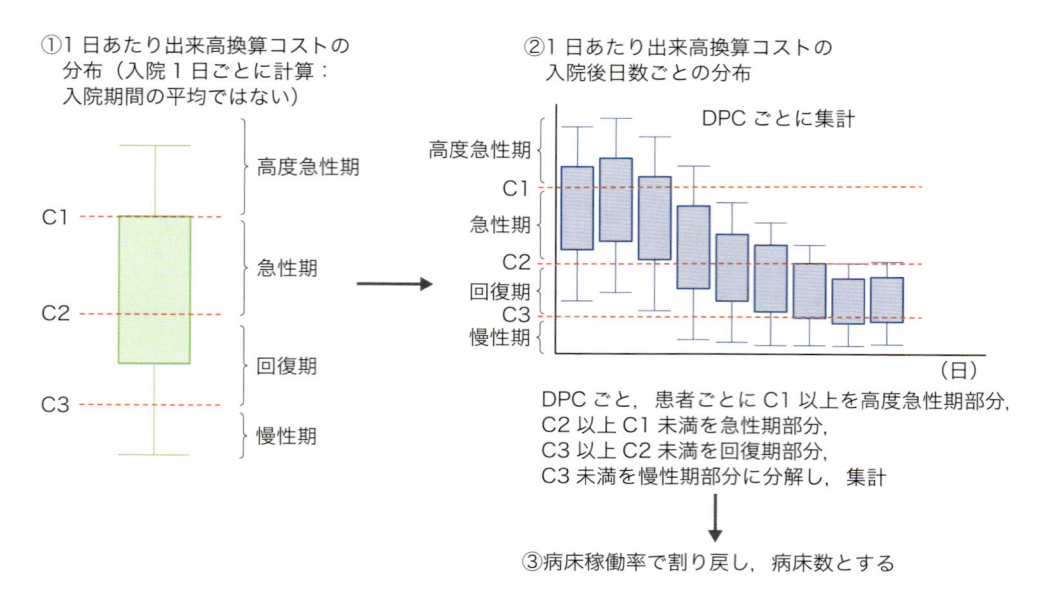

（日）

DPCごと，患者ごとにC1以上を高度急性期部分，
C2以上C1未満を急性期部分，
C3以上C2未満を回復期部分，
C3未満を慢性期部分に分解し，集計

③病床稼働率で割り戻し，病床数とする

図3　機能別病床推計の具体的手順

DPC別・病床機能別・性年齢階級別・患者住所地別・医療機関住所地別受療率
（1日あたり，生保・労災・自賠責等の補正後）
×
推計年度の患者住所地別・性年齢階級別人口
＝
推計年度のDPC別・病床機能別・性年齢階級別・患者住所地別・医療機関住所地別患者数
（1日あたり）
÷
病床利用率（高度急性期＝75％，急性期＝78％，回復期＝90％，慢性期＝92％）
＝
推計年度のDPC別・病床機能別・性年齢階級別・患者住所地別・医療機関住所地別病床数
（1日あたり）

人口構成・傷病構造・受療動向の地域差を反映させた病床数推計

患者住所地別病床数

医療機関住所地別病床数

図4　将来推計の方法

究ではこのデータを活用し，地域別の医療職の必要数についても推計することとなっている．

絶対値としての推計値の妥当性については議論があるが，傾向としては今回の推計結果の妥当性は高いと筆者は考えている．こうした推計値を参考にすることで，各地域の関係者は将来の課題を需給ギャップの状況を踏まえて具体的に検討することができる．この推計値については今後の研究でさらに精緻化されていく

ことになるし，また介護保険のデータについても同様の推計が行われるようになるであろう．DPC，NDBといったビッグデータがこのような形で活用できるようになったことで，わが国の医療政策，特に医療計画の実効性が今後飛躍的に高まっていくと考えられる．

なお，DPCとNDBを活用した機能別病床数の推計などの方法論については拙著を参考にしていただければ幸いである[4]．

おわりに：今後の課題

　以上，DPCおよびNDBといった医療ビッグデータを活用することで何が可能になるかについて，筆者のこれまでの経験に基づいて私論を述べた．こうしたデータが利用できるようになったことで，わが国の医療政策を支える研究は大きく前進することになるだろう．それによってわが国の医療行政の妥当性が向上し，そして国全体の厚生水準が高まること，これがこうしたビッグデータの医療政策への活用の目的である．しかし，そのためには研究基盤を充実させること，具体的にはより使いやすい形でのデータベースの整備と，それを活用する研究者の育成が急務である．アメリカやイギリス，フランスといった欧米諸国に比較するとわが国は医療政策研究者が絶対的に不足している．NDBについてはそれを活用して分析を行うためのオンサイトセンターが東京大学と京都大学に設置された．両大学には公衆衛生大学院も設置されており，そこを起点としてわが国の医療政策研究が進展することが期待される．

文献

1) Murata A & Matsuda S：J Public Health Manag Pract, 19：E23-E28, 2013
2) 「基礎から読み解くDPC」第3版（松田晋哉／著），医学書院，2011
3) Fujino Y, et al：Med Care, 52：634-640, 2014
4) 「地域医療構想をどう策定するか」（松田晋哉／著），医学書院，2015

<著者プロフィール>
松田晋哉：1960年，岩手県生まれ．'85年，産業医科大学医学部卒業．'92年，フランス国立公衆衛生学校卒業．'93年，京都大学博士号（医学）取得．'93年，産業医科大学医学部公衆衛生学講師．'97年，産業医科大学医学部公衆衛生学助教授．'99年，産業医科大学医学部公衆衛生学教授．専門領域は公衆衛生学（保健医療システム，医療経済）で，DPCの開発およびDPCやNDBを活用した政策研究を中心に行っている．

第3章

ビッグデータへのリテラシー向上, 解析のための知識とスキル, 産業

第3章　ビッグデータへのリテラシー向上，解析のための知識とスキル，産業

1. ビッグデータことはじめ
― ビッグデータ解析に必要な基礎スキル

荒牧英治

ビッグデータを扱った研究に期待が集まっている．しかし，いざ，ビッグデータ研究を開始するとなれば，何をどのようにすればよいのだろうか？　その方法論について確固たる道筋があるわけはないが，いくつかヒントらしきものは存在する．本稿では，現在進行形で発展しつつあるビッグデータ研究に必要なスキルを，①「大容量，多量のデータの全件処理」，②「多角的な処理・解析」，そして③「新たな社会的価値」の3つの観点から概観する．

はじめに：ビッグデータには何が必要か？

ビッグデータにチャレンジしよう！　そう思って大量のデータを集める場合もあれば，または，日々，データを集積しているうちにCD-ROMに収まりきれなくなり，これはある種のビッグデータと呼んでもいいのではなかろうか？　そんな経験をした研究者もいると想像する．では，ビッグデータ研究とは何をもって認定され，どのように着手されるのであろうか？　本稿では，まずはビッグデータの定義から見直してみることにする．ビッグデータの定義はさまざまであるが，情報処理学会誌「情報処理」10月号では，このように定義されている：「（ビッグデータとは）従来は不可能であった大容量，多量のデータの全件処理を前提に多角的に処理・解析を行い，新たな社会的価値を生み出す

[キーワード＆略語]
ビッグデータ，言語処理

PHI：protected health information
　　（保護対象保健情報）

一例の過程を含む全体」[1]．ここで注目すべきは，単なる技術としてビッグデータの定義がなされているわけでなく，その期待される成果，社会的価値を生み出すというアウトプットまでも含めて定義されている点である．この定義に従えば，ビッグデータとは単なる技術を超えて，結果を含んだ一連の研究活動，または，研究アプローチといえるかもしれない．さても，この定義に沿うとビッグデータ研究の開始に必要なスキルが3つあることが見えてくる．すなわち，①「大容量，多量のデータの全件処理」，そして，②「多角的な処理・解析」，最後に③「新たな社会的価値」である．本稿ではこれらについて概観を試みる．

1 スキル①：大容量，多量のデータの全件処理

ビッグデータを述べる際の利点の1つは，膨大なデータ量が従来の問題の質を変化させる点である．例えば，これまでの多くの研究は限られた材料をいかに緻密に扱うかに力を注ぐことが多かった．しかし，データが

The first step for big data analysis – the basic skill for big data analysis
Eiji Aramaki：Graduate School of Information Science, Nara Institute of Science and Technology（奈良先端科学技術大学院大学情報科学研究科）

表　表記ゆれの例

ICD-10コードQ871のMarchesani syndromeの表記ゆれの例	ICD-10コードR11の悪心および嘔吐の表記ゆれの例
マルケサーニ症候群	悪心増悪
マルケサニー症候群	胃のむかつき
マルケサニ症候群	悪心
マルケザーニ症候群	嘔気
マルケザニー症候群	吐き気
マルケザニ症候群	悪阻

膨大になると，それだけで解決してしまう問題がある．極端な例では，国民全数調査を行うだけの基盤があれば，サンプリングを前提とした統計論は不要となる．信頼区間や統計的有意，そういった統計の諸概念は，全件を調査できない状況での知恵であり，データがビッグであれば，不要となるかもしれない．では，どのような技術が，全件を扱うような大容量処理を可能にしているのであろうか？　実は，ビッグデータ処理基盤には，全く異なる2つのタイプがあり，データの性質によって区別される．第一に，これまでに蓄積された固定化されたデータを扱う場合がある．第二に，日々（場合によっては毎秒）データが追加されるような流動的なデータ（ストリームデータ）を扱う場合である．両者の違いは，行うべき処理とその対象のデータのどちらが固定化されているかの違いであり，研究デザインと好対照をなしている．つまり，前者は固定化された大量データに対して，さまざまな仮説を検討するフェーズに相当し（後ろ向き研究，または，仮説探索段階），後者はある固定化された処理を次々に蓄積されるデータに適用していくフェーズに相当する（前向き研究，または，仮説検証段階）．

前者の静的なデータに関しては，OracleやIBMなどの比較的古典的な分散データベース管理システム（分散DBMS）や，それらの機能を簡略化し，処理系と一体化させたMapReduce[2]に代表される処理系が用いられている．これらの多くは，情報系研究者やソフトウェアベンダーの多くが開発経験を有しており，開発運用に関する知見も集積されている．研究レベルでは，表形式だけでなく，グラフ構造化データを扱えるGraphLab[3]やPowerGraph[4]といった処理基盤の開発も進んでいる．

より問題となるのは，流動的なデータを扱う場合である．TwitterやWebなどビッグデータと呼ばれる代表的なデータがこれに該当し，さらに，医療データの多くも臨床で用いようとすればストリームデータとなる．これを扱う処理系としては，Storm，HeronやSpark Streaming[5]などがあり，Twitterなどのソーシャルメディア解析に使用されている．この分野は，ビッグデータの数ある側面のなかでも，最も医療者にとっては遠い分野であると想像する．しかし，安心されたい．多くのストリームデータは，非常にシビアな運用，例えば，世界のどこかで誰かがつぶやいた出来事をタイムラグなく表示するために開発されたものであり，前向き研究を行う際にも，そこまでの即時処理は必要ないであろう．最終的にはリアルタイム処理が必要になろうとも，研究段階では，流動的なデータを固定的に扱うことで対応できることを補足しておく．

2　スキル②：多角的に処理，解析

処理の内容は研究ごとに多様であり一概に議論することはできないが，その前処理については共通した問題を抱えることが多い．すなわち，ビッグデータ化した情報は，その大量さゆえ，十分な整形ができておらず，人手で精査することもできないため，思いのほか，構造化されておらず，言い換えれば，汚いデータの前処理が必要となる．例えば，複数の施設からのデータを統合したため，単位が整っていなかったり，同一カテゴリになるべき概念の表記がゆれていたりすることが考えられる．**表**に疾患名の表記ゆれの例を示す．これらを扱うには，機械学習や自然言語処理のスキルが必要となる．これについては，独習は困難なため，前処理が大きな問題となる場合は身近な専門家にコンサルトすることをおすすめする．

3 スキル③：新たな社会的価値の創出

　冒頭にも述べたが，社会的な価値を生み出す点こそがビッグデータの特徴の1つであり，ビッグデータがこれまでの情報処理の殻を突き破った要因であると思われる．これまでも，情報科学の大きなパラダイム・シフトはあり，例えば，今世紀初頭の人手によるアプローチ（ルールベース）から決定木[6]やSupport Vector Machine[7]をはじめとした機械学習へのシフトが大きなブームとなったが，単なる情報技術の精度向上であり，情報処理の範囲にとどまるものであった．ビッグデータは，実社会における価値も含めて議論されているのが新しい．具体的には，次の2点が新たな問題として議論されている．

1）可視化の問題

　同時に大量のデータのボリュームを意識させながら，いかに観やすく表示するかの技術が同時に必要となる．データの分散や平均を知るためには例えばボックスプロットといったグラフで十分である．しかし，ビッグデータの特徴の1つであるほとんど遭遇しない稀な事象であっても一定数含まれているという特徴，いわゆるロングテール現象を活かそうとすると，全体と同時に，個々のデータをも可視化する必要がある．このための可視化については，インタラクション性を有したもの（図1），高解像度または巨大な画面を用いたもの（図2）から，ほとんどアートという可視化（図3）までさまざまな手法がデザインされている．

2）倫理面の問題

　人手で精査できない大量のデータを，個々のデータまでも可視化するとなると，思わぬ個人情報が露出してしまう恐れがある．データが膨大であればあるほど，この想定外は必然となる．そこで，まずは個人情報の厳密な定義が求められる．アメリカのHIPAA（Health Insurance Portability and Accountability Act）では，患者名，ID，日付など「保護対象保健情報：protected health information（PHI）」[8]と呼ばれる情報タイプが定義され，これを削除すれば個人情報がない状態で比較的自由に扱うことが法的に認められている．この結果，PHIをいかに自動的に特定するかという研究が加速し[9,10]，すでに2006年には，ほぼ人間と同等のPHI特定精度が実現された[11]．しかし，このPHI

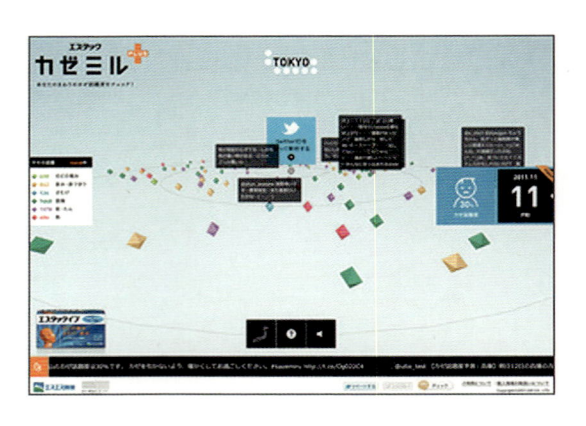

図1　エスエス製薬の「カゼミルプラス」
Twitter上の風邪に関する話題を可視化する．6つの症状ごとに色分け表示され，マウスオーバーするとその発言を閲覧できる．インタラクション（マウス操作）によって，俯瞰と個別の事例の閲覧を可能にするタイプである．出典：エスエス製薬ニュースリリース（http://www.ssp.co.jp/nr/2011/20111115.html）．「カゼミルプラス」は2015年に公開終了．

さえ削除すればいいという考え方は，個人情報を完全に保証するものではない．例えば，希少疾患といった稀な疾患や珍しい処置，例えば「2015年の小児の心臓移植」などの情報があれば，そこに個人情報が含まれていなくとも，個人の特定が可能となってしまう場合がある．このような考え方から同一データがk件以上になるようにデータを変換するk匿名化といった技術も注目されている．

4 必要なスキルセット

　以上本稿で述べたことをまとめるとビッグデータを扱うためには，分散処理などの高度な計算器リテラシーと，目的に合った可視化，さらには，個人情報への配慮といった総合的な技術・スキルが求められる．言わずもがなであるが，これを本来の研究の傍ら獲得するのは非常な労力であろう．このために，将来，ビッグデータ分析者といった新しい職業が誕生するのかもしれない．実際に，近い例として統計家があげられる．研究グループに1人でも統計家がいれば心強い．同様に，大規模データ扱いに長じた情報処理研究者がラボに常駐する時代が到来しつつあるのかもしれない．では，ビッグデータとは，すべて専門家まかせにすべき

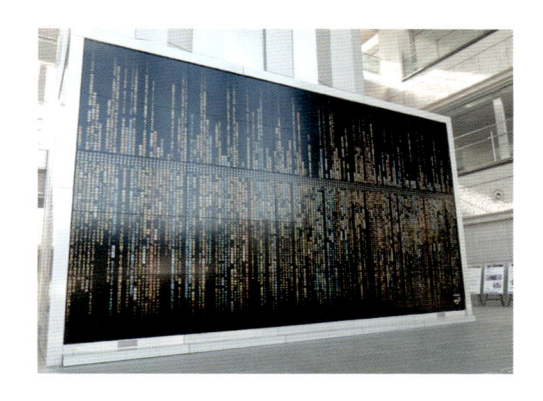

図2 情報通信機構「Stream Concordance」
マイクロブログのようにリアルタイムで流れるストリームメッセージを,さまざまなキーワードで揃えて順次表示していく情報視覚化サービス.出典:情報通信機構(http://www.nict.go.jp/univ-com/isp/research-bigdata.html).

図3 「Microsoft Infinity Room」
ミラールームの天井から吊り下げられた膨大な数のLEDを独自のアルゴリズムで発光させ経済シミュレーションを可視化する.実用性よりもそのアート性が評価されている.出典:Universal Everything(http://www.universaleverything.com/projects/microsoft/).

ものなのであろうか.ビッグデータといっても,そこまで巨大でない場合もある.既存の統計パッケージソフトではファイルを開くことさえ困難であっても,RやPythonなどのコンピューター言語を扱えれば,多くの処理が可能であろう.特にPythonは,強力な数値計算ライブラリであるNumPy[12]とSciPy[13]が備わっており,専門家に頼る前に,ものはためしと挑戦してもバチは当たらない.たとえ修得に失敗しても,専門家に依頼する際の伝達を大いに円滑にするであろう.

おわりに:アカデミアの研究者に求めたいこと

ビッグデータは,生命科学・医療と情報科学とに複合的にまたがっており,異なる分野の研究者をつなぎつつある.今後,ビッグデータが可能とした知見が増えるにつれ,ますます,両分野にまたがる研究が加速的に進むと思われる.その過渡期である現在は,単に大きなデータを扱うだけで,注目される状況にある.ここで注意が必要なのは,研究のための研究にならないことである.ビッグデータが新たな社会的価値の創出に重きを置いていることについて述べたが,単なるブームに終わらないために,実用性の高い成果をあげることが健全な分野発達のために重要となるであろう.

本稿がその一助となれば幸いである.

文献・URL

1) 中野美由紀,山名早人:情報処理.56:956-957, 2015
2) Dean J & Ghemawat S:Commun Acm, 51:107-113, 2008
3) GraphLab Create. https://dato.com/products/create/
4) PowerGraph. https://github.com/dato-code/PowerGraph
5) Spark Streaming. http://spark.apache.org/streaming/
6) Quinlan JR:Machine Learning, 1:81-106, 1986
7) Vapnik V & Lerner A:Automation and Remote Control, 24:774-780, 1963
8) De-identification. http://www.ucdmc.ucdavis.edu/compliance/guidance/privacy/deident.html
9) Meystre SM, et al:BMC Med Res Methodol, 10:70, 2010
10) Kushida CA, et al:Med Care, 50 Suppl:S82-101, 2012
11) Ozlem U:Second i2b2 workshop on natural language processing challenges for clinical records. AMIA Annual Symposium proceedings, pp.1252-1253, 2008
12) Numpy. http://www.numpy.org/
13) Scipy. http://www.scipy.org/

<著者プロフィール>
荒牧英治:2000年京都大学総合人間学部卒業.'02年京都大学大学院情報学研究科修士課程修了.'05年東京大学大学院情報理工系研究科博士課程修了.博士(情報理工学)取得.'05年東京大学医学部附属病院特任助教,'08年東京大学知の構造化センター特任講師,'11年京都大学デザイン学ユニット特定准教授を経て,奈良先端科学技術大学院大学特任准教授.医療情報学,自然言語処理の研究に従事.

第3章 ビッグデータへのリテラシー向上，解析のための知識とスキル，産業

2. 医療情報としての パーソナルゲノムデータ処理と課題

宮本　青

次世代シークエンサーの解読精度向上やコスト低下を背景に，医療の現場で患者のパーソナルゲノム情報を解析して日常診断に活用するクリニカルシークエンス（臨床ゲノム検査）がはじまっている．ゲノムデータの特殊性から結果を他の検査データと同列に扱うことにはまだ課題が多いが，将来的には他の医療情報と合わせて医師が総合的に治療方針を判断するための診断支援システムや知識ベースに適用していくことが想定される．本稿ではその際必要になるパーソナルゲノム情報を扱うための基礎知識や処理技術，課題，国際動向等を医療情報システムへの実装という観点から概説する．

はじめに

　次世代シークエンサー（NGS：next generation sequencer）の普及に伴い，個人のゲノム情報を取得することが以前と比べると格段に速く，簡便になってきた．一方，NGSの解読精度向上やコスト低下を背景に，一部の機種は海外で医療機器としての認可を受けるものも出てきており，医療の現場で患者の日常診断に活用するいわゆるクリニカルシークエンス（臨床ゲノム検査）への応用も開始されている．しかしNGSを用いるゲノム検査は通常の放射線や病理検査とは異なり，大量のデータ解析や蓄積，結果の高度な解釈，ELSI（ethical, legal and social issues）などさまざまな解決すべき課題も多く，それらに対する明確な対応方針が定まらないまま，国内では主にアカデミアのラボを中心に研究ベース（home-brew）で進められているのが現状である．一方，ゲノムデータを診療情報や他の検査データと合わせて，医師が総合的に治療方針を決定するための診断支援に適用するケースは，米国を中心に少しずつ有効な症例が報告されてきており[1]，今後

[キーワード＆略語]
パーソナルゲノム，NGS（次世代シークエンサー），クリニカルシークエンス（臨床ゲノム検査），解析パイプライン，臨床情報統合管理

ACMG：American College of Medical Genetics and Genomics（米国臨床遺伝学会）
CAP：College of American Pathologists（米国病理学会）
HGVS：Human Genome Variation Society
IFs：incidental findings（偶発的所見）
VCF：variant call format
VUS：variants of uncertain significance または variants of unknown significance（臨床意義不明の変異）

Clinical management and issues in leveraging personal genome data for bedside treatment
Sei Miyamoto：Healthcare Systems Unit, Fujitsu Limited（富士通株式会社ヘルスケアシステム事業本部）

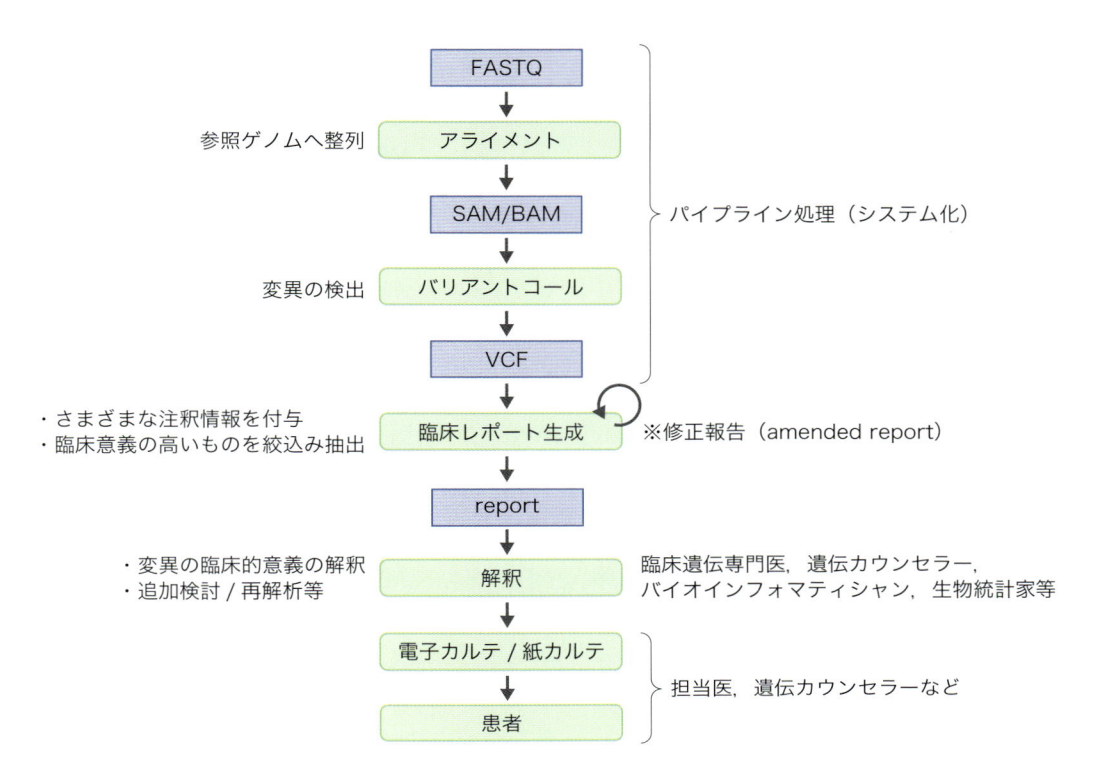

```
                    FASTQ
                      ↓
参照ゲノムへ整列    アライメント
                      ↓
                   SAM/BAM        ┐
                      ↓           │ パイプライン処理（システム化）
変異の検出         バリアントコール │
                      ↓           │
                     VCF          ┘
                      ↓
・さまざまな注釈情報を付与  臨床レポート生成 ⟲ ※修正報告（amended report）
・臨床意義の高いものを絞込み抽出
                      ↓
                    report
                      ↓
・変異の臨床的意義の解釈  解釈    臨床遺伝専門医, 遺伝カウンセラー,
・追加検討/再解析等                バイオインフォマティシャン, 生物統計家等
                      ↓
                電子カルテ/紙カルテ  ┐
                      ↓            ├ 担当医, 遺伝カウンセラーなど
                     患者           ┘
```

図　ゲノム検査におけるパーソナルゲノム情報の基本的な処理の流れ
次世代シークエンサーから出力されるFASTQを基点に，パイプライン処理を逐次流していく．レポート作成以降は人手による解釈が中心となる．

に大きな期待のもたれる分野である．本稿ではNGSを用いたゲノム検査にかかわるパーソナルゲノムデータの基本的な情報処理や医療情報と組合わせた利活用・管理に向けた課題，国際動向などを広く概説する．

1 パーソナルゲノム情報に関するファイルと処理の流れ

パーソナルゲノムデータの処理は，現在主流のショートリードタイプのNGSを中心に考えると，大きく3種類のファイルを処理することからはじまる．最初にNGSから出力されるFASTQファイル，それをリファレンス配列に整列（アライメント）したSAM（sequence alignment/map）/BAM（binary alignment/map）ファイル，最後にそこから変異情報を抽出したVCF（variant call format）ファイルである．全体としてはこれらの入出力ファイルや個々の処理を連結し，パイプラインと呼ばれる一連の解析フローを構築する必要

がある（図）．以下で個別のファイル形式とそれを用いた主な処理の概要を解説する．代表的なソフトウェアやデータベースは表1に示す．

1）FASTQファイル

FASTQファイルはNGSから出力される生データのファイルで，4行で1つの配列（リード）情報をあらわすテキスト形式のファイルである．1, 3行目にIDやタイトル，2行目にリード，4行目にリードの塩基ごとの品質値がアスキーコードで記述されている．目安として，ヒト全ゲノムシークエンスを一定の精度を保って読むと圧縮なしで数百GBオーダーのファイルが生成されるため，これらを継続的に格納するためのディスクやストレージ環境も，患者規模やシークエンスデザイン，NGS稼働率等に合わせて事前に準備する必要がある．

i）クオリティコントロール

最初に，読まれたリードの品質を確認し，よくない部分に対してフィルタリングやトリミング処理を行う．

表1　パーソナルゲノムデータ処理に必要な代表的なソフトウェアとデータベース

用途	名称	URL
ソフトウェア		
品質チェック	FastQC	http://www.bioinformatics.babraham.ac.uk/projects/fastqc/
アライメント	BWA	http://bio-bwa.sourceforge.net/
アライメント	NovoAlign	http://www.novocraft.com/products/novoalign/
重複除去	Picard	http://broadinstitute.github.io/picard/
リアライメント	GATK	https://www.broadinstitute.org/gatk/
バリアントコール	GATK	https://www.broadinstitute.org/gatk/
バリアントコール（がん）	MuTect	https://www.broadinstitute.org/cancer/cga/mutect/
バリアントコール（CNV）	CNVnator	http://sv.gersteinlab.org/cnvnator/
バリアントコール（構造変異）	BreakDancer	http://breakdancer.sourceforge.net/
アノテーション	ANNOVAR	http://annovar.openbioinformatics.org/en/latest/
アノテーション	SnpEff/SnpSift	http://snpeff.sourceforge.net/
データベース		
日本人アレル頻度（エクソーム）	HGVD	http://www.genome.med.kyoto-u.ac.jp/SnpDB/
日本人アレル頻度（全ゲノム）	iJGVD	http://ijgvd.megabank.tohoku.ac.jp/
多型	dbSNP	http://www.ncbi.nlm.nih.gov/SNP/index.html
構造変異	dbVar	http://www.ncbi.nlm.nih.gov/dbvar/
病的変異	ClinVar	http://www.ncbi.nlm.nih.gov/clinvar/
病的変異	HGMD	http://www.hgmd.cf.ac.uk/ac/index.php
病的変異（がん）	COSMIC	http://cancer.sanger.ac.uk/cosmic/
遺伝性疾患	OMIM	http://www.ncbi.nlm.nih.gov/omim/
遺伝性疾患（日本語）	GeneReviews Japan	http://grj.umin.jp/
レジストリ（匿名化）	NBDCヒトデータベース	http://humandbs.biosciencedbc.jp/

ソフトウェアは表のもの以外にも非常に多数公開されている．多くはLinux上でコマンドラインで実施するものであるが，中にはMacやWindowsで動作するものもある．データベースは主に変異のフィルタリングや臨床的意義の推定に使用する．

また人為的なコンタミネーションやサンプル調整時に付加したアダプター配列など本来の目的外の配列の除去も行う．

ii）アライメント処理

FASTQファイルの各リード配列をリファレンスのゲノム配列に整列させる処理であり，数GB〜数百GBの非常に大きなファイルを扱うことから計算処理上のボトルネックとなる．計算時間は使用するサーバーやPCの性能・環境に大きく依存し，メモリやCPU性能・コア数が潤沢な機器や並列分散環境を用いることでより高速に実行することも可能であるが，コストとのトレードオフとなる．

2）SAM/BAMファイル

SAMファイルはアライメントの結果生成され，リードが由来するゲノム上の位置や整列時の一致度，品質情報などが記載されているテキストファイルである．1行で1リードの情報をあらわし，12の項目がタブ区切りで定義されている．一方，BAMはSAMのバイナリファイルで，容量も数分の1程度に圧縮されることから，パイプライン処理や保存の際にはBAMファイルを使用することが多い．

i）リアライメント，重複除去，リキャリブレーション

アライメントされたファイルに対して挿入欠失などを考慮して誤差を補正し，再度正確なアライメントを部分的に行う．また，PCRの増幅バイアスを補正する

ための重複リード除去や，塩基の品質値も補正する．

ⅱ）バリアントコール

SAM/BAMファイルをもとにゲノム上の変異箇所を検出する．多くのソフトウェアが公開されているが，ソフトウェア間で検出結果にオーバーラップがあまり多くないことや[2]，性能上の観点からもまだ改善の余地は大きい処理である．

3）VCFファイル

検出された変異は通常VCFというテキスト形式のファイルで出力される．VCFは先頭からメタデータ行，ヘッダー行，データ行の3パートで構成されており，データ行は1行で1つの変異情報が定義され，12のデータ項目がタブ区切り形式で記載されている．VCFで表現される変異は一塩基変異（SNV）や短い挿入・欠失（indel）が中心ではあるが，長く複雑なコピー数変異（CNV）や構造変異なども表現することは可能である．ただし，記載方法が煩雑となるためVCF以外のテキストやCSV形式等で表現されることもある．

ⅰ）バリデーション

精度の高い解析結果を得るために，アライメントの品質値や，人種・集団ごとに適用される遺伝型の頻度モデルなどを考慮して結果の妥当性を検証する．

ⅱ）アノテーション

検出された各変異に対して，データベースや予測ソフトウェアを使って詳細な生物学的，集団遺伝学的情報や病原性情報などを付加して注釈を充実させる．

ⅲ）フィルタリング

全ゲノムやエクソーム（全遺伝子）解析を行うと非常に膨大な数の変異が検出されるため，そのなかから真に病気の原因となっている変異や治療ターゲットの候補になりうる変異を絞り込む．

2 結果の解釈

通常の検査と異なり，ゲノム検査を行うと複数の指標値や確率を伴う高度に専門的な「解釈」という過程が発生する．結果を必ずしも一意に解釈できないところに医療応用への難しさを垣間見ることができる．パイプラインを通してフィルターされた変異リストのなかから最終的に病因変異やマーカー変異を特定するには，さらにいくつかの要素を加味したうえで各分野の専門家による人手の判断や追加の絞込み解析が必要になる場合がある．遺伝性の疾患であれば家系解析や遺伝統計解析などが一例としてあげられる．こうした絞込みや追加の処理を行う場合には専用のソフトウェアがないこともあり，その場合は自身でPerlやPython，R言語，シェルスクリプトなどを用いてプログラムを作成したうえで対処する必要も出てくる．

一方，アノテーションや詳細な解釈の工程を通しても臨床意義が不明のVUS（variants of uncertain significance：未確定変異）が残ることもしばしばある[3]．これに対して商業ベースで遺伝性の乳がんと卵巣がんのBRCA1/2遺伝子検査を行う米国のミリアド社では，2002年時点で13％近くあったVUSが，2013年時点では約2％にまで減っており[4]，10年間で独占的に集積した大規模症例データベースが結果の解釈に非常に大きな貢献を果たしている．

3 結果の返却と二次利用

同定された変異情報を患者もしくは個人へ返す際には，ゲノム情報の特殊性を反映してさまざまな倫理的な問題が山積している．例えば，NGSを使うと本来の目的外の病的変異が副次的に見つかる可能性が想定されるが，それらの情報を本人へ返すべきかといったincidental findings（IFs：偶発的所見，またはsecondary findings）の問題があげられる．IFsについてはACMG（American College of Medical Genetics and Genomics：米国臨床遺伝学会）から，家族性腫瘍や循環器系疾患を中心に積極的に開示・返却すべき56遺伝子（24疾患）のリストが公開されているが[5]，知る権利が重視される米国や知らない権利も尊重される欧州など国や地域によって情勢は異なりまだ返却方針についての統一的な見解は示されていない．また，発生頻度の低い難病や希少がん等では多施設共同で症例データを共有・バンキングしながら臨床研究等へ有効に二次利用していくことが重要となる．その際に必要となる患者への事前の説明や同意についても，オプトイン（事前に承諾）やオプトアウト（事後の拒否権を保証）形式，黙示の同意（院内提示）など日本においてもルールのあり方が議論されているところである[6]．

表2 CAPから公開されているNGS検査で満たすべき情報処理に関する11のチェック項目と概要

No.	項目	概要
1	パイプライン文書化	NGSの解析，結果解釈，レポーティングにかかわるパイプラインの標準手順書（SOP）を作成する
2	パイプライン妥当性検証	パイプラインの妥当性を検証する方法を確立・文書化し，修正が入った場合は常に再検証する
3	品質管理	パイプラインに関する品質指標値の策定など，品質マネジメントを徹底し文書化する
4	アップデート	使用ツール・DBのアップデートやパッチリリースのモニタリングに関するポリシーを策定する
5	データ保存	入力・中間・最終生成ファイルの保存（期間・世代等）に関するポリシーを策定する
6	バージョントレーサビリティ	患者へのレポートごとに，使用したパイプラインのバージョンがトレース可能であるようにする
7	例外ログ	SOPから外れるようなパイプライン処理が発生した場合は例外ログとして記録・管理するしくみを策定する
8	データ転送とセキュリティ	外部・内部ストレージ，およびシークエンスデータの移動・持ち出しに際して患者のプライバシーやセキュリティが保たれるような指針を策定する（クラウドも同様）
9	結果の解釈・報告	変異の解釈や報告については，専門機関の推奨やガイドラインに従う ※変異の表記はHGVS，分類はACMG（メンデル遺伝病の場合）等を推奨
10	偶発的所見の報告	IFsの報告に関する指針を策定する．無理にACMGのリストに従う必要はなく，施設ごとの状況に合わせて決める
11	外部委託指針	検査の一部または全部を外注する場合は外注先や外注基準について指針を策定する

文献7より抜粋して作成．

2015年末には政府検討会において，ゲノムも個人情報に該当し改正個人情報保護法の対象になりうるとの一定の見解が示された．今後は病歴と合わせてゲノム情報や遺伝情報の要配慮個人情報としての運用方法や，匿名加工情報として処理するための匿名化方法などが具体的な検討段階に入っていくものと推察される．

4 臨床検査としての精度管理

遺伝子関連検査にかかわる精度管理を規定した臨床検査室としての国際認証規格にはISO15189やCAP（College of American Pathologists：米国病理学会）等があり，さらに米国では法律でCLIA法基準が厳格に定義されている．一方，NGSを用いたゲノム検査について言及した規約や指針も米国を中心に策定されはじめている[7]～[10]．**表2**にCAPのゲノム検査で情報処理に関して満たすべき11項目のチェックリストを示す[7]．いずれの項目でも，この分野の技術革新の速さを加味して具体的な利用ソフトウェアや処理手順が指定されているわけではないが，標準作業手順書（SOP）をはじめとしてデータベースのバージョンやソフトウェアのパラメーターなどシステムに関する情報の文書化を徹底して行い，表記方法や倫理事項は国際的な専門機関が発行する指針やガイドラインに従うことが推奨されている．

5 臨床情報との統合に向けて

将来的には得られた患者や個人のゲノム情報を臨床情報とリンクさせて診断支援に活用することが想定されるが，電子カルテ上で他の臨床情報と同じようにゲノム情報を管理する環境は国内ではまだ整っておらず，産官学含めた今後の議論が待たれるところである．

1）国際動向

米国ではeMERGE（Electronic Medical Records and Genomics）[※1][11]計画を通して，メイヨークリニックやヴァンダービルト大学を中心に11の医療施設がネットワークを形成してゲノム情報と電子カルテの統合管理の問題に取り組んでいる（**表3**）．関連プロジェクトではゲノム電子カルテのパッケージ開発も進行し

表3　eMERGEに参加している医療機関のゲノム検査結果の第2期時点での電子カルテ掲載状況

医療機関	検査結果の返却者	検査結果の電子カルテ入力	IFs対応方針（PGx検査時）
ガイシンガーヘルスシステム	臨床遺伝学者 遺伝カウンセラー 肝臓専門医 担当医 予防ケアチーム	△*1 検査部門の電子カルテのみ	明らかな臨床的意義が認められる場合のみ返却
グループヘルス協同組合 ワシントン大学	遺伝カウンセラー 遺伝医学者	○	臨床遺伝専門医が返却し電子カルテにも収載
メイヨークリニック	遺伝カウンセラー 予防循環器専門医 内科医	○	返却前に診療科・部門横断チームでレビュー
マウントサイナイ・アイカーン医科大学	遺伝カウンセラー かかりつけ医	○	返却せず
ノースウェスタン大学	医師 （遺伝カウンセラー）	△*2, *3 検査部門の電子カルテのみ	返却せず
ヴァンダービルト大学	オーダーした医師	△ 検査部門の電子カルテのみ	返却せず
フィラデルフィアこども病院	オーダーした医師	○	臨床的意義が認められる場合のみ，医師や臨床遺伝専門医，当該分野の医療専門家により返却
シンシナティこども病院	臨床遺伝専門看護師	×	返却や電子カルテ掲載には施設内の倫理委員会で審査と承認が必要
ボストンこども病院	臨床遺伝専門看護師	×	Informed Cohort Oversight Boardで審査し，適切な方針を決定

電子カルテへの入力は疾患リスクSNPとファーマコゲノミクス（PGx）の検査結果が主な対象になっている．PGxについてはNGSを使用しているため，IFsの対応が必要になっている．ガイシンガーヘルスシステムは全ゲノム検査を試行しているが，結果は検査部門内で検査レポートの形で管理している．*1 一部の変異については診断支援機能と連携．*2 結果が届くと医師に通知．*3 リスクがある場合はアラートを出す診断支援機能あり．文献12より抜粋して作成．

ており[13]，全ゲノム検査に対応する検査レポートも作成されている[14]．こうしたレポートやシステムでは変異の表記は国際標準のHGVS（Human Genome Variation Society）形式[15]，変異の分類基準はメンデル遺伝性疾患であればACMG[16]に合わせることが推奨されている[7]．また，変異の解釈が研究の進展によって変わる可能性も高いため，そのような情報を定期的にモニタリングして修正報告書として担当医へプッシュ配信するようなしくみも検討されている[17]．

※1　eMERGE（Electronic Medical Records and Genomics）
NIH主導の下，全米の大学病院や医療施設，解析センターがネットワークを組んで，ゲノム解析から電子カルテ統合までのプロセスを6つのWGに分かれて推進しているプロジェクト．2007年からはじまり現在は第3期を迎えている．

2）国内指針

国内ではまだゲノム情報の電子カルテへの掲載に関する明確な指針は整備されていないが，従来の指針[18,19]のなかでは体細胞系列の変異や薬剤応答性にかかわる多型は通常の検査結果と同様に取り扱ってよいとされている．生殖細胞系列については次世代に受け継がれることや，家族歴の推定にもつながることから厳重なセキュリティ管理が求められており，匿名化や通常のカルテとは別管理で閲覧権限を設定するなどの運用が想定される．一方で，IFsも含めて生殖細胞系列の変異も，他の臨床データと組合わせることでより効果的な介入や治療に発展する可能性も考えられるため，長短を見極めた判断が求められるところである．

3）標準化

ゲノムに関連する情報は特にヘテロ性が高いため，臨床情報との統合管理にはファイル形式や表現型の

コード化など種々の標準化が非常に重要となる．こうした問題は現在，セキュアなクラウド上でのデータ共有（data sharing）を前提にした国際的な枠組みであるClinGen（Clinical Genome Resource）[20]やGA4GH（Global Alliance for Genomics and Health）[※2][21]で議論されはじめたところであり，IT企業からもGoogle社やMicrosoft社が，日本からも産学11の機関が参画している．一方，国内でも医療情報のデータ交換規約やストレージ仕様を定めた厚生労働省が推進するSS-MIX2（Standardized Structured Medical record Information eXchange 2）[※3][22]やISOの承認を得た臨床ゲノム情報の規格であるGSVML（Genomic Sequence Variation Markup Language）[23]などが整備されているところである．また，データ面でも日本人ゲノム配列の蓄積や標準アレル頻度のデータベース化が進まないと精度の高い検査結果の解釈は難しいことから，一元的な共有レジストリ整備と合わせてこれらは喫緊の課題といえる．

おわりに

現在ゲノム検査はアカデミアを中心にその方法論の開発・試行が進められているが，一検査結果や医療情報としての位置付けはあまり議論が進んでいない．倫理・社会の面からもより厳しい精度管理が求められるなか，情報処理の面でもどのような形でデータを適切に処理・管理して各症例から得られる知見を集積していくか，そのうえで臨床所見と合わせた確定診断や鑑別診断の補助，ベッドサイドでの治療へどう結び付けていくのか，システムのユーザーインターフェイスも含めて担当医や遺伝カウンセラー，患者の目線でも複眼的に考えていく必要がある．その際には臨床データとゲノムデータの取り扱いに明るい，さまざまなバックグラウンドの医療関係者とコミュニケーションのとれる医療情報技術者の人材育成も産業界の急務となる．

文献

1) Katsnelson A：Nat Med, 19：249, 2013
2) Liu X, et al：PLoS One, 8：e75619, 2013
3) Guidugli L, et al：Hum Mutat, 35：151-164, 2014
4) Eggington JM, et al：Clin Genet, 86：229-237, 2014
5) Green RC, et al：Genet Med, 15：565-574, 2013
6) ゲノム医療実現推進協議会 中間とりまとめ，2015
7) Aziz N, et al：Arch Pathol Lab Med, 139：481-493, 2015（CAP）
8) Molecular methods for clinical genetics and oncology testing; approved guideline — third edition, MM01-A3, 32（7），2012（CLSI）
9) Gargis AS, et al：Nat Biotechnol, 30：1033-1036, 2012（CDC）
10) Rehm HL, et al：Genet Med, 15：733-747, 2013（ACMG）
11) http://www.genome.gov/27540473/
12) Kullo IJ, et al：Front Genet, 5：50, 2014
13) Aronson SJ, et al：Hum Mutat, 32：532-536, 2011
14) McLaughlin HM, et al：BMC Med Genet, 15：134, 2014
15) http://www.hgvs.org/
16) Richards S, et al：Genet Med, 17：405-424, 2015
17) Wilcox AR, et al：J Am Med Inform Assoc, 21：e117-e121, 2014
18) 医療における遺伝学的検査・診断に関するガイドライン，日本医学会，2011
19) ファーマコゲノミクス検査の運用指針，日本臨床検査医学会ほか，2012
20) https://www.clinicalgenome.org/about/working-groups/ehr/
21) http://genomicsandhealth.org/
22) http://www.jami.jp/jamistd/ssmix2.html
23) Nakaya J, et al：Int J Med Inform, 79：130-142, 2010

<著者プロフィール>
宮本　青：2004年，筑波大学大学院数理物質科学研究科前期博士課程卒業（専攻研究：小型魚類を用いた発生工学），富士通株式会社に入社．フィールドSEとして国立遺伝学研究所などを中心にバイオ系のシステム構築・運用やヒトゲノム・トランスクリプトーム・プロテオーム関連の国家プロジェクトにおける解析支援などに従事．'13年より現部署で，医療情報技師として医療機関を対象に電子カルテや医療情報システムとの連携事業に着手．genome-firstの時代に向けた電子カルテのMU（meaningful use）やprecision medicineを加速させたい．

※2　GA4GH（Global Alliance for Genomics and Health）
ゲノム医療の社会実装を加速させるために2013年に設立された産官学の国際コンソーシアム．個人のゲノムデータと医療情報をクラウド上で安全に共有するためのしくみの構築やそのために必要な各種標準化を行う．世界30カ国350以上の組織が加盟する．

※3　SS-MIX2（Standardized Structured Medical record Information eXchange 2）
厚生労働省の電子的診療情報交換推進事業のなかで策定された仕様．施設間での医療情報の交換・共有や地域連携の促進を目的に標準規約の策定や標準化ツールの開発を推進している．

第3章 ビッグデータへのリテラシー向上，解析のための知識とスキル，産業

3. パーソナルゲノムサービスGenequestから見る生命科学のビッグデータ時代

高橋祥子

（株）ジーンクエストは，個人向けのゲノム解析サービスを提供する企業である．パーソナルゲノムサービスを提供するなかで見えてきた，ビッグデータが生命科学・医療へ引き起こすイノベーションについて，実際の取り組み事例の紹介を交えながら，特に生命科学研究へのインパクトについて述べる．また，パーソナルゲノムサービスを活用したインターネット・コホートの利点についてや，生命科学のビッグデータを活用した先に待っている未来の可能性について考察する．

はじめに

（株）ジーンクエストは，個人向けのゲノム解析サービスを提供する企業である．ビッグデータが生命科学・医療へ引き起こすイノベーションについて，生命科学研究へのインパクトや，生命科学のビッグデータがもたらす変化，またそれを活用した先に待っている未来の可能性について，パーソナルゲノムサービスを提供するなかで見えてきた知見や考察を紹介する．

[キーワード＆略語]
パーソナルゲノムサービス，ビッグデータ，セントラルドグマ

CNV：copy number variation（コピー数多型）
DTC：direct-to-consumer
（一般消費者に直接提供されるサービス）
GWAS：genome wide association study
（ゲノムワイド関連解析）
PGS：personal genome service
（パーソナルゲノムサービス）
SNP：single nucleotide polymorphisms
（一塩基多型）

1 パーソナルゲノムサービスがもたらすイノベーションとは

1）パーソナルゲノムサービスのはじまり

2003年にヒトの全ゲノム解析が完了したことで，ゲノム情報を活用した研究が可能になり，その成果が多数報告されている．HapMapプロジェクトや，最近では1,000人ゲノムプロジェクトなどを含む，国内外で大規模な分子疫学コホート研究も多数行われ，疾病や生活習慣などの環境因子とゲノム情報の関係を解明する研究が進められている．一方で，遺伝子解析の技術そのものも著しく発展している．DNAチップの技術を用いることにより，多数の遺伝子のCNV解析やゲノムワイドにSNPを一度に解析できるGWASを容易に行うことが可能となった．さらに近年では次世代シークエ

Big-data driven life science innovation through personal genome service Genequest
Shoko Takahashi：Genequest Inc.（株式会社ジーンクエスト）

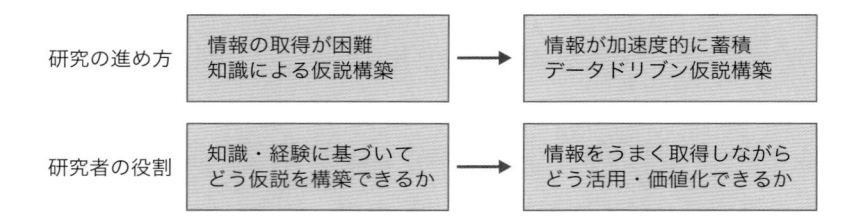

研究の進め方	情報の取得が困難 知識による仮説構築	→ 情報が加速度的に蓄積 データドリブン仮説構築
研究者の役割	知識・経験に基づいて どう仮説を構築できるか	→ 情報をうまく取得しながら どう活用・価値化できるか

図1　ビッグデータ時代が生命科学研究にもたらす変化

ンサーの開発によって，1,000ドル以下の安価で高速かつ大量にヒトの全ゲノム情報を得ることが可能となってきたことから，海外では10年ほど前から一般個人向けにゲノム解析を提供し，個人が自らのゲノム情報をもつというサービスが登場した（パーソナルゲノムサービス，PGS）．日本では，一般消費者向けの遺伝子解析サービスはいくつか存在したものの，2014年の1月にゲノムワイドな解析手法を個人向けに提供するサービスを当社がはじめて開始した．このように，技術的な発展の背景から，PGSが誕生し，さらにヒトゲノムを解析することで得られる情報をどのように社会で実用化するかについて注目されている状況にあるといえる．

2）パーソナルゲノムサービスが生命科学研究にもたらすメリット

パーソナルゲノムサービスのメリットを捉える際に，最新の研究知見を社会に浸透させていくことで，個人の疾病予防や健康維持の推進に貢献する役割を担っているが，生命を解き明かす研究においても大きなイノベーションを起こす可能性がある．

そもそも生命科学研究におけるビッグデータ取得の重要性を考えるときに，生命科学研究における研究者としての役割は今後変化しはじめていると考えられる．例えば，ゲノムなどあらゆる生体情報の取得が容易になり，情報ビッグデータ時代に突入しているという状況では，情報が加速度的に蓄積されていき，データにもとづく仮説構築や意思決定がなされていくようになるからである．大規模な生命分子情報の取得が可能になった時代では，これまで知識と経験のある専門家が，知見に基づいた仮説を立てるしか方法がなかったのが，大規模なデータを取得してしまってから自動的に，あるいは統計的にデータから仮説を構築するという流れが起こっている．こうしてデータにもとづく仮説を構築して研究を進めるアプローチをとり入れ，予想もしていなかった新しい発見が次々と生み出されている．つまり，これまで研究者の役割は，「知識にもとづく仮説構築とその検証のサイクルを回すこと」だったのが，今後は「情報をうまく取得しながらいかに価値と独自性があることに活用できるか」という役割へとシフトしている（**図1**）．そのため，大規模にデータを取得することの必要性がこれまで以上に増す．

大規模なデータを生かしたゲノム研究自体はすでに世界中で数多く行われており，それに関するデータも蓄積されている．従来のバイオバンクにゲノム情報の収集が加わることで，ゲノム・オミクス個別化医療，創薬の情報基盤となっている．疾患型のバイオバンクや健常人型バイオバンクでは，前向きコホートとして健常人のゲノム情報と環境情報を集めて追跡するコホートが行われている．国内では東北メディカル・メガバンクやバイオバンク・ジャパンなどが行われており，また遺伝子変異と表現型が紐づいたデータベースとしては，GWAS catalog，OMIM，dbGAPなどが存在する．

しかし，それでも多くの疾患や体質などの表現型に関する遺伝子多型データベースはまだ整備されていないものが多い．特定の疾患や研究領域にしか遺伝子多型との関連の研究報告がなされていないのは，研究がなされた結果明らかにできなかったのではなく，そもそも研究自体が数多くはなされてないからである．ゲノムの解析コストだけでなく，GWAS研究を行おうとすると膨大な被験者数を集める必要があり，膨大なコストが必要となる点が1つのハードルとなっている．当社ではPGSを推進することによって通常の研究機関では容易に取得できないような膨大なゲノムデータと生活習慣や既往歴などのアンケート情報を蓄積してお

り，これらを活用することで，ゲノムデータのさらなる解析により新規の関連が見つかる可能性が大いにある．個人が自身の遺伝子多型の情報をもつ時代になりつつあることを考慮すると，個別化医療や健康維持を考えるうえで遺伝子多型とさまざまな表現型の関連性の研究を加速させることが不可欠であり，そこへのPGSの果たす役割は非常に大きいと考えられる．

2 Genequestでの取り組み事例について

1）提供サービス，事業の概要

当社は，2013年6月に筆者を含めた東京大学大学院農学生命科学研究科の研究者が中心となって設立された個人向けのゲノム解析サービスを提供する企業である．インターネット上でキットを購入すると，自宅に唾液の採取キットが届く．唾液を入れて返送すると，約3週間後にWebのマイページ上で，生活習慣病などの疾患リスクや体質の特徴など約300項目の情報を得られるサービスを提供している．一度サービスを受けると，世界中で日々発表される遺伝子に関する新しい情報を常に収集してデータを更新しており，新しく関係性がわかった体質についての情報をユーザに公開している．

また当社では，サービスによって蓄積されたゲノムデータについて，あらかじめサービス利用者の同意を得たうえで個人情報とは切り離し，情報の取り扱いや利用目的について倫理審査委員会で承認を得たうえで，ゲノムデータの研究を行っており，さらに現在複数の研究機関と共同研究を進めている．

2）共同研究，研究発表の取り組み事例

ｉ）取り組み概要

取り組み事例の1つとして，ヤフー株式会社と共同で手掛ける一般消費者向け遺伝子検査サービスにおいて，ゲノムデータを解析した結果を発表した例を紹介する．産業技術総合研究所創薬基盤研究部門との共同研究で得た成果を，2015年10月に開催された生命医薬情報学連合大会2015年大会で，研究の途中経過について2件の発表を行った．この研究によって，インターネットを介して取得されたゲノムデータ，アンケートデータの解析が，日本人のゲノム研究に有効であることが示唆された．

今回解析したのは，日本在住の男女計約1万人分のデータで，日本国内の地域別人口分布にほぼ比例した，地域的な偏りのないサンプルとなるように抽出した点が大きな特徴である．500問に及ぶWebアンケートも併せて実施した．発表内容は「Data collection and quality assessment by using direct to consumer (DTC) genetic testing service」[1]と，「Genome wide association study using direct-to-consumer (DTC) genetic tests in Japan」[2]の2件である．

ⅱ）研究発表の内容

1件目については，インターネットを介して取得した情報の品質，また唾液検体由来のデータの信頼性についてしばしば懸念されることがあるが，日本におけるDTC遺伝子解析サービスで収集したジェノタイプ情報を解析することで，その解析結果の品質評価を行うことを目的とした．上述の約1万人の唾液から抽出したDNAを用いて，ヒトジェノタイピングアレイにより約30万カ所のSNPsジェノタイプ情報を取得し，集団構造化解析などの解析を行った結果，SNPs情報およびアンケート情報が一定水準のクオリティーを保てていることが確認できた．さらに，本研究対象者の多くが東アジア集団のグループに属することが確認され，アンケートから抽出した出生地情報を用いると，従来から提唱されている「二重構造説」を支持する結果が得られた．また，本データが本土のなかでも遺伝的な地域差が見える精度を有していることを確認できた（図2）．日本国内の地域別にみた場合のマッピングの傾向も，過去の疫学研究とよく合致し，地域性に関する遺伝的な傾向の知見も得られた．

2件目については，DTC遺伝子解析サービスで得られた結果から，既報のGWAS結果を再現したり新たな知識を獲得できるかどうかを検証することを目的とし，日本においてDTC遺伝子解析サービスを利用し取得した形質情報と，ゲノムワイドなSNPsのジェノタイプデータを利用したGWASを行った．上記と同様約1万人についてSNPジェノタイピングを行い，またこれまで数多くの研究がなされている肥満（BMI）の形質を対象として解析した結果，すでに多くの集団においてBMIとの関連が強く示唆されている遺伝子上のSNPs

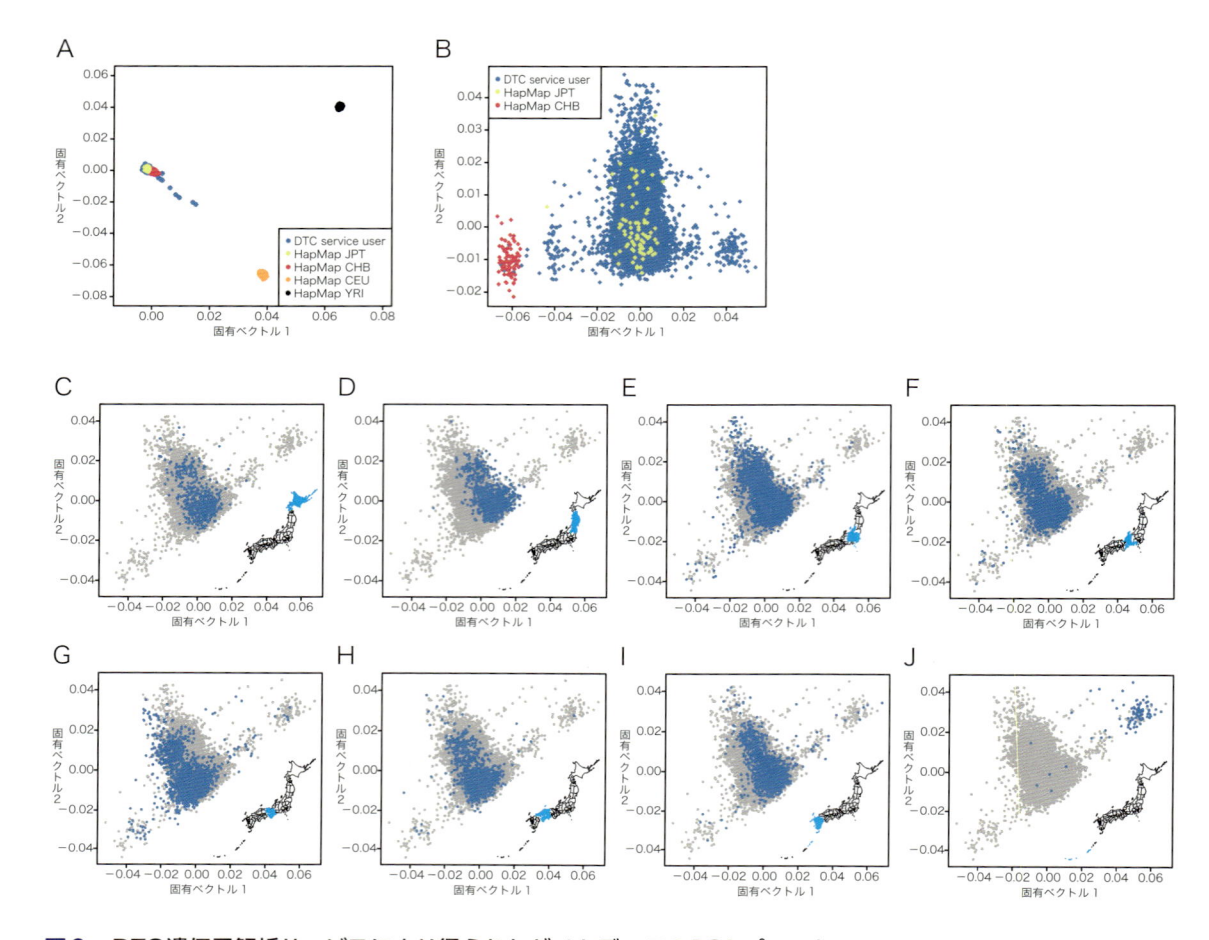

図2 DTC遺伝子解析サービスにより得られたゲノムデータのPCAプロット

HapMapプロジェクトのデータとの比較．**A)** Genequestのデータと，HapMapのJPT（日本），CHB（中国），CEU（ヨーロッパ），YRI（アフリカ）のデータの近似性．**B)** Genequestのデータと，HapMapのJPT（日本），CHB（中国）のデータの近似性．**C)** 北海道，**D)** 東北，**E)** 関東甲信越，**F)** 東海北陸，**G)** 近畿，**H)** 中国四国，**I)** 九州，**J)** 沖縄．

が有意に関連していた．また，有意な関連を示したSNPsの多くはBMIとの関連が知られているものであったが，関連未知のSNPsも存在していた．本研究では多様な形質情報を収集していることから，さらなるデータ解析により新たな形質とSNPsの関連性を発見できる可能性があることを証明する結果が得られた．

なお，詳細な発表内容は当社サイト（https://genequest.jp/）で公開予定である．

ⅲ) PGSを活用した「インターネット・コホート」の可能性

国内では，PGSを活用した研究発表例については当社がはじめての試みとなるが，本研究によってインターネットを通じた問診の信頼性の高さ，データ品質，その情報をもとに行った研究の精度の高さを裏付けることができた．上記に述べた今回の研究では，まずはこれまでに先行研究が豊富なBMIについて解析を行ったが，実際には500問に及ぶWebアンケートも併せて実施している．このアンケート情報とゲノム情報を合わせて解析を進めていくことで，新しい知見が次々と発見されていく可能性を示すことができた．

PGSによるインターネットを活用したコホートには従来に比べて多くの可能性があると考える．それは多様な研究デザインが可能である点だ．そもそも研究デザインでデータ取得を考えるときに，where, when,

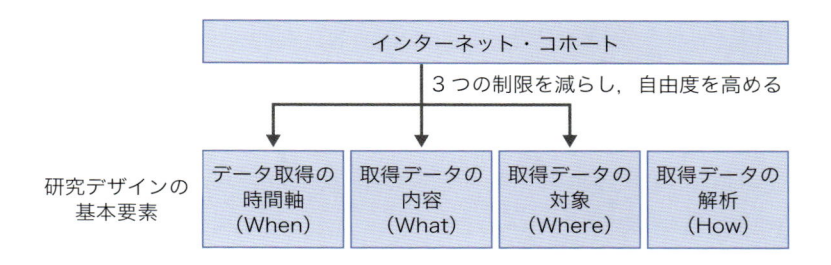

```
                    ┌─────────────────────────┐
                    │  インターネット・コホート  │
                    └─────────────────────────┘
                      │ 3つの制限を減らし，自由度を高める
         ┌────────────┼────────────┬────────────┐
         ↓            ↓            ↓            ↓
研究デザインの ┌──────────┐ ┌──────────┐ ┌──────────┐ ┌──────────┐
基本要素    │データ取得の│ │取得データの│ │取得データの│ │取得データの│
        │ 時間軸   │ │  内容  │ │  対象  │ │  解析  │
        │ (When)  │ │ (What) │ │(Where) │ │ (How)  │
        └──────────┘ └──────────┘ └──────────┘ └──────────┘
```

図3　パーソナルゲノムサービスを活用したインターネット・コホートのメリット
インターネット・コホートは多様な研究デザイン設計を可能とし，またどう解析していくかが重要となる．

DNA が発見される
↓
ヒトゲノムの全配列が解読される
↓
ゲノム解析技術が飛躍的に進化する
↓
ゲノムデータの取得が容易
↓
セントラルドグマを中心として各ステージの
ビッグデータ取得が容易
↓ ← 現在この辺り
↓
セントラルドグマのデータを統合して
生体の法則性の包括的な理解が進む
↓
法則性を自由に扱えるようになり，
①再現，②予測，③変化（制御）が可能

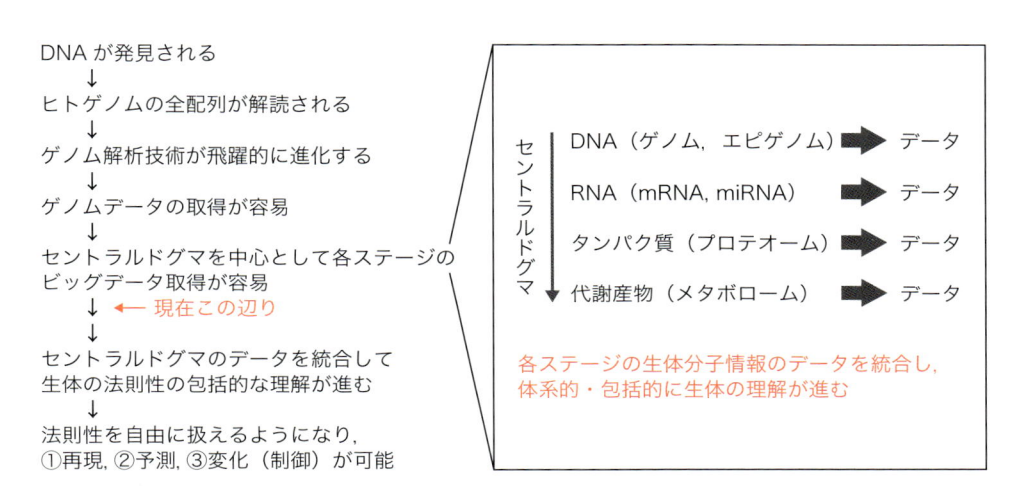

```
         ┌─────────────────────────────────────┐
         │ セ  DNA（ゲノム，エピゲノム） ➡ データ │
         │ ン                                  │
         │ ト  RNA（mRNA, miRNA）       ➡ データ │
         │ ラ                                  │
         │ ル  タンパク質（プロテオーム）  ➡ データ │
         │ ド                                  │
         │ グ  代謝産物（メタボローム）    ➡ データ │
         │ マ                                  │
         │  ↓                                 │
         │  各ステージの生体分子情報のデータを統合し， │
         │  体系的・包括的に生体の理解が進む         │
         └─────────────────────────────────────┘
```

図4　ゲノムデータにかかわるこれまでの流れと今後の可能性

whatの3つの要素が言うまでもなく重要である（**図3**）．例えばGWAS研究では，どの地域の人を対象にするのか，附帯情報をいつ取得するのか，1人あたりどのアンケートをとるのか，などの要素である．インターネットを使うコホート研究のメリットとして，これらの3つの要素の制限から解放し選択肢を広げるという大きなメリットがある．例えば，従来のコホートは地域限定であることが多いが，インターネットの活用により全国から，また全世界からもデータを取得可能である．また，インターネットを通じて検査の項目やデータを後から追加したり，定期的に情報取得したりすることが容易であるため，時系列のデータを集積することができる．従来のコホート研究は，明らかにしたい結論を導くために必要な調査項目を事前に確定し，後からそれを変更したり追加したりすることは難しいことが多かったが，その制限をとり除くことが可能となる．こうした3つの要素における制限を打ち破る研究デザインの自由度の高さが，インターネット・コホートの大きな可能性となる．どのように研究デザインを設計してそれらのデータを分析していくかの自由度が高くなる分，いかに膨大なデータを価値化できるかは，前述のように役割が変化していく研究者としての力量が問われることである．

3 生命科学のビッグデータを活用した先に待っている未来とは

われわれが未来について考えるときに，まずは過去から含めた全体の流れを捉えることが重要である．ゲノムデータについての流れとしては，1950年代にDNA

が発見され，2003年にはヒトゲノム配列が解読された．その後，ゲノムの解析技術が飛躍的に発展し，データ取得の時間とコストが急速に下がったことでデータ取得が容易になった．ゲノムの機能が解読されてきたことで，ゲノムだけではなく，それに関係するエピゲノムやRNAやタンパク質，代謝産物など，セントラルドグマのさまざまな生命現象が明かされてきた．これらの研究分野は対象としている分子の語尾にomicsをつけて，それぞれgenomics, transcriptomics, proteomics, metabolomicsなどと呼ばれるが，現在はセントラルドグマの各ステージにおいてビッグデータの取得が容易となってきた（**図4**）．

それでは今後どうなるかというと，セントラルドグマの複雑性を考慮すると，やはりmRNA・タンパク質・代謝物など複数のステージでの多層的なビッグデータを統合的に捉えていくことは必至の流れであると考える．例えば，スタンフォード大学の研究チームによるiPOP研究[3]では，ヒト1人のゲノム，トランスクリプトーム，プロテオーム，メタボローム，自己抗体プロファイル，血液検査の情報を14カ月間解析した研究で，ウイルス感染症の際の分子変動や糖尿病発症のはじまりの分子変動を明らかにした．今後これらの情報は体系的かつ大規模なデータの取得が可能になっていくため，10年以内には，生体の法則性に対する理解が飛躍的に深まるようになる．生体の法則性が包括的に明らかにされていくと，その法則性を再現，予測，変化（制御）することが可能となる．つまり，ヒトの健康状態を分子レベルで再現したり，データドリブンの疾病の超早期発見（予測），生体に異常が見つかった場合それを変化させ制御することが選択肢として当たり前になると考える．さまざまなハードルはあるが，今後ビッグデータが生命科学や医療を急激に発展させていく過程のなかのまだ途中であり，その先には大きな可能性が広がっている．

おわりに

筆者は，ゲノムデータと当社の事業を通して，生体情報の真理を解明し，人の健康や社会の役に立つことができると考えている．その解明によって何ができるのかはまだ明らかではないが，想像を超えた何かが生まれるのは間違いないと信じている．読者の研究者含めさまざまな方々のお力をお借りしながら未来に向かって前進していきたい．

文献

1) 浅野真也ほか：生命医薬情報学連合大会2015年大会，2015 http://biomedinfo.kuicr.kyoto-u.ac.jp/poster.html
2) 岡本暁彦ほか：生命医薬情報学連合大会2015年大会，2015 http://biomedinfo.kuicr.kyoto-u.ac.jp/poster.html
3) Chen R, et al：Cell, 148：1293-1307, 2012

<著者プロフィール>
高橋祥子：2010年京都大学農学部卒業．'13年6月東京大学大学院農学生命科学研究科博士課程在籍中に，遺伝子解析の研究を推進し，正しい活用を広めることをめざす株式会社ジーンクエストを起業．'15年3月，博士課程修了．生活習慣病など疾患のリスクや体質の特徴など約300項目に関連する遺伝子を調べるサービスを展開．現在は東京大学大学院農学生命科学研究科博士研究員，科学技術振興機構統合化推進プログラム研究アドバイザーも務めている．

第3章　ビッグデータへのリテラシー向上，解析のための知識とスキル，産業

4. ヘルスケア分野における DeNA の取り組みについて
—遺伝子検査サービス「MYCODE」を中心に

大井　潤

　（株）ディー・エヌ・エーでは，ITサービスのノウハウを活用し，sickケアからhealthケアへとの理念のもと，自分自身が健康をマネージメントできるようヘルスケアサービスを開始している．その際，生命倫理の尊重，科学的根拠の尊重，個人情報セキュリティーの厳格化，情報公開・透明性を重視している．東京大学医科学研究所との共同研究成果を社会実装する遺伝子検査サービス「MYCODE」では，事業として多因子疾患の発症リスクを提供することによりユーザーの健康意識の向上・行動変容の促進を図るとともに，同時に，会員の個別の同意を得て参加型研究開発プラットフォームを構築し，東京大学医科学研究所，民間企業との共同研究を開始している．

はじめに

　（株）ディー・エヌ・エー（以下「DeNA」という）は1999年に創業，PC向けのインターネットオークションサイトを立ち上げ，その後，2004年からはモバイルインターネット中心にオークション，SNS，ゲームなどのサービスを提供している．

　近年，ヘルスケアや自動車などの巨大産業もインターネットの恩恵をより強く受けるようになってきており，DeNAにおいても，ヘルスケアを新たな事業分野と位置づけ，自らの有するさまざまなノウハウを活用した各種ヘルスケアサービスの提供を開始している．

[キーワード]
消費者直販型（DTC）遺伝子検査，参加型研究開発プラットフォーム，意識改革，行動変容，CPIGI

1 DeNAのヘルスケア事業

1）ヘルスケア事業のねらい

　健康は失ってはじめてその価値に気づき，過去を反省する．個人のQOLの観点からは，病気になってから対処するのではなく，健康なうちから自分自身の健康をケアしていくことが合理的である．DeNAでは，生命科学の最先端技術・情報にこれまで培ったインターネットサービスのノウハウを活用して，個人が自らのことを知り，必要な情報を得て，自らの意思で生活改善・向上できるよう各種サービスを提供し，個人の健康長寿，ひいては社会保障制度の持続可能性にも貢献していきたいと考えている．

2）事業姿勢

　ヘルスケア事業の展開にあたり，DeNAでは，①生命倫理の尊重，②科学的根拠の尊重，③個人情報セ

DeNA's approaches for healthcare − Focusing on a personal genetic testing service "MYCODE".
Jun Oi：DeNA Life Science, Inc.（株式会社DeNAライフサイエンス）

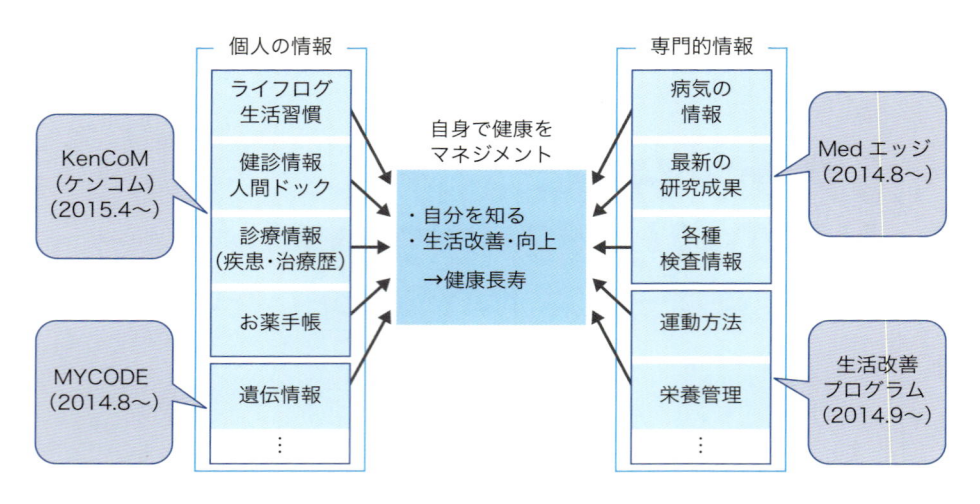

図1　DeNAのヘルスケア事業

キュリティの厳格化，④情報公開・透明性を重視しており，各種事業，研究の実施に当たっては，絶えずこの4つの視点に立ち返ったうえで進めることとしている．

3）主な取り組み

　ヘルスケアの主人公は個人である．先に述べたとおり，まずは個人が自らのことを知ることが重要との観点に立って，遺伝情報に基づき病気のリスクや体質の傾向を提供する遺伝子検査サービス「MYCODE（マイコード）」や，健診情報また健診情報に基づき各種お役立ち情報を提供するデータヘルス計画実行支援サービス「KenCoM（ケンコム）」などの提供を開始している（図1）．

2 遺伝子検査サービス「MYCODE」

1）東京大学医科学研究所との共同研究

　遺伝子検査サービス「MYCODE」は，産学連携による研究開発を集中的に支援する「革新的イノベーション創出プログラム（COI STREAM）」（文部科学省）トライアルのサテライト機関である東京大学医科学研究所との共同研究の研究成果を社会実装するものである．

　この共同研究においては，日本人のヘルスビッグデータを収集するなどにより新たな健康・長寿実装基盤を創出するとともに，倫理面に配慮したデータ収集・解析システム，利用者重視のサービスプラットフォームを構築するための検討を行った．具体的には，日本人の疾患リスク予測モデルの構築やゲノムデータの社会実装に向けた倫理基盤の整備などについての研究を行った（図2）．

ⅰ）疾患リスク予測モデルの構築

　日本人の疾患リスク予測モデルの構築に当たっては，ゲノムワイド関連解析（GWAS）の研究手法を用いた論文を悉皆調査し，①統計的な有意性〔P-value（$5×10^{-8}$未満）〕，②人種（日本人/東アジア人/その他），③サンプルサイズ，④再現性の有無の観点から，論文を精読し，必要データを抽出・評価，データベース化を行った．

ⅱ）社会実装に向けた倫理基盤の整備

　倫理審査委員会の設置など社会実装に向けた倫理チェック体制の検討に加え，消費者への検査結果等の情報の伝え方，消費者からの問い合わせ対応の体制構築，消費者からの研究同意のとり方等について研究を行った．

2）共同研究成果の社会実装

　1）の研究成果については，民間企業である（株）DeNAライフサイエンス（以下「DLS」という）の責任において社会にサービス提供している．基本的には，インターネット経由で申し込んでいただき，インターネット経由で検査結果等をお返しする．当該サービスにおいては，遺伝的な病気のリスク，体質の傾向，ま

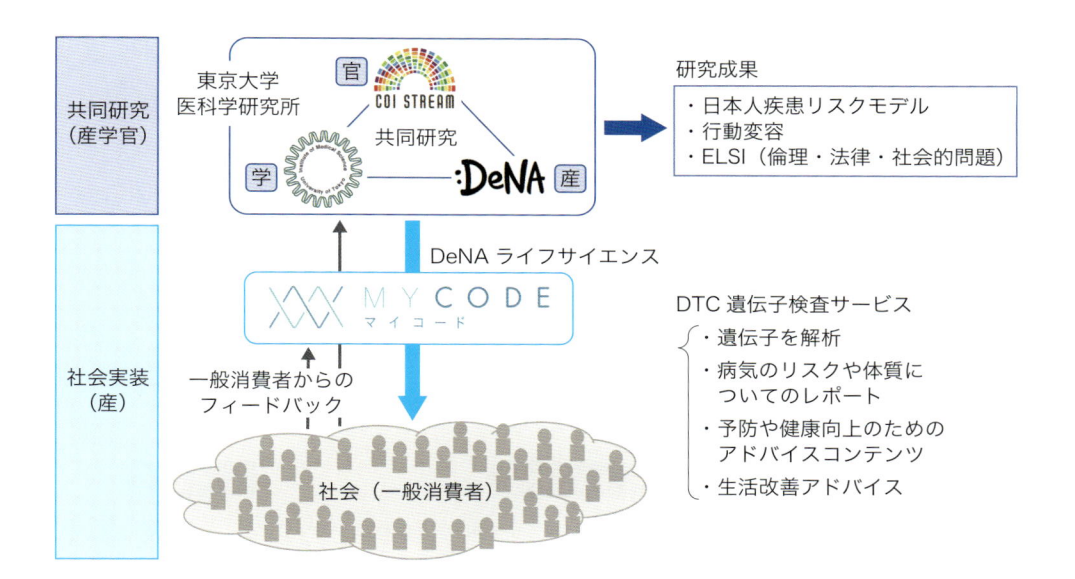

図2　共同研究の成果～遺伝子検査サービス「MYCODE」

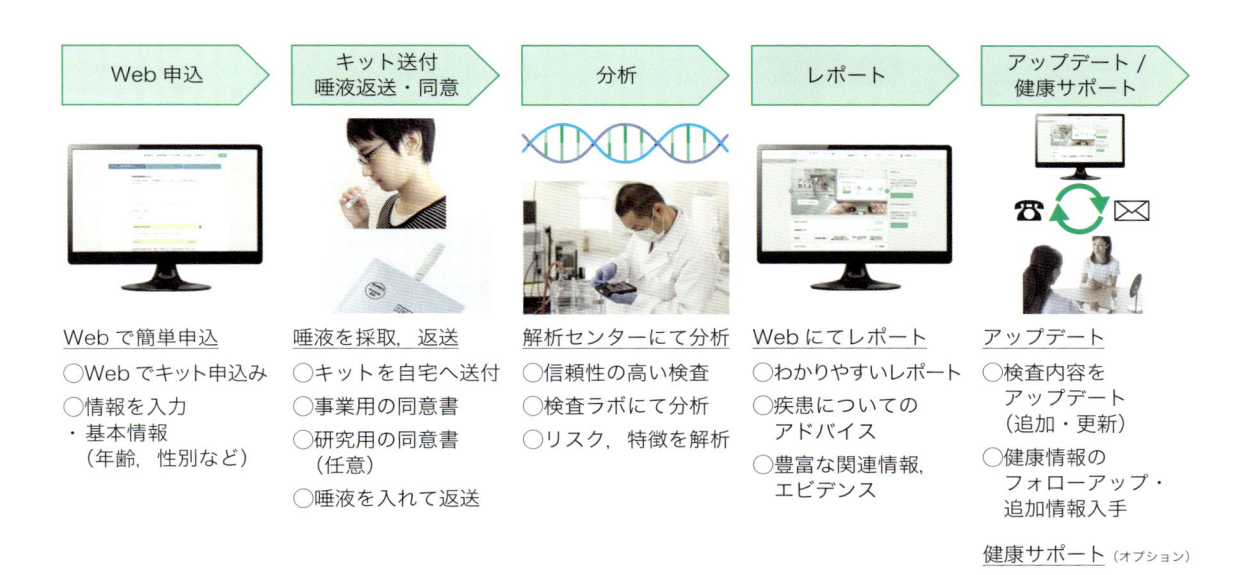

図3　遺伝子検査サービス「MYCODE」の流れ

た病気の一般的な予防法などを提供している．また，必要に応じ，管理栄養士からの生活改善アドバイスを受けることも可能である（図3）．

3）取り組み状況・成果
ⅰ）意識変化，行動変容

　このサービスの目的は，先にも述べたように，健康意識を高めてもらい，それを生活改善・向上など行動

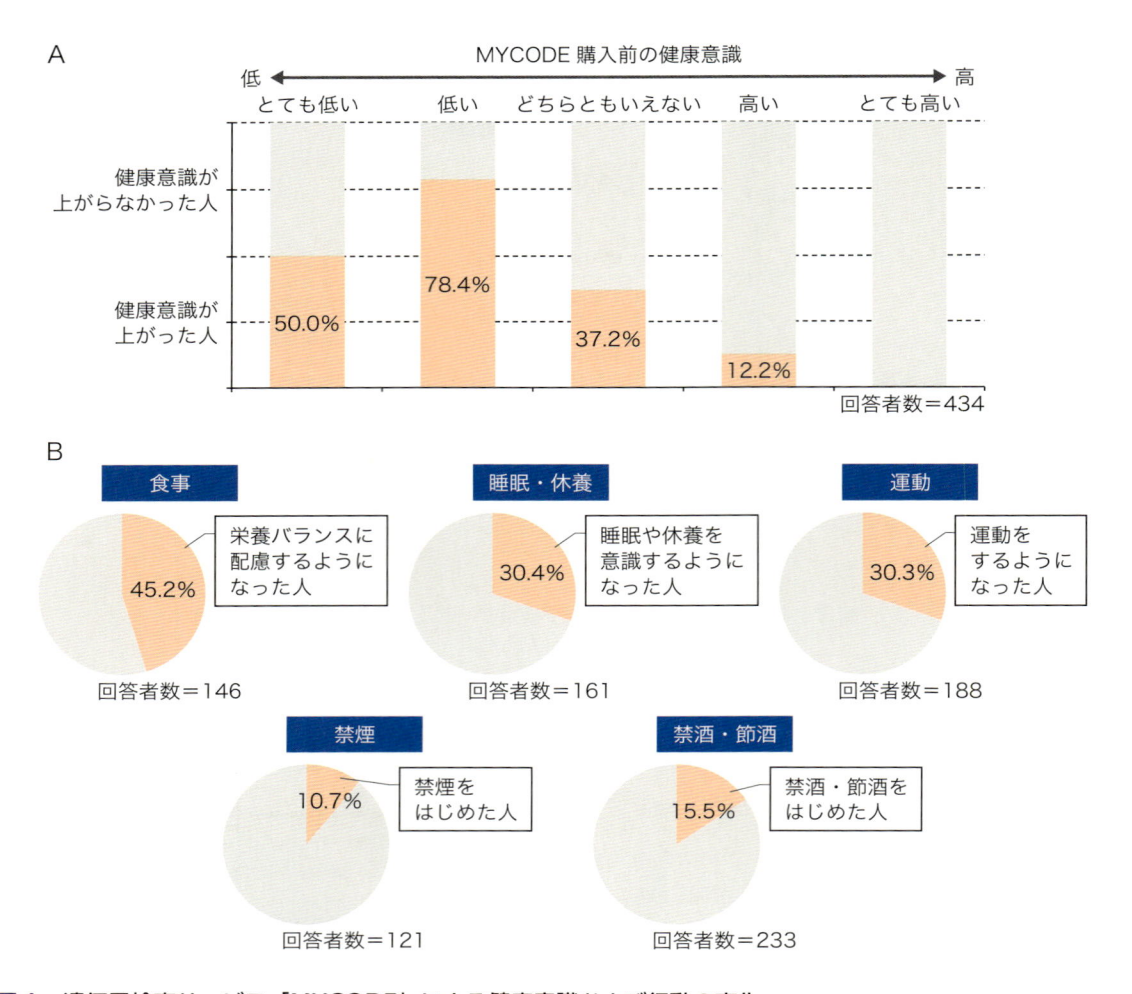

図4 遺伝子検査サービス「MYCODE」による健康意識および行動の変化
A)「MYCODE」購入前に健康意識が低かった人（低い/とても低い）において特に，健康意識が向上．
B)「MYCODE」の結果を受け，運動などの健康予防活動を行っていなかった人たちが行動変容を起こしており，その中でも栄養バランスに配慮するようになった人が45.2％と最も多く，禁煙をはじめた人も10.7％．

に移してもらうことにある．

DLSにおける消費者へのアンケートの結果では，健康意識の低かった人の5割から8割弱の方の健康意識が高まっている．また，食事について配慮するようになった人が5割弱，睡眠・休養，運動を心掛けるようになった人が3割，禁煙をはじめた人が1割というように，行動の変化という意味でも一定の効果が出てきている（**図4**）．加えて，健康診断や人間ドックにおいて，検査結果を受け気になる病気について追加検査を行うといった回答も多数あり，がんの早期発見につながった事例の報告もある．

今後は，健康意識の向上，行動変容の促進に向け，さらなるサービス改善を行っていく予定である．

ii）自治体における取り組み

このようなサービスの特性を受け，自治体での活用の動きも出てきている．

①神奈川県

神奈川県では，国の地方創生交付金（地域消費喚起・生活支援型交付金）を活用して，県民の方々が未病（ME-BYO）に関する商品やサービスを割引価格で購入できる事業（「未病市場創出促進事業」）を行っている．「MYCODE」も対象商品に採択され，県民の

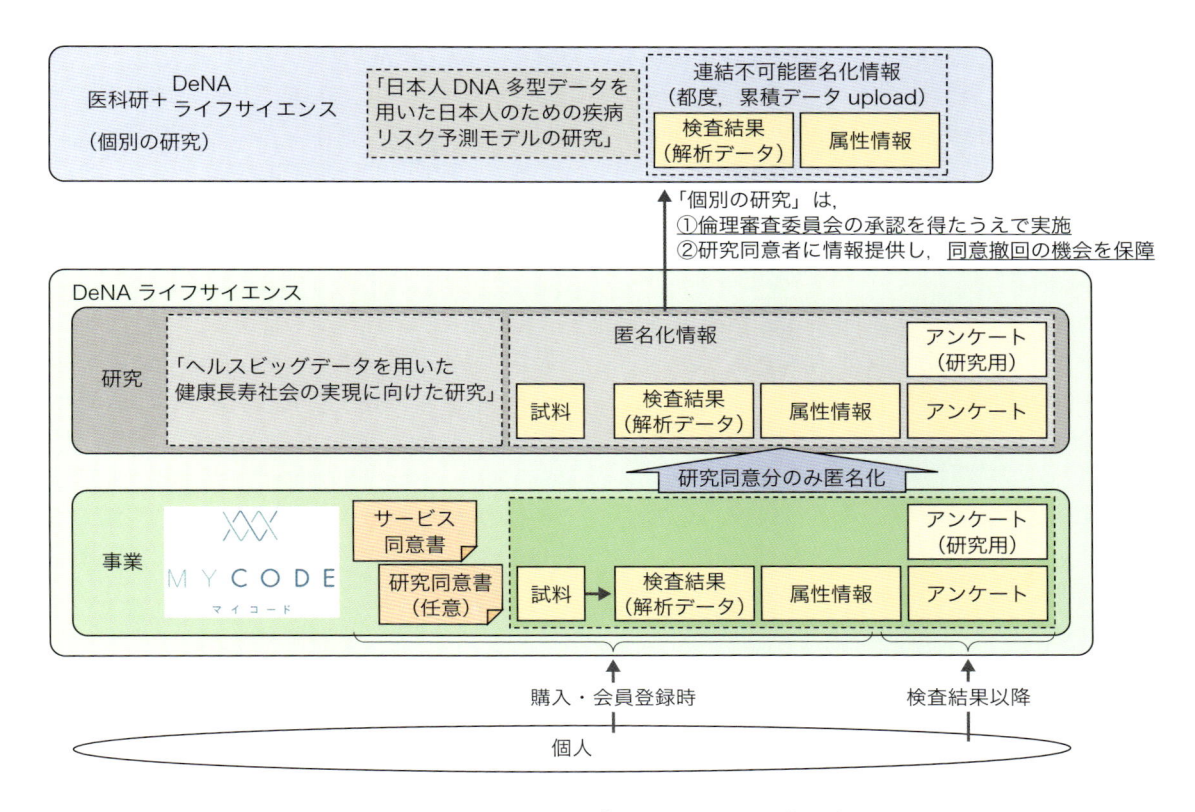

図5　参加型研究開発プラットフォーム（概要）

方々は40％オフで購入することができる．

②新潟県三条市

新潟県三条市では，健康無関心層の健康意識の向上に向け，40歳以上の市民を対象（120名）に検査費用の一部（1万円）を助成し，病気のリスクを明らかにし，生活習慣の見直しを促進する事業を行っている．

4）ゲノムリテラシーの向上

ゲノムリテラシーの向上に向け，以下のような取り組みも行ったところである．

ⅰ）市民公開講座

遺伝に関する情報を社会に広くかつ正しく発信し，遺伝リテラシーの向上を図る観点から，北海道，東京において，新聞社主催の下，一般市民向けの講座を開催したところである．

ⅱ）親子ワークショップ

夏休みの自由研究をテーマに親子（小学校高学年）向けにワークショップを開催し，専門家による講義や親子でのDNA抽出実験等を行ったところである．

3　参加型研究開発プラットフォーム

1）研究開発スキーム

遺伝子検査サービス「MYCODE」においては，新たな健康・長寿実装研究基盤の構築に向け，「MYCODE」を受けていただいた方に対し，「ヘルスビッグデータを用いた健康長寿社会の実現に向けた研究」について任意で研究の参加をお願いしている．現在のところ，会員の88％の方に研究参加の同意をいただいている．

この研究スキームにおいては，①研究参加に同意しなくても，一切の不利益を受けることはない旨を明記するほか，②現在決まっていない研究計画については，倫理審査委員会の承認を得ること，③そのうえで，対象者にはメールで連絡し，また，情報公開も行うことにより，同意撤回の機会を保障することとし，倫理面での配慮をしている（**図5**）．

そのうえで，インターネットという参加型・双方向

性・継続性の強みを活かし，研究要件に応じた即時的なデータの収集，対話型の情報収集と情報提供，経時的なアンケート実施によるゲノム研究開発を推進することとしている．

2）東京大学医科学研究所との共同研究

COI-T（トライアル）終了後も引き続き，東京大学医科学研究所との間で，ヘルスビッグデータを用いた参加型研究開発プラットフォームの構築等に向け共同研究を実施することとしている．今年度においては，主に以下について取り組む予定である．

ⅰ）日本人DNA多型データを用いた日本人のための疾病リスク予測モデルの研究

「MYCODE」のユーザーから得られるゲノム情報，インターネットアンケートによる既往歴，家族歴，その他の健康情報や体質の情報を用いてゲノムワイド関連解析を行い，大規模な日本人を対象として，疾患や体質の関連遺伝子を探索する．得られた結果は論文発表するだけでなく，予測モデルの精緻化として社会に還元する．

ⅱ）消費者直販型の遺伝子検査サービスによる行動変容の実態調査

遺伝子検査サービスで提供する疾病リスク予測や体質予測の情報を個人の健康向上に活かすためには，解析結果を得た人々が必要に応じて健康意識や行動の変容を起こすことが求められる．そこで，本研究では，「MYCODE」を受けることによる行動変容の実態を調査し，消費者直販型の遺伝子検査サービスの有用性について評価することを目的とする．併せて，遺伝子検査結果や研究参加者の属性情報と行動変容との関係を分析し，行動変容に影響する要因について考察する．

3）民間企業との共同研究

2）と併せて，民間企業との共同研究も推進しているところである．

神奈川県が推進する「平成27年度 未病産業の創出に係るモデル事業」において，味の素株式会社が提供する，血液中のアミノ酸濃度を測定して健康状態や病気の可能性を明らかにする「アミノインデックス®」との「未病」をテーマとしたヘルスケアに関する共同の実証事業を，2015年10月から開始している．

当実証事業では，病気や体質に関する生まれもった遺伝的な傾向がわかる「MYCODE」と，環境的要因も影響して決まる現在の健康状態が評価できる「アミノインデックス®」の組合わせにより，「遺伝要因」と「環境要因」双方の側面から「未病」を把握することで，健康に関する意識改革やその後の生活における行動変容などを促すことを目的としている．

実証事業ではまず，遺伝要因・環境要因の双方を効果的に可視化するウェブサイトなどのサービスを開発し，そのサービスを協力者の皆さまに実際にご利用いただき，遺伝要因・環境要因それぞれの情報を可視化したわかりやすい情報を提供する．これにより個人の健康増進に役立つものや未病を治す商品の購入，また健康関連サービスの利用増加につながるか，実証を行う．なお検証にご協力いただくのは，味の素社社員約160名と，遺伝子検査を受けた「MYCODE」会員約80名で実施することとしている．

4 国，業界団体等の状況

1）国

国においては，「『日本再興戦略』改訂2015 〜未来への投資・生産性革命〜」（2015年6月30日閣議決定）において，遺伝子・ゲノム解析技術の進歩により，遺伝学的検査が実施されていること等を踏まえ，医療における遺伝子情報の実利用（発症予測，予防，診断，最適な薬剤投与量の決定，新たな薬剤の開発等）に向けた諸課題について検討を進め，個々人の体質や病状に適した「ゲノム医療」の実現に向けた取り組みを推進することとされた．また，消費者向け遺伝子検査ビジネスについては，科学的根拠に基づいた情報提供，検査の質の確保および個人情報の保護を図るなど，健全な発展を図ることとされた．

今後，健康・医療戦略推進本部に設置されたゲノム医療実現推進会議のもとにゲノム医療等実現推進タスクフォースが設置され，上記に示された論点や遺伝情報に基づく差別の防止も含め，検討が行われることとされている．

2）特定非営利法人個人遺伝情報取扱協議会（CPIGI）

消費者直販型の遺伝子検査サービスが社会へ普及するなか，消費者にとって遺伝子検査の分析の質が担保されているかの実態がわかりにくいとの声も出てきているところである．

そこで，個人遺伝情報を取り扱う民間事業者等で構成されるCPIGIにおいては，「個人遺伝情報を取扱う企業が遵守すべき自主基準」（以下「CPIGI自主基準」という）の遵守状況について第三者機関が審査し，認定する制度を開始することとした．これにより，事業者へのCPIGI自主基準の遵守を徹底するとともに，CPIGI自主基準の遵守状況をチェックする体制を事業者および消費者に普及・浸透させること，また消費者の適切なサービス選択に資することで，消費者直販型の遺伝子検査サービスの適正な実施のための枠組みづくりを期することとしている．

おわりに

　先に述べたとおり，DeNAにおいては，ヘルスケアを新たな事業分野として注力しているところであるが，この間，他の多くのIT企業がこの分野に進出をしてきている．また，個人情報保護法も改正され，今後，細則の整理がなされていく状況にある．
　個人に紐づくゲノム情報，健診情報，ライフログ，医療情報等々の健康・医療情報がどのような形で個人レベルに集約され，またこれがどのような形でヘルスケア・医療の発展に貢献し，また個人レベルにその成果をどう還元していくかについては，国，アカデミア，民間企業等においてさまざまな検討・取り組みがなされていくものと考えられる．
　DLSにおいては，ビッグデータ化する個人の健康・医療情報をどのようにヘルスケア・医療，そして個人レベルでも役立てていくか，そのトライアルとして，MYCODE会員のご協力を得て，大学・民間企業との取り組みをはじめているところであるが，最終的には個人にその利益が健康長寿という形で還元されることが重要であると考えている．引き続き，先に述べた事業姿勢に則って，個人の健康意識の向上，行動の変容の促進に取り組むとともに，個人に還元できるサービスづくりに向けた研究開発を積極的に推進していきたいと考えている．

<著者プロフィール>
大井　潤：1995年東京大学法学部を卒業し，自治省（現総務省）に入省．栃木県，札幌市，長野県等にて勤務．本省では自治財政局地方債課理事官，財政企画官などを歴任．2012年7月に退官．その後，医療法人社団美加未会での勤務を経て，'13年4月株式会社ディー・エヌ・エー入社．'15年1月株式会社ディー・エヌ・エー ヘルスケア事業部長，株式会社DeNAライフサイエンス代表取締役社長，同年3月よりDeSCヘルスケア株式会社代表取締役社長，同年4月より株式会社ディー・エヌ・エー執行役員に就任．

索 引

数字

- 100万人ゲノム・コホート ……… 70
- 16SリボソームRNA遺伝子 …… 38
- 2型糖尿病 ……………………… 151

和文

あ

- アイテムセットマイニング …… 115
- アウトカム …………………… **174**
- アソシエーション・ルール・マイニング ……………………… 115
- 新しいタイプのビッグデータ … 66
- アノテーション ……………… 201
- アブダクション …………… 23, 27
- アライメント ……… 54, 55, 56, 199
- 医学統計論 ………………… 24, 25
- 意識改革 ……………………… 216
- 異種情報の統合 ……………… 102
- 遺伝学説 ……………………… 19
- 遺伝子ネットワーク解析 ……… 89
- 遺伝子変異 ……………… 45, 49, 51
- 遺伝的素因 …………………… 142
- 医薬品リスク・ベネフィット評価 ……………………………… 149
- 医用画像 ……………………… 73
- 医用言語処理 ………………… 151
- 医療情報データベース基盤整備事業 ……………………………… 148
- 医療ビッグデータ …………… 187
- 医療費適正化 ………………… 155
- 因果性 ………………………… 86
- インターネット・コホート …… 208
- ウィスコンシン医科大学 ……… 67
- ウェルドン …………………… 18
- 失われた遺伝力 ……………… 145
- 埋め込み ……………………… 85
- ウラニア ……………………… 15
- エステルレン ………………… 24
- エピゲノム …………………… 58
- エビデンスに基づく医療 ……… 70

- オープンサイエンス …………… 79
- 小倉金之助 …………………… 27
- オッズ比 ……………………… 20
- オンサイトセンター ………… 191

か

- 壊血病 ………………………… 23
- 概日リズム …………………… 86
- 改正個人情報保護法 ………… 140
- 階層型クラスタリング ………… 92
- 階層統合 ……………………… 78
- 外的要因 ……………………… 142
- 介入試験 ……………………… 24
- カイロス ……………………… 13
- ガウス ………………………… 16
- 確率誤差 ……………………… 20
- 仮説検定 ……………………… 28
- 仮説的帰納法 ………………… 23
- 仮説的推論 …………………… 27
- 仮説の検証 …………………… 100
- 価値の創出 …………………… 100
- 脚気論争 ……………………… 24
- 加熱凝固 ……………………… 75
- ガリレイ ……………………… 15
- カルダーノ …………………… 15
- がん ……………………… 45, 89
- 環境因子 ……………………… 142
- 環境・生活習慣要因 …………… 70
- がんゲノム …… 45, 52, 53, 54, 56, 57
- がんドライバー変異 ………… 69
- 機械学習 …… 105, 106, 107, 109, 113
- 記述統計学 …………………… 21
- 北川敏男 ……………………… 27
- 機能材料物性化学 …………… 112
- 帰納的方法 …………………… 101
- 帰無仮説の検定 ……………… 20
- 客観確率 ……………………… 16
- 強力集束超音波療法 …………… 74
- 筋骨格系 ……………………… 78
- 偶然 …………………………… 12, 28
- 偶発的所見 …………………… 69
- クライオ電子顕微鏡法 ……… 177
- クラウド …………… 54, 55, 56, 57

- クラスタリング ……………… 115
- グラント ……………………… 17
- クリニカルシークエンス …… 198
- 呉文聰 ………………………… 24
- 呉秀三 ………………………… 24
- クローン進化 ……………… 48, 50, 51
- 「京」 …………………………… 33
- 経験的確率論 ………………… 17
- 傾向スコア …………………… 137
- 「京」コンピューター ……… 75, 89
- 形態素解析 …………………… 151
- 血小板粘着 …………………… 76
- 血栓症 ………………………… 77
- 決定論 ………………………… 13
- ケトレー ……………………… 18
- ゲノミックプライバシー … 181, 184
- ゲノム ………………………… 65
- ゲノム・オミックス医療 ……… 65
- ゲノム解読 ……………… 145, 146
- ゲノムシークエンス … 47, 48, 49, 51
- ゲノムワイド関連解析 …… 66, 144, 145, 146
- ゲノムワイド相関解析 ……… 183
- 研究データのシェアリング 120, 122
- 健康意識 …………… 211, 213, 214, 215, 216, 217
- 言語処理 ……………………… 195
- 抗生物質 ……………………… 43
- 高速ディスクアレイストレージ … 33
- 行動変容 …………… 211, 213, 214, 216
- コーパス ………… 106, 107, 108, 109
- ゴールトン …………………… 18
- 誤差 …………………………… 16
- 個人化医療 ……………… 112, 113
- 個人識別符号 ………………… 140
- 個人情報 ………………… 123, 124
- 個人情報保護 ………………… 112
- 個人情報保護法 ……………… 139
- ゴセット ……………………… 20
- 古典的確率 …………………… 16
- 個別医療 ……………………… 98
- 個別化医療 ………… 66, 142, 143, 146, 181, 182, 184

※**太字**は本文中に『用語解説』があります

索引

コホート・データ……………… 112
コレラ………………………………… 23

さ

最尤原理………………………………… 28
最尤推定………………………………… 22
材料ゲノム…………………………… 112
サヴェッジ…………………………… 23
参加型研究開発プラットフォーム
……………………… 211, 215, 216
三世代コホート…………………… 143
サンド・ボクシング……………… 112
シークエンス解析………………… 33
シークエンス革命………………… 67
時間遅れ座標系…………………… 85
時間反転法…………………………… 75
時空ID……………… 168, 169, 171
時系列解析………………………… 102
事後確率………………………… 22, 28
次世代型地域医療データバンク
……………… 166, 167, 168, 170, 171
次世代シークエンサー………… 198
次世代シークエンス……………… 67
事前確率………………………… 22, 28
自然言語処理………………… 105, 106,
108, 109, 195
支配方程式…………………………… 74
シミュレーション… 73, 95, 126, 127,
128, 129, 130, 131
シャガイ……………………………… 15
社会的価値………………………… 196
ジャポニカアレイ……………… 146
自由意思……………………………… 14
重心座標……………………………… 86
自由度………………………………… 20
住民コホート研究……………… 142
主観確率………………………… 16, 22
主観的確率…………………………… 21
主座標分析…………………………… 41
手術前化学療法………………… 115, 116
主成分分析…………………………… 41
腫瘍内多様性………………… 49, 50
循環器系……………………………… 78
条件付き確率……………………… 22
常在菌………………………………… 38
少数例の纏め方と実験計画の立て方
……………………………………………… 27
消費者直販型の遺伝子検査
……………………………………… 216, 217

情報爆発…………………………… 117
症例対照研究……………………… 142
触媒ゲノム………………………… 112
進化論………………………………… 18
神経細胞……………………………… 78
心臓シミュレーション………… 95
診療報酬明細書………………… 155
推測統計学………………………… 20
数学的確率………………………… 16
数学的確率論……………………… 17
数字の洪水………………………… 17
スーパーコンピューター……… 32
スタチスチク……………………… 24
ストラットン……………………… 20
スノウ………………………………… 23
スパース学習……………………… 93
スパース主成分分析……………… 87
ズュースミルヒ…………………… 17
生体力学……………………………… 73
セキュリティ……………………… 182
赤血球………………………………… 77
全エキソーム解析………………… 68
全ゲノム解析……………………… 68
全ゲノムシークエンス……… 54, 55
全件処理…………………………… 194
先験的確率論……………………… 17
先制的ゲノム薬理………………… 68
層別化医療………………………… 66
創薬………………………………… 112
遡及研究……………………………… 23

た

ダーウィン…………………………… 18
第1原理モデル………………… **100**
第4の科学………………………… 101
第5期科学技術基本計画……… 124
第一主成分ベクトル……………… 87
大規模臨床試験…………………… 24
代謝システム生物学…………… 126
大数の法則………………………… 28
高木兼寛…………………………… 27
高橋晄正…………………………… 27
多次元オブジェクトデータベース
……………………………………… 168
多重ビュー………………………… 115
多変量解析………………………… 137
多目的臨床症例登録システム… 150
タロットカード…………………… 13

探索的可視化分析環境…… 113, 115
地域医療構想……………………… 189
地域医療データバンク………… 167
地域連携パス……………………… 188
知識の獲得………………………… 100
チューリング……………………… 22
超音波CT…………………………… 76
超音波治療………………………… 74
腸内細菌叢………………………… 38
ティコ・ブラーエ………………… 16
低侵襲………………………………… 75
データ解析技術…………………… 101
データ科学………………………… 101
データ管理計画………………… **122**
データ共有………………………… 80
データサイエンス……………… 103
データサイエンティストの育成… 104
データシェアリング………… 56, 57
データ先導型…………………… 111
データ同化………………………… 103
データドリブン………………… 119
データベース……………………… 80
デカルト……………………………… 15
デミング………………………… 21, 24
デュルケム………………………… 18
電子カルテ…………… 148, 174, 175
電子カルテデータベース…… 138
電子カルテの導入状況……… 138
電子レセプト…………………… 156
ドゥンス・スコトゥス………… 14
統計思想…………………………… 12
統計的仮説検定理論……………… 21
統計的確率………………………… 16
統計的確率論……………………… 17
統計訳字論争……………………… 24
統合TV……………………………… 81
動的ネットワークバイオマーカー… 86
糖尿病症例データベース登録事業
……………………………………… 150
東北メディカル・メガバンク計画
…………………………………… 71, 143
特定健診…………………………… 157
特定保健指導……………………… 157
ドライバー変異……………… 48, 49
トランスクリプトーム………… 65

な

ナイチンゲール…………………… 18

索引

内的要因 …………………………… 142
日本人多層オミックス参照パネル
　データベース ……………………… 146
日本人標準ゲノムパネル …………… 146
日本の統計論争 ……………………… 24
ニュートン …………………………… 15
ネイマン ……………………………… 21
脳神経系 ……………………………… 78
ノトバイオートマウス ……………… 40

は
パース ………………………………… 23
パーソナルゲノムサービス ……… 205
バイオシミュレーション … 126, 127
バイオバンク ………………… 71, 143
バイオマーカー ……… 113, 115, 116
バイオメディカル・ビッグデータ … 33
パイプライン ……………………… 199
パスカル ………………………… 15, 17
パターン・マイニング …………… 115
ハッシュ値 ………………………… 139
ハムレット …………………………… 14
バリアントコール ………………… 201
判断の信頼性の尺度 ………………… 16
ピアソン（エゴン・ピアソン）… 21, 27
ピアソン（カール・ピアソン）… 18, 19
ヒートマップ ………………………… 92
ビジブルヒューマン ………………… 74
非線形ダイナミクス ………………… 84
ビッグデータ ……………… 65, 80, 84, 117, 173, 194
ビッグデータ解析 …………………… 32
ヒトゲノム ………………………… 206
ヒトゲノム解析センター …………… 33
病気の予兆 …………………………… 88
標準ゲノムパネル ………………… 146
病床機能別病床数 ………………… 189
病態の予測 …………………………… 74
頻度確率 ……………………………… 16
頻度主義 ……………………………… 21
フィッシャー ………………………… 19
フェルマー …………………………… 15
フォルトゥナ …………………… 13, 28
複雑系 ………………………………… 84
複雑生命系 …………………………… 85
副作用検出 ………………………… 149
福澤諭吉 ……………………………… 24
不偏分散 ……………………………… 20

プライバシー ……… 181, 182, 184, 185
プロテオーム ………………………… 65
分岐 …………………………………… 87
分散 …………………………………… 20
分子動力学 ………………………… 179
分子標的とする抗がん剤 …………… 69
分析シナリオ ……………………… 113
平行座標系 ………………………… 114
ベイズ確率 …………………………… 21
ベイズ更新 …………………………… 22
ベイズ主義 …………………………… 22
ベイズ推計 ………………………… 178
ベイズ推定 …………………………… 23
ベイズ統計 ………………… 21, 22, 28
ベイズの定理 …………………… 16, 22
ベイズモデリング ………………… 102
ベートソン …………………………… 19
ヘモグロビン ………… 126, 127, 131
ヘルスサービスリサーチ ………… 162
ベルナール …………………………… 24
便微生物移植 ………………………… 39
放射線治療 …………………………… 74
ボクセル ……………………………… 74
ホジキン・ハクスリー方程式 ……… 78
母分散 ………………………………… 20
ポワソン分布 …………………… 16, 17

ま
マイクロRNA ……………… 113, 115
マイクロバイオーム ………………… 39
マイナーアレル頻度 ……………… 146
マイモニデス ………………………… 14
前向きコホート …………… 143, 144
前向き症例対照研究 ………………… 23
マキアヴェッリ ……………………… 14
増山元三郎 …………………………… 27
マルコフ連鎖モンテカルロ法 ……… 23
マルチオミックス …………………… 65
マルチスケール ……………………… 77
マルチスケール・マルチフィジックス
　…………………………………… 95
未診断疾患 …………………………… 68
箕作麟祥 ……………………………… 24
ミッション先導型 ………………… 111
無菌マウス …………………………… 40
無限仮説母集団 ……………………… 20
無作為介入試験 ……………………… 24
無作為試験 …………………………… 70

メタゲノム …………………………… 39
メタボローム …………………… 43, 65
メタボローム解析 ………… 129, 130
メッシュ生成 ………………………… 76
メンデル ……………………………… 19
盲検試験 ……………………………… 23
網羅的分子情報 ……………………… 65
物のインターネット ……………… 112
モバイルヘルス ……………………… 70
森林太郎（鷗外） ……………… 24, 25
モロー・ド・ジョンネ ……………… 24

や
薬剤耐性・感受性 …………………… 89
薬物代謝酵素の多型性 ……………… 68
有意差 ………………………………… 24
有限差分法 …………………………… 75
有限要素法 …………………… 76, **95**
融合遺伝子 …………………………… 90
融合遺伝子探索 ……………………… 89
優生学 …………………………… 18, 19
揺らぎ ………………………………… 87
要配慮個人情報 …………………… 140
予測 …………………………………… 86
予兆検出 ……………………………… 86

ら
ラプラス ……………………………… 16
ランダム化比較介入試験 …………… 23
リファレンスゲノム ………………… 42
リンド ………………………………… 23
粒子フィルタ ……………………… 102
流体構造連成 ………………………… 76
臨床疫学 ……………… 173, 174, 175
臨床研究 …………………………… 162
臨床シークエンス …………………… 68
臨床試験 …………………………… 112
臨床症例データベース …………… 150
臨床治験データ …………………… 112
臨床表現型 …………………………… 70
ルイ …………………………………… 23
ルネサンス …………………………… 14
レセプト …………………… 155, 156
レセプト情報・特定健診等
　データベース …………………… 155
レセプトデータ …………… 138, 173, 174, 175, **186**

連携多重ビュー・フレイムワーク
　　　　　　　　　　　　　 115
連携多重ビュー分析フレイムワーク
　　　　　　　　　　　　　 115

わ

若月俊一 　　　　　　　　　16, 17

欧　文

A～D

ACGT 　　　　　　　　　　 112
ATP 　　　　　　126, 128, 129, 130
BAM 　　　　　　　　　　　 199
Baylor医科大学 　　　　　　　 68
BD2K 　　　　　　　　　　　 69
Big Data to Knowledge 　　　　 69
BioBank Japan 　　　　　　　 71
clinical phenome 　　　　　　 70
COG 　　　　　　　　　　　 41
Cognitive Computing 　　105, 109
common-disease-rare-variant
　　　　　　　　　　　　　 145
CPIGI 　　　　　　　　 216, 217
CRF 　　　　　　　　　　　 113
Data Management Plan 　　　**122**
Data Sharing Policy 　　　　　122
DBCLS 　　　　　　　　　　 81
dbGaP 　　　　　　　　　　 81
Diagnosis Procedure Combination
　　　　　　　　　　　 161, **186**
DMP 　　　　　　　　　　 **122**
DPC 　　161, **186**, 187, 188, 189, 190
DPCデータ 　　　　　 173, 174, 175
DTC遺伝子検査 　　　　　　 213

E～G

EBM 　　　　　　　　　　 24, 70
EGA 　　　　　　　　　　　 82
Electronic Medical Records
　and Genomics 　　　　 202, **203**
ELSI 　　　　　　　　　　　 198
eMERGE 　　　　　　　 202, **203**
eMERGEプロジェクト 　　　　151
e-Phenotyping 　　　　　　　 151
evidence based medicine 　　　 24
EWAS 　　　　　　　　　 63, 64
exposome 　　　　　　　　　 70

FAOSTAT 　　　　　　　　　 43
FASTQ 　　　　　　　　　　 199
GA4GH 　　　　　　 56, 57, 83, **204**
Genomon-fusion 　　　　　　 90
Global Alliance for Genomics
　and Health 　　　　　　　 **204**
GPⅠbα 　　　　　　　　　 77
GWAS 　　　　　　　　 66, 183

H～K

health service research 　　　186,
　　　　　　　　　　　 187, 188
HGVS 　　　　　　　　　　 203
HIFU療法 　　　　　　　　　 74
IBM Watson 　　　　　　112, 113
IC50 　　　　　　　　　　　 91
ICGC 　　　　　52, 53, 54, 55, 56, 57
IFs 　　　　　　　　　　　　201
incidental findings 　　　　　 201
IoT 　　　　　　　　　　　　112
IPTW 　　　　　　　　　　 137
J-DREAMS 　　　　　　　　150
JGA 　　　　　　　　　　　 82
KEGG 　　　　　　　　　　 41

L～N

Lasso 　　　　　　　　　　　 93
learning health system 　　　　 70
MAF 　　　　　　　　　　　146
MCDRS 　　　　　　 150, 174, 175
MCMC法 　　　　　　　　 **102**
mHealth 　　　　　　　　　　70
MID-NET 　　　　　　　　　148
missing heritability 　　　　　145
National Claims Database 　　139
National Database 　　　　　**186**
NBDC 　　　　　　　　　　 81
NBDCヒトDB 　　　　　　　 82
NCBI 　　　　　　　　　　　 81
NDB 　　　　　　　 139, 155, **186**,
　　　　　　　　 187, 189, 190, 191
NetworkProfiler 　　　　　　 91
NGS 　　　　　　　　　　　 198

P・R

p値 　　　　　　　　　　　 20
p-medicine 　　　　　　　　 112
PCAWG 　　　　　　　54, 55, 56

phenotype 　　　　　　　　 150
PMI 　　　　　　　　　　　 70
Precision Medicine 　　　　　 67
Precision Medicine Initiative
　　　　　　　　　　　 70, 143
PUE値 　　　　　　　　　　 35
RCT 　　　　　　　　　　　 70
RDF 　　　　　　　　　　 **123**
real world data 　　　　　　　 70
Relion 　　　　　　　　　　 179
Resource Description Framework
　　　　　　　　　　　　　123
RNAシークエンスの解析 　　　 90

S～U

SAM 　　　　　　　　　　　 199
secondary findings 　　　　　 201
SiGN-L1 　　　　　　　　　 91
SNP 　　　　　　　　　 181, 183
SS-MIX 　　　　　　　　　 175
SS-MIX2 　　　　　　　　 **204**
SS-MIX2標準化ストレージ 　　152
Standardized Structured Medical
　record Information eXchange 2
　　　　　　　　　　　　　204
t分布 　　　　　　　　　　 20
The Castle of Knowledge 　　　15
Thorough QT試験 　　　　　 **98**
TOB 　　　　　　　　　　　 113
UniFrac-距離 　　　　　　　 41
UT-Heart 　　　　　　　　　 95

V～X

Vanderbilt大学 　　　　　　　 68
VCF 　　　　　　　　　　　 199
Visible Human 　　　　　　　 74
VM 　　　　　　　　　　 54, 55
VUS 　　　　　　　　　　　 201
VWF 　　　　　　　　　　　 77
Watson 　　　105, 106, 107, 108, 109
WGBS 　　　　　　　　59, 60, 61
WGS 　　　　　　　　 54, 55, 56
χ^2検定 　　　　　　　　　 19
χ^2適合度検定 　　　　　　 20

◇ 編者プロフィール

永井良三（ながい　りょうぞう）

1974年東京大学医学部卒．'83〜'87年バーモント大学生理学教室，'93年東京大学第三内科助教授，'95年群馬大学第二内科教授，'99年東京大学循環器内科教授，2012年自治医科大学学長，'13年CREST（生体恒常性）研究総括，'14年科学技術振興機構研究開発戦略センター上級フェロー．平滑筋ミオシンアイソフォームの研究から胎児型平滑筋ミオシンの転写因子KLF5を同定．現在，KLF5の心血管病態とがんにおける意義，KLF5阻害薬の開発，医療情報データベースなどの研究を進める．

宮野　悟（みやの　さとる）

東京大学医科学研究所ヒトゲノム解析センター教授．1977年九州大学理学部数学科卒．理学博士．九州大学理学部教授を経て'96年より現職．2014年センター長．スーパーコンピューターを駆使したがんのシステム異常の解析，個別化ゲノム医療を推進．「京」コンピューターを駆使して大規模生命データ解析を実施．日本バイオインフォマティクス学会会長などを歴任．国際計算生物学会（ISCB）より'13年ISCB Fellowの称号が授与される．

大江和彦（おおえ　かずひこ）

1984年東京大学医学部医学科卒，東大病院外科および新潟県佐渡の病院で外科系研修の後，東京大学大学院医学系研究科博士課程で医療情報学を専攻．東大病院中央医療情報部（当時）助教授を経て'97年より現職（社会医学専攻医療情報経済学分野教授）．臨床医学概念関係をデータベース化したオントロジーと臨床ビッグデータとを統合的に活用した人工知能による診療支援情報システムの研究開発に挑戦している．

実験医学　Vol.34 No.5（増刊）

ビッグデータ　変革する生命科学・医療

激増するオミクスデータ・医療データとどう向き合い、どう活用すべきか？

編集／永井良三，宮野　悟，大江和彦

実験医学 増刊

Vol. 34　No. 5　2016〔通巻573号〕
2016年3月15日発行　第34巻　第5号
ISBN978-4-7581-0353-4
定価　本体5,400円＋税（送料実費別途）

年間購読料
　24,000円（通常号12冊，送料弊社負担）
　67,200円（通常号12冊，増刊8冊，送料弊社負担）
郵便振替　00130-3-38674

© YODOSHA CO., LTD. 2016
Printed in Japan

発行人　一戸裕子
発行所　株式会社　羊　土　社
　　　　〒101-0052
　　　　東京都千代田区神田小川町2-5-1
　　　　TEL　　03（5282）1211
　　　　FAX　　03（5282）1212
　　　　E-mail　eigyo@yodosha.co.jp
　　　　URL　　http://www.yodosha.co.jp/
印刷所　株式会社　平河工業社
広告取扱　株式会社　エー・イー企画
　　　　TEL　　03（3230）2744（代）
　　　　URL　　http://www.aeplan.co.jp/

本誌に掲載する著作物の複製権・上映権・譲渡権・公衆送信権（送信可能化権を含む）は（株）羊土社が保有します．
本誌を無断で複製する行為（コピー，スキャン，デジタルデータ化など）は，著作権法上での限られた例外（「私的使用のための複製」など）を除き禁じられています．研究活動，診療を含み業務上使用する目的で上記の行為を行うことは大学，病院，企業などにおける内部的な利用であっても，私的使用には該当せず，違法です．また私的使用のためであっても，代行業者等の第三者に依頼して上記の行為を行うことは違法となります．

JCOPY ＜（社）出版者著作権管理機構　委託出版物＞
本誌の無断複写は著作権法上での例外を除き禁じられています．複写される場合は，そのつど事前に，（社）出版者著作権管理機構（TEL 03-3513-6969, FAX 03-3513-6979, e-mail : info@jcopy.or.jp）の許諾を得てください．

バイオサイエンスと医学の最先端総合誌

実験医学

2016年より
WEB版
購読プラン
開始！

医学・生命科学の最前線がここにある！
研究に役立つ確かな情報をお届けします

定期購読のご案内

【月刊】毎月1日発行　B5判
定価（本体2,000円＋税）

【増刊】年8冊発行　B5判
定価（本体5,400円＋税）

定期購読の 4 つのメリット

1 注目の研究分野を幅広く網羅！
年間を通じて多彩なトピックを厳選してご紹介します

2 お買い忘れの心配がありません！
最新刊を発行次第いち早くお手元にお届けします

3 送料がかかりません！
国内送料は弊社が負担いたします

4 WEB版でいつでもお手元に
WEB版の購読プランでは，ブラウザから
いつでも実験医学をご覧頂けます！

年間定期購読料　送料サービス
海外からのご購読は送料実費となります

通常号（月刊）
定価（本体24,000円＋税）

通常号（月刊）＋**増刊**
定価（本体67,200円＋税）

WEB版購読プラン　詳しくは実験医学onlineへ

通常号（月刊）＋ **WEB版**※
定価（本体28,800円＋税）

通常号（月刊）＋**増刊**＋ **WEB版**※
定価（本体72,000円＋税）

※ WEB版は通常号のみのサービスとなります

お申し込みは最寄りの書店，または小社営業部まで！

発行　羊土社

TEL　03（5282）1211
FAX　03（5282）1212
MAIL　eigyo@yodosha.co.jp
WEB　www.yodosha.co.jp　▶▶ 右上の「雑誌定期購読」ボタンをクリック！

＜後付1＞